数码单反摄影

[实用指南]

张辉 罗斌 李小舟 编著

THE APPLIED HANDBOOK OF DIGITAL PHOTOGRAPHY

中国铁道出版社
CHINA RAILWAY PUBLISHING HOUSE

内 容 简 介

本书简明扼要、系统地讲述了摄影器材的基本原理，以及如何使用数码单反相机、摄影器材的基础知识、拍摄技术、摄影易犯错误的剖析、自然光线和色彩在摄影中的应用、纪实摄影的求真原理以及利用图像处理软件进行后期修饰、处理照片等内容，并用大量鲜活的实例具体分析了摄影所涉及的各类问题。

本书适合所有希望全面了解数码摄影技术，并希望提高自己摄影水平的初、中级摄影爱好者，也可作为高校相关专业及社会培训班的教学用书。

图书在版编目（CIP）数据

数码单反摄影实用指南 / 张辉，罗斌，李小舟编著.
—北京：中国铁道出版社，2010.10
ISBN 978-7-113-11864-8

Ⅰ.①数… Ⅱ.①张… ②罗… ③李… Ⅲ.①数字照相机：单镜头反光照相机－摄影技术－指南 Ⅳ.①TB86-62 ②J41-62

中国版本图书馆CIP数据核字（2010）第162770号

书　　名：数码单反摄影实用指南
作　　者：张　辉　罗　斌　李小舟　编著

策划编辑：严晓舟　张雁芳
责任编辑：张雁芳　　**读者热线电话：**400-668-0820
特邀编辑：张　韬
封面设计：李贵军　　**封面制作：**白　雪
责任校对：王　宏　　**责任印制：**李　佳

出版发行：中国铁道出版社（北京市宣武区右安门西街8号　邮政编码：100054）
印　　刷：北京捷迅佳彩印刷有限公司
版　　次：2010年10月第1版　　2010年10月第1次印刷
开　　本：787mm×1092mm　1/16　**印张：**22.5　**字数：**515千
印　　数：5 000册
书　　号：ISBN 978-7-113-11864-8
定　　价：99.00元

序

数码相机的出现，大大降低了摄影的门槛。走出户外，几乎人人都拿相机，人人都可能成为摄影家。无论是数码单反相机还是“卡片机”，都实现了高智能化、全自动化。因此，今天没有人再说这样的相机是“傻瓜相机”了。无论是谁，买一台新相机，只要认真读一遍说明书，甚至只要经懂相机的人当面示范一下操作过程，十几分钟就能使用它拍照了。从这样的实用角度看，我们说摄影的门槛确实是降低了，人们不需要再去读那些厚厚的关于相机的原理、构造、各部件的功能的教科书了。快门、速度、焦距、色温、景深、景别等技能都不用再去考虑，这些前期的准备工作，如今高智能的数码相机统统为我们完成了。既然如此，学摄影只要有产品说明书，抑或有会操作的人当面指点一下即可，摄影教科书应以何种形式和内容存在呢？

有这样一个事实是不容忽视的——肯尼斯·科布勒著的《美国新闻摄影教程》在美国畅销了20多年。2004年引进中国后，立即受到中国广大读者的青睐。如今已再版6次，成为青年学子和热爱摄影者人手必备的教材和工具书。为什么会这样呢？我认为最重要的原因是，《美国新闻摄影教程》没有老生常谈地去重复本应由相机制造商说明的机械构造一类的原理，而是结合自己的摄影理念与拍摄实践，单刀直入、纵横捭阖、深入浅出、生动活泼地告诉读者解决实际问题的方法，进而提高读者的综合修养。

张辉、罗斌与李小舟合著的《数码单反摄影实用指南》正是力图用这样的方式帮助读者解决数码摄影的问题。这三位作者都毕业于西安美术学院，他们有着良好的艺术天分和美育修养，同时兼具数年的摄影与教学实践经验。他们及其所授学生的作品多次在省级以上的影展与影赛中获得大奖，他们的书，正是这样的理论修养和摄影实践有机结合的产物。因此，读起来逻辑顺畅、条理分明。书中的多数插图都出自他们之手，力图用实例讲述拍摄的体会，解读抽象的理论难点。阅读时令人感到亲近易解、生动可学。

目前，市场上的摄影书籍多如牛毛，内容大都缺乏新意。大多数尤其是从概念到概念，从名词到名词，可谓猪尿泡打鼓——空对空，缺少理念，缺少智慧，缺少思想。而另有一些书则停留在器物层次，只谈相机及镜头的重要性，忽视镜头后面拍摄者（头脑、思想）的重要性。这样的摄影读物和教材早已失去专业性、权威性和学术活力，难以担当传授知识和教学育人的责任。

作为教材，如果缺乏务实经验，就不能使自己的观念和理论在鲜活生动的、具有说服力的个案中展开；如果只把务实经验当作教材，则很难提升理论的高度。张辉、罗斌与李小舟在他们的著作中显然注意到了两者结合的重要性，他们力图从理论与实践两方面普及数码摄影的理论常识和实际操作经验。当然，教材只是引人入门的向导，后面的路还是要靠自己去开拓。读者只有在读书的过程中结合自己的爱好与特长，努力实践，方可达到理想的彼岸。

西安建筑科技大学教授　博士生导师

陕西省摄影家协会　主席

著名摄影家　评论家

胡武功

2010年8月

前　言

虽说在高校从事摄影教育屈指算来已是十年有余，但是当接到中国铁道出版社编辑的约稿时，还是可以用诚惶诚恐来形容当时复杂的心情——毕竟，撰写专业书籍是一件很谨慎的事情。不过还好，经过日积月累，我们留下一些劣作，平时授课、读书也有一定的认识和体会，加上精选出来的同事、朋友和学生们的作品，使我信心倍增。当伏案数月投笔之时，重新回顾集体的勤奋劳作，感到由衷的欣慰，其中的艰辛和成功的愉悦是我们几位作者在每个阶段所共同经历的快乐过程。

在21世纪最初的几年中，我听到最多的疑问就是买相机是要数码的还是传统的？在国内的高校摄影专业教学会议上，也常常听到针对“数字化”时代的来临，传统摄影教育的发展方向，以及当摄影走进寻常人家后，数码摄影的专业性应当如何体现等问题。时间过得很快，转眼就要进入下一个年代，数码技术也在迅猛地发展中，IT技术更是日新月异地飞速前进着，当还有些人为选“数码”相机还是“传统”相机而争论不休、犹豫不决的时候，不知不觉，已经来到“人人都是摄影家”的时代了。

面对平面设计、印刷、出版及网络等不同媒介影像的完全数字化，面对多数家庭的相册或悬挂于客厅的“历史照片镜框”已经替换为以电脑为主的数码图库，我们唯一能做的就是要抓住机遇，充分利用数码技术的即拍即显、复制无损失、后期调整及传播速度方便快捷等优势，进行数字影像创作，并主动学习摄影中的自然表现手法和艺术中的基本表现形式，掌握对光线、色彩、构图、空间、均衡及韵律等有机元素的相互结合原理，锻炼自己敏锐的审美能力，并在创作过程中达到由心而发，我想，这是每位朋友在学习摄影的过程中需要重点考虑的问题。

为了让初学者对数码摄影有一个全面的了解，我们在书中系统地讲述了摄影器材的基本原理，以及应该如何使用数码单反相机、摄影的基础知识、拍摄技术、摄影易犯错误的剖析、自然光线和色彩在摄影中的应用、纪实摄影的求真原理以及利用图像处理软件进行后期修饰、处理照片，并用大量鲜活的实例具体分析了摄影所涉及的方方面面。

本书在撰写过程中，得到了许多老师、朋友们的关心与支持，在这里特别要感谢的是胡武功、谢爱军、巩志明、刘正旭等老师，书中光位图的绘制得到陈鹏老师的帮助。本书的作品大部分由我本人创作，其它部分图片，还选用了罗斌、李小舟、江峰同仁以及彭敏、利锦玲等西安理工大学艺术与设计学院摄影专业同学们的作品，此外，赵艳艳及梁毅同学也在较对工作中付出很多劳动，在此，一并表示感谢。

希望通过阅读本书后，大家能够对数码摄影有一个全面的了解，并能提高自己的摄影水平。可以通过登录西安理工大学摄影专业论坛：http://www.sheyingxi.com与大学生们一起交流探讨。

由于本人学识有限，加之时间紧迫，在撰写中难免存在纰漏，恳请广大读者批评指正。

张　辉

2010年7月6日

▲ **《甲居藏寨》** 川西的甲居藏寨，到处都是玉米、辣椒，从中可以看出他们的生活很殷实、快乐。丰富的建筑色彩衬托出藏族人民对于斑斓生活的向往和奔放不羁的性格　　摄影：张辉

《闪光灯下的青蛙》 只要留心观察就会发现，我们周围时常会有很多有趣的事情在发生——两只嫩绿色的青蛙在闪灯光下与蓝紫背景的对比显得更加可爱

摄影：张辉

▲《关中唐陵》系列 关中十八陵即献陵、昭陵、乾陵、定陵、桥陵、泰陵、建陵、元陵、崇陵、丰陵、景陵、光陵、庄陵、章陵、端陵、贞陵、简陵、靖陵。它们位于西安附近的乾县、礼泉、泾阳、三原、富平和蒲城六县境内，东西绵延一百多公里。唐陵构筑有宏大的陵园，据宋敏求《长安志》记载，昭陵和贞陵周围一百二十里，乾陵周围八十里，泰陵周围七十六里，其他陵一般周围四十里，各陵建筑制度基本一致。近年来的考古发掘证实了唐陵的基本面貌，一般环陵有方形墙垣，墙垣四边中间设门，四个方向分别为青龙门、白虎门、朱雀门、玄武门；墙垣四角设角楼，模仿宫城格局样式，在陵南朱雀门内建有献殿，规模较大，为陵园中的主要建筑。四门均安置有成组的石刻，其中排列在朱雀门司马道两侧的石刻，数量众多，题材多样，为陵区营造着庄严、威猛的氛围，堪称中国古代石雕艺术的瑰宝。唐陵原均有历代碑刻，现陵前大多仅余清乾隆年间陕西巡抚毕沅隶书青石碑和北宋开宝九年所立六螭垂首的“大宋新修碑铭”两通，碑面文字已是漫沥，如今古瓦花砖触目皆是，原有城垣早已荡然无存。据北宋游师雄所说的“民力省而形式雄”之盛景已不能复见，现今游走探寻，追怀之情溢于言表 摄影：张辉

▲**《蓝调唐陵之建陵翁仲》** 金属般质感的建陵翁仲像，在传统手工晒蓝工艺的蓝调空间中，显得尤为安静

摄影：张辉

《灵》系列 清冷的眼神，独具特色的头饰，加之带有浓郁古典色彩的背景，让画面透出一种独特的气息。西安理工大学05级学生冯灵艳说：“这气息让人有孤独的感觉，发现人世间居然有透彻的纯净和美丽诡异的仙灵，想就在这里远避尘嚣而静静地存在，停下来远离人群去感受这种滋味”

摄影：冯灵艳

《大三巴下跑过的路人》 对澳门的印象始终停留在 20 世纪 80 年代港片《流氓大亨》中男女主角在“大三巴”的一出戏

摄影：张辉

《套圈游戏》 大圈 2 元 6 个，小圈 2 元 10 个，尽管很少有人能够套得满载而归，但孩子们还是疯狂地迷恋这种游戏

摄影：张辉

目录 Contents

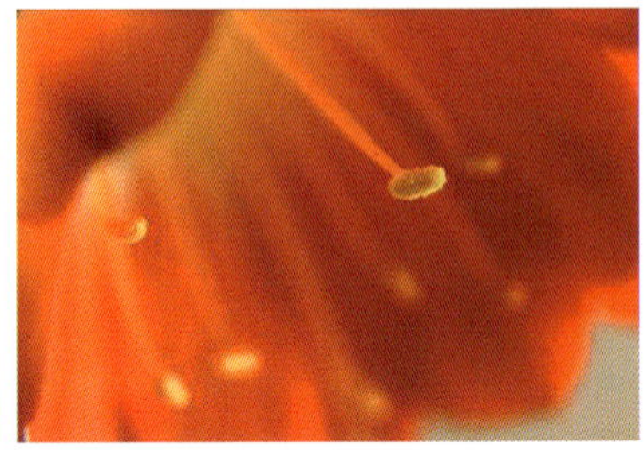

Chapter 01　数码单反相机原理

Chapter 02　数码单反相机的使用

Chapter 03 曝光控制

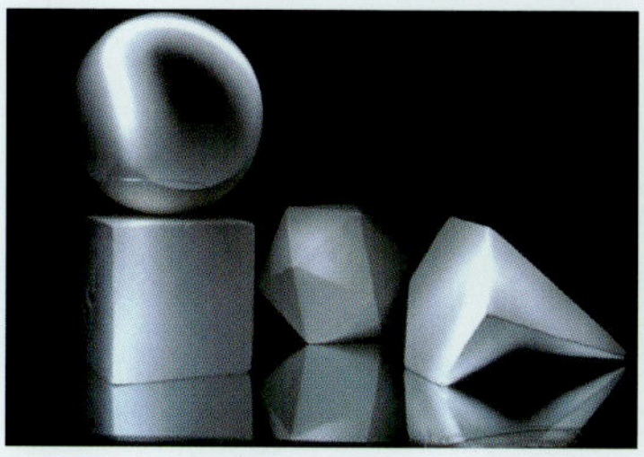

Chapter 04 摄影创作

Chapter 05 摄影构图

Chapter 06 光影造型

Chapter 07 人像摄影

Chapter 08 风光摄影

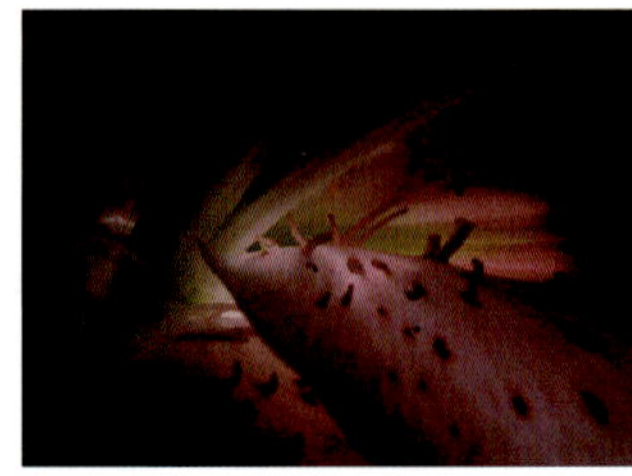

Chapter 09 分类摄影

Chapter 10 数码单反相机的外围设备

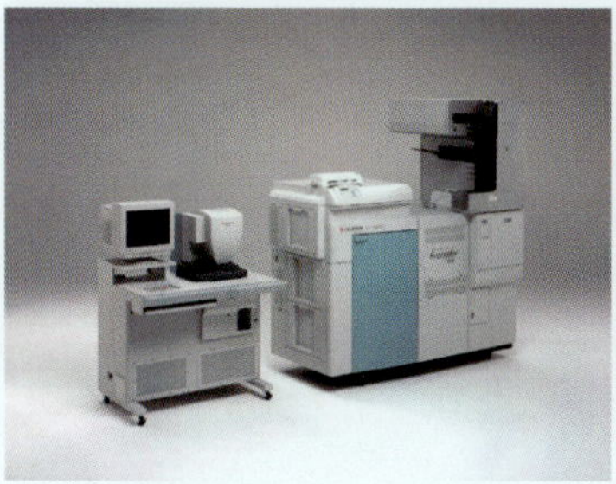

Chapter 11 数字图像的色彩管理

Chapter 12 数字图像的后期处理

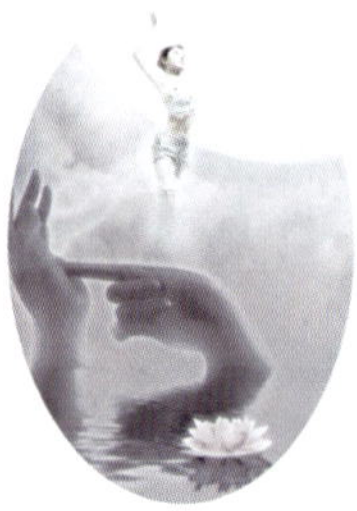

Chapter 13 实例分析

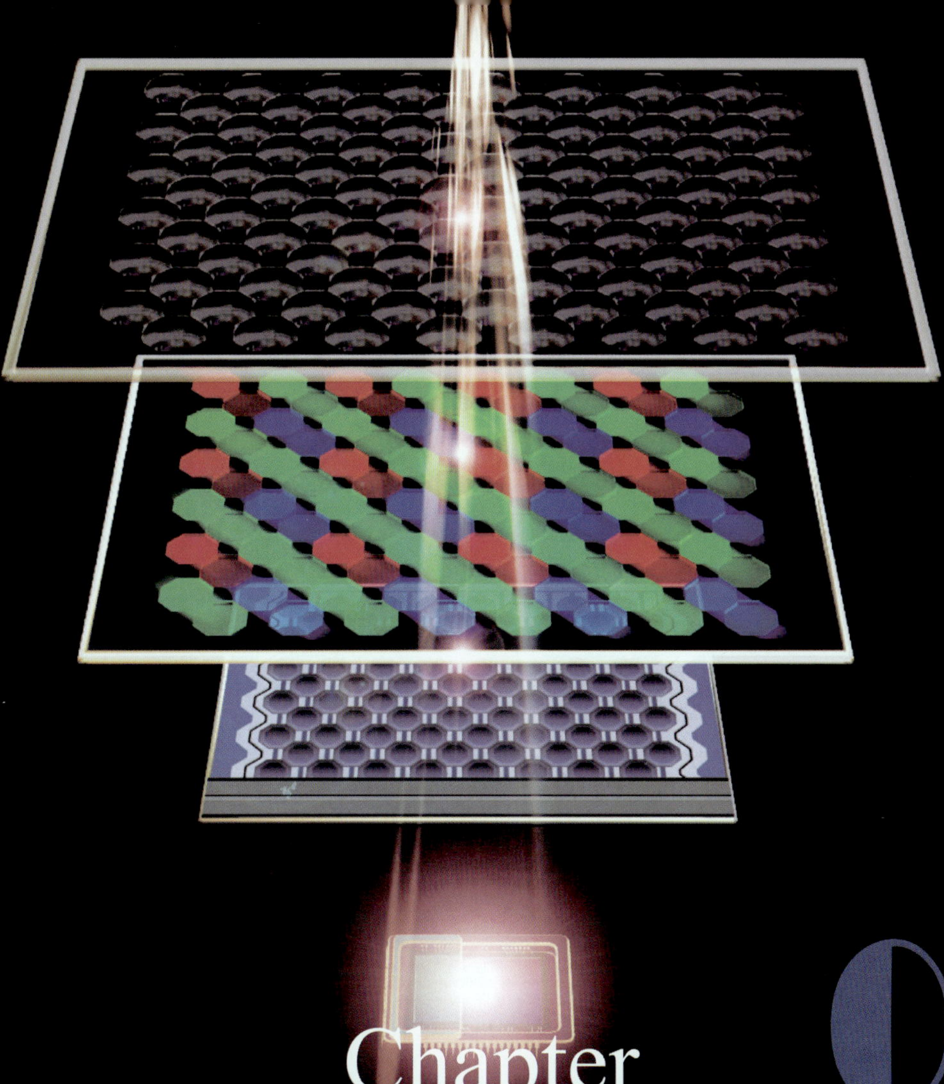

Chapter 01 数码单反相机原理

- 数码单反相机的原理与结构
- 数码单反相机的构造
- 镜　头

1.1 数码单反相机的原理与结构

数码时代突飞猛进的发展促使数码相机的技术日臻成熟，数码相机的时代地位已经被广大消费者接受，同时以前只有专业人士才使用的数码单反相机，随着价格的不断下降也逐步走入普通百姓的家庭中。在这本书的开头，我们首先要了解的是：什么是数码单反相机？它和传统相机比较有什么样的特点？我们应给如何利用它？这些有趣的问题对于我们来说，是学习数码摄影的基础。下面就让我们一起来认识一下数码单反相机的成像原理和相机结构以及它较普通的数码相机有什么优势。

▲ 佳能数码单反相机

1.1.1 什么是数码单反相机

数码单反相机实际上是数码技术和传统单反相机联姻的结果，是胶片时代的单反相机称谓的延伸。说白了，数码单反相机就是使用了传统单反原理并加入数码技术的相机。

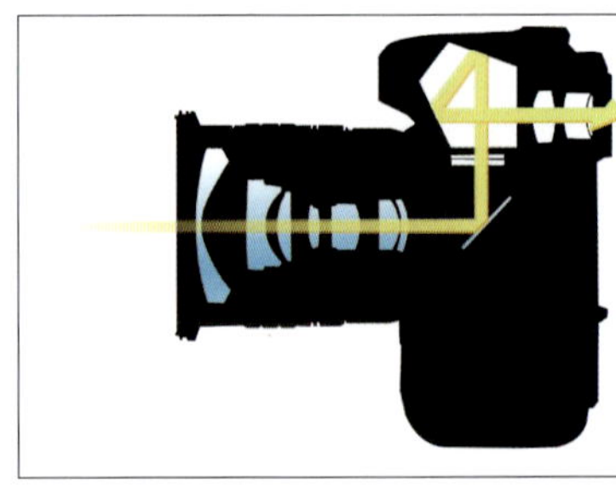
▲ 单镜头反光相机工作原理图（一）

现在我们来探讨一下单反的具体含义。单反，就是单镜头反光，这种提法是针对于双镜头反光相机提出来的，指的是通过一枚镜头进行反光取景和曝光拍摄的相机系统，这种相机结构在技术上基本解决双反相机由于两个镜头所造成的视差，而使照片质量有所下降的问题。同时用单反相机取景时，被摄物体的光线经过镜头聚焦，被斜置的反光镜反射到聚焦屏上成像，再经过顶部的“五棱镜”反射，摄影者通过取景目镜就能观察景物，而且是没有倒置的影像。所以，单反相机在取景、对焦上的操作都十分方便。

▲ 五棱镜

在摄影中，当按动快门时，反光镜会立刻弹起来，同时镜头的光圈也会自动收缩到预先设定的数值，当曝光结束后，快门关闭，反光镜和镜头的光圈同时复位。这就是我们常说的单反技术，数码相机采用这种技术后就成为了数码单反相机。作为专业级的数码相机，用其拍摄出来的照片，无论是清晰度还是照片质量上都是一般相机不可比拟的。

单镜头反光的取景方式基本上就意味着专业定位，这也注定了数码单反相机的专业道路，即使是面向普通用户和发烧友的产品也拥有大量过人之处。

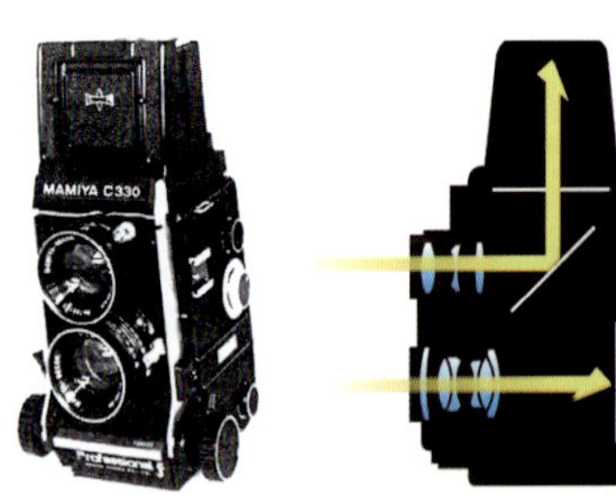

▲ 双镜头反光相机工作原理图（二）

1.1.2 成像原理

小孔成像原理图

小孔成像，也称其为“针孔成像”。早在2300多年前的战国时期，中国古代伟大的科学家墨子就进行了世界上最早的“小孔成像”实验，发现了“小孔成像”的光学原理，《墨经》中有“景倒，在午有端”、“景光之人煦若射，下者之人也高，高者之人也下”的记载，这是世界上对小孔成像的最早论述。北宋时期，沈括在前人研究小孔成像的基础上，做了许多实验，所著《梦溪笔谈》对小孔成像有详尽的记载。他在纸窗上开一个小孔，使窗外飞鸢的塔楼影子成像于室内的纸屏上面。他指出：“若鸢飞空中，其影随鸢而移，或中间为窗所束，则鸢与影相连，鸢东则影西，鸢西则影东。又如窗隙是楼塔之影，中间为窗所束，亦皆倒垂……”。欧洲在公元350年，亚里士多德在其所著*Problemata*一文中首次提到针孔镜箱的原理；公元1100年，阿尔哈森曾就针孔镜箱的应用和反射定律的原理作了论述；公元1250年，多米尼卡修道士马格诺曾指出银盐变黑的现象；在13世纪出现了利用小孔成像原理制成的暗箱，人们可以通过其描画景物。概括的说，针孔成像就是：在密闭空间中，光线通过针孔大小的亮窗，以直线方式抵达投射体形成影像，影像没有被镜头的玻璃扭曲，因而形成了独特的成像特性。极其简单的结构，产生变化万千的图像。无论现今多高端的摄影技术，溯根求源都是从“小孔成像”原理中发展过来的，只不过小孔已经被高分辨率的镜头所替代。

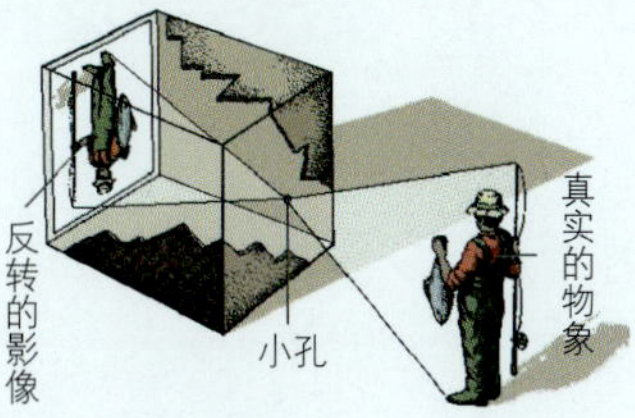

▲ 小孔成像原理图

数码相机成像原理

数码相机的成像过程要比胶片上复杂得多，其技术变化也是日新月异。但是无论数码成像的技术如何发展，成像原理和基本的要素还是与胶片成像的过程相似，只是通过镜头的光线不再投射到胶片上了，而是投射在由半导体元件构成的感光器的光敏单元上。下面是生成影像过程的具体步骤。

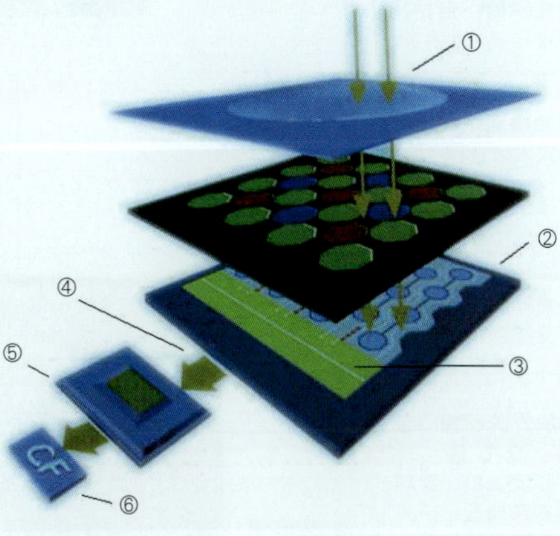

▲ 数码相机成像过程图

① 景物反射的光线通过镜头透射到感光元件上。

② 当感光元件经过一定时间曝光后，光电二极管受到光线的激发释放出电荷，感光元件的电信号便由此产生。

③ CCD控制芯片利用感光元件中的控制信号线路对光电二极管产生的电流进行控制，由电流传输电路输出，CCD会将一次成像产生的电信号收集起来，统一输出到放大器。

④ 经过放大和滤波后的电信号被送到A/D，由A/D将电信号（此时为模拟信号）转换为数码信号，数值的大小和电信号的强度（即电压的高低）成正比。这些数值其实就是图像的数据了。

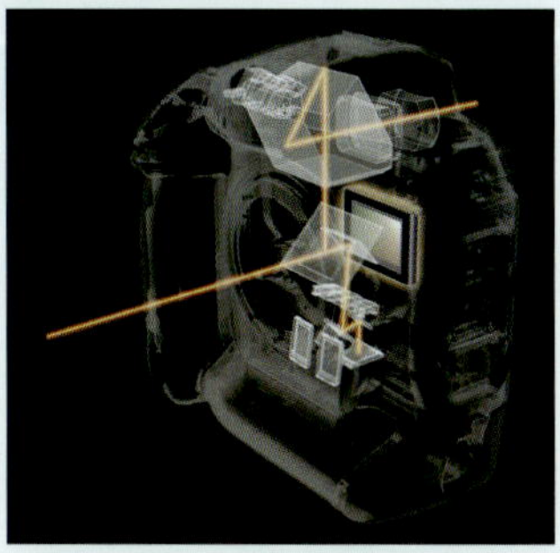
▲ 数码单反相机曝光过程图

⑤ 不过单依靠第4步所得到的图像数据还不能直接生成图像，还要输出到数码信号处理器（DSP）。在DSP中，这些图像数据被进行色彩校正、白平衡处理（视用户在数码相机中的设定而定）等后期处理，编码为数码相机所支持的图像格式、分辨率等数据格式，然后才会被存储为图像文件。

⑥ 最后，图像文件被写入到存储器上。

1.2 数码单反相机的构造

1.2.1 数码单反相机的外部构造

数码单反相机的外部构造集中了一部DSLR的各项功能的所有按钮，一部分为常用功能设置快捷键，另一部分则为其内部功能设置操作键和外接配件的连接端口。了解一部DSLR各项按钮功能，是使用DSLR的基本要求。

下图以尼康D-700为例说明各操作部件名称。

屈光度调节旋钮 调整取景器目镜的屈光度，使近视或远视的拍摄者能看清取景器内的信息

删除按钮 按此按钮可删除不需要的照片文件

对焦、曝光锁定按钮 测光模式选择旋钮

自动对焦按钮 轻按下该按钮后，相机将启动对景物取景对焦

照片浏览按钮 按下后可浏览所拍摄的照片

后指令拨盘 调节光圈或速度，同时配合模式按钮和曝光补偿按钮进行曝光模式和曝光补偿的设置

从上到下依次为：**菜单按钮、图片锁定按钮、图片缩小按钮、图片放大按钮及确认按钮**

多功能选择按钮 可进行多项功能的上下左右方向选择

对焦点调节按钮 切换选择多点和单点对焦

三脚架螺丝孔 用于将相机固定在三脚架上

电池仓

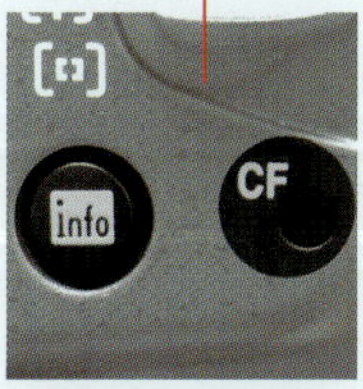

左边是拍摄信息显示切换键，按左键可使拍摄信息显示在相机背部的显示屏上。**右边是CF卡状态显示键**。灯亮起时表示CF卡正处于存储状态，此时不可取出CF卡，以防照片信息丢失

机背显示屏 用来浏览照片、显示相机设定菜单和拍摄参数

手柄连接信息触点 手柄的快门、曝光等参数的传输点

1.2.2 数码单反相机的内部构造

数码单反相机的内部基本构造为镜头系统和机身系统两部分：各种不同的焦距镜头内部主要包括光圈系统和对焦系统。机身部分包括了取景系统——五棱镜、反光板；快门系统、成像系统——感光元件、对焦系统、测光系统、数码影像处理器、存储系统和液晶显示器等几个大的部分。

数码单反相机机身系统构造图如下：

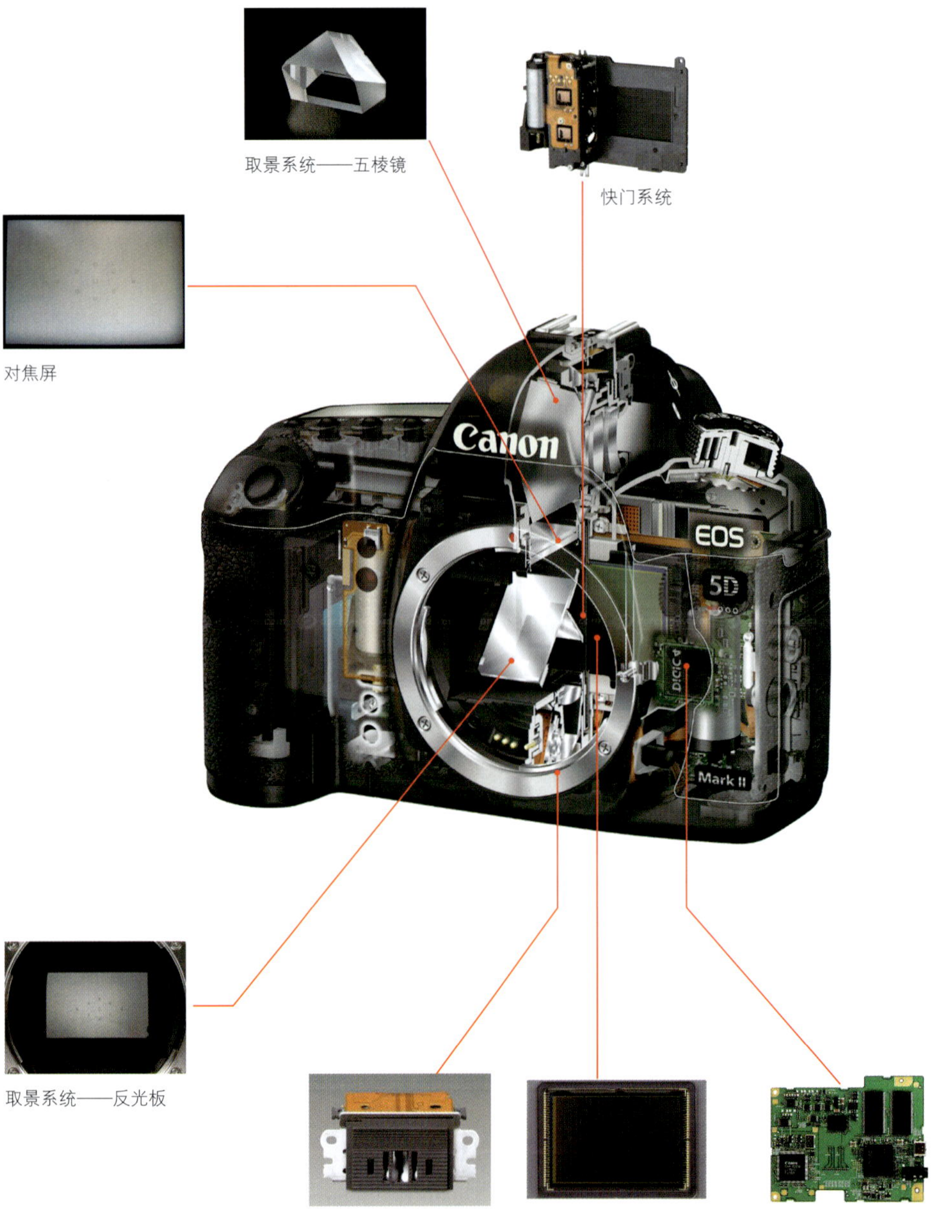

1.2.3 数码相机的感光元件

像素（Pixel）

在了解感光元件之前，我们首要了解什么是像素（Pixel）。很多朋友有一个共同的问题，就是像素有多大？实际上，一个像素的大小尺寸不太好衡量，因为它就是计算机显示器和电视机的屏幕上的一个光点，像素的大小取决于屏幕的分辨率，分辨率越高，像素就越小。

▲放大后的CCD表面的光敏元件，数码相机的像素质量取决于此

在摄影领域中，像素是衡量数码相机的重要指标，这时候的像素指的是数码相机所拥有的分辨率。它是由相机里的光电传感器上的光敏元件数目所决定的，一个光敏元件就对应一个像素，因此像素越多，意味着光敏元件越多，相应的成本就越大。

CCD和COMS

数码相机分辨率的高低决定了所拍摄的影像最终能够打印出高质量画面的大小，或在计算机显示器上所能够显示画面的大小。数码相机分辨率的高低，取决于相机中CCD（Charge Coupled Device：电荷耦合器）芯片上像素的多少，像素越多，分辨率越高。

▲CCD——数码相机的心脏。传统的照相机胶卷的感光面积为36x24mm。换算到数码相机，越接近135相机胶片尺寸，CCD/CMOS尺寸越标准

感光器件是数码相机的心脏（核心成像部件），目前主要有两种：包括CCD（电荷藕合器）元件和CMOS(互补型金属氧化物半导体）。

CCD的结构为三层，第一层是“微型镜头”，板载微型透镜是为了有效提升CCD的总像素，又要确保单一像素持续缩小以维持CCD的标准体积。因此，必须扩展单一像素的受光面积。但利用提高开口率来增加受光面积，反而使画质变差。所以，开口率只能提升到一定的极限，否则CCD将成为劣品。第二层是“分色滤色片”目前有两种分色方式：一种是RGB三原色分色法，另一种则是CMYG补色分色法。第三层“感光层”主要负责将穿过滤色层的光源转换成电子信号，并将信号传送到影像处理芯片，将影像还原。

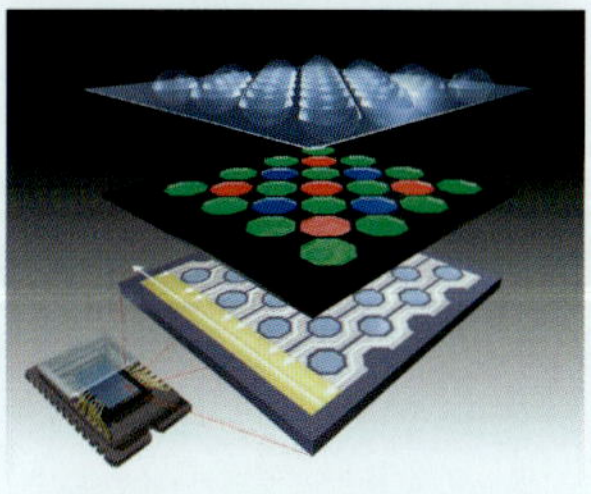

▲CCD的构造，第一层是“微型镜头”；第二层是“分色滤色片”；第三层是“感光层”

对于数码相机来说，影响感光器件成像的因素主要有两个方面：

一是感光器件的面积。在相同条件下，感光器件面积越大，捕获的光子越多，感光性能越好，能记录更多的图像细节，并且各像素间的干扰越小，信噪比越低，成像质量就越好。不同的数码相机的感光器件尺寸有很大的区别，如尼康D100为23.7×15.6mm；佳能的EOS-1Ds是36 ×24mm；而仙娜数码后背拥有49×36.7mm的尺寸。二是感光器件的色彩深度。色彩深度（Depth of Color）又叫色彩位数，是用来表示数码相机的色彩分辨能力，数码相机的色彩位数越多，意味着可捕获的细节数量也越多。如一个24位的数码相机可得到总数为2^{24}，即16 777 216种颜色。通常数码相机有24位的色彩位数已足够，而专业广告摄影等特殊行业用的数码相机，一般要30位或36位的色彩深度。

1.2.4 认识快门

快门系统

数码单反相机的快门系统是由前后两层、多片非常轻薄的金属或合成材料薄片组成的帘幕，通过开合控制光线进入感光元件的时间进行曝光。快门时间的长短也决定着影像最终的成像效果。单反数码相机快门释放装置为电磁式，由电磁离合器控制。在快门释放前，电磁离合器处于释放状态，当操作者按下快门按钮时，电磁离合器通电，将快门帘幕吸起并打开快门帘幕。和快门配套的减震装置作用是消除快门帘幕收缩和展开所引起的震动。

▶ **快门速度与进光量** 在光圈相同的前提下，上图的快门速度较高，曝光时间就相对较短，感光元件接受到的光量也就越少；下图的快门速度较慢，所以曝光时间长，感光元件接受到的光量就多一些

快门的功能

快门有两个功能，第一个是功能是“控制感光元件曝光时间的长短”。这一功能主要是和光圈结合控制通光量，以达到图像正常曝光的。在光圈不改变的前提下，快门时间长，感光元件的接受光线多；快门时间短，感光元件的接受光线少。第二个功能是“使图像呈现出静止或虚化的视觉效果”。高速快门可以使事物的瞬间成为凝结的静止的状态，慢速快门可以使运动的物体呈现虚化的动态视觉效果。

快门速度的表示

快门速度的以数字来表示，其中快于1秒的快门数字越大表示速度越快、曝光时间越短。快于1秒的快门是用原速度数字的倒数表示，例如相机上显示8000表示的是1/8000秒，4000表示1/4000秒。一秒以下的快门速度以实际数字表示，数字越大表示速度越慢、曝光时间越长，相机显示30，表示30秒，15表示15秒。

数码单反相机的快门速度区间一般在30秒～1/4000秒或30秒～1/8000之间。每一级快门之间以速度加快或减慢一定倍数递增或递减，通常的排序为30秒、15秒、8秒、4秒、2秒、1秒、1/2秒、1/4秒、1/8秒、1/15秒、1/30秒、1/60秒、1/125秒、1/250秒、1/500秒、1/1000秒、1/2000秒、1/4000秒、1/8000秒。

为了更精确地控制曝光，新款的相机中还设置了快门速度1/2或1/3级，在上面的快门速度之间进行了更详细的划分。

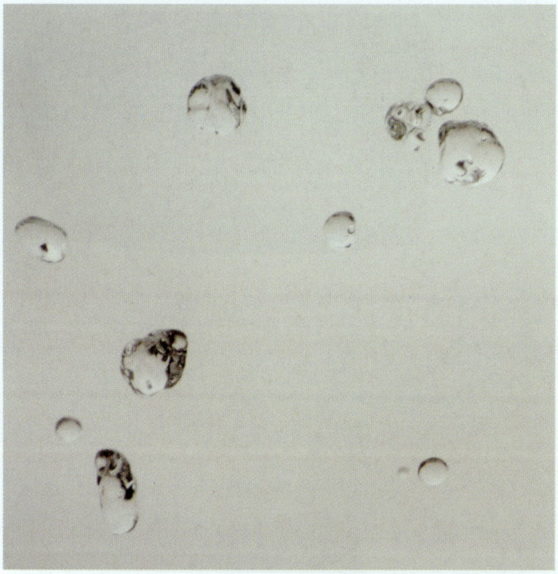

▲ **水珠**　使用高速快门，喷泉喷溅的水珠呈现出“凝结”的图像
□F3.5，1/8000s，200mm，ISO800

▲ **激流勇进**　飞溅的水珠在逆光下闪闪发光，较慢的快门速度使水珠的成像呈现出丝状，富于画面动感、快乐
□ F11，1/125s，35mm，ISO100　摄影：胡一峰

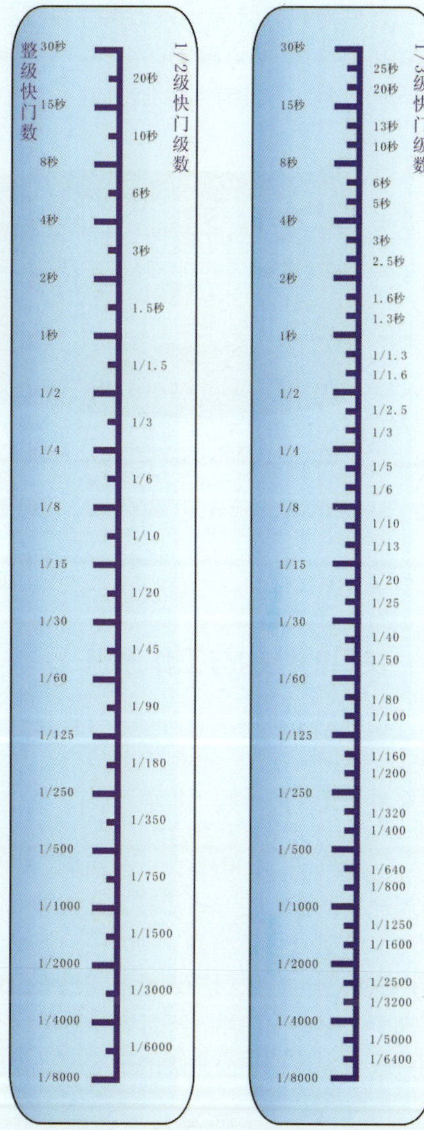

▲ **快门速度分级**　快门的1/2EV和1/3EV分级使曝光控制更加精细，快门速度以整级还是以1/2、1/3分级，可以在相机的个人化菜单中进行设置。如在尼康D2X相机中，快门分级设置在“曝光控制”菜单下的“曝光补偿”选项中。在学习中，可以先按照整级快门级数进行设置，以方便对曝光值等概念的学习和了解，在运用熟悉后，可进行1/2EV或1/3EV级的设置使用快门

“B快门”和“X快门”

在数码单反相机中还有两级特殊快门，一级是“B快门”，另一级是“X快门”。“B快门”是应长时间曝光需要而产生的；“X快门”则是外置闪光灯闪光需要而产生的，是快门和闪光配合达到图像全面曝光的最高速度，也叫“闪光同步快门”。

当相机处于“B快门”时，拍摄者按下快门多长时间，相机就曝光多长时间，完全由拍摄者掌控时间，不过使用“B快门”时是必须配合三脚架和快门线的，否则得到的影像会因为长时间曝光相机不稳定而导致模糊。

当使用闪光灯闪光摄影时，相机的快门速度必须位于“X快门”速度以下，当快门速度快于“X快门”时，相机曝光可能会产生图像局部曝光现象。不同的相机的“X快门”速度不一样，通常为1/125秒、1/250秒或1/320秒。当快门速度设置为“X快门”时，相机显示X125或X250、X320。

▲ **相机上的X门显示** 闪光同步快门在手动模式（M）和快门优先(S或Tv)模式下都可以设置，在其他模式下则不能设置。在不进行设置的状态下，相机安装闪光灯后在任何模式下都默认闪光同步快门为1/60秒

▲ **相机上的B门显示** B门只有在手动拍摄模式下才可以设置。另外B门使用时通常要配合快门线，快门线可以对按下的快门进行锁定或进行曝光时间的设置，否则操作者的手就得一直按在快门上了

快门的结构与工作原理

快门的结构通常有两种，一种是安装在镜头中间的“镜间快门”（也叫叶片快门），另一种是安装在感光元件前面的“焦平面快门”。

“镜间快门”由多组叶片组成，以中心向镜头四周开合、聚拢的方式让感光元件曝光，它的最高速度非常有限，还不到1/1000秒，但是它的优点是可以在任何一级快门下进行闪光摄影。每一枚镜头都拥有独立的快门组，一般都用在不可更换镜头的消费级卡片相机中或高端的商用数码单反相机中。

“焦平面快门”常见有两种构成方式，一种为横走式的帘幕，他的快门为柔软的布质类材料，过去很多相机都采用这种方式的快门，受结构和材料限制，它的最高快门速度只有1/1000秒，最高闪光同步速度1/60秒，现在几乎不出现在单反相机上了。另一种为目前最为常用的纵走式帘幕。纵走式帘幕的快门由前后两组可以折叠起来的金属或碳纤维类合成材料叶片组成，有“前帘”和“后帘”之分，通过前后帘的上下开合控制感光元件曝光。现在的数码单反相机都是采用的“焦平面快门”，它的好处有两个，一是它的运动方式可以提供更快的快门速度，二是拥有庞大的不受快门限制镜头群，安装在机身内的快门避免了镜头制造中一枚镜头一个快门的高成本。

▲ **纵走式焦平面快门的帘幕** 最早为钢片式，现在已经发展为合成材料，质地轻盈柔韧，材料的发展也为快门速度的提高提供了可能，其精度和寿命是相机专业程度的衡量标准之一

▲ **电子镜间快门** 运用在哈苏-富士商业数码相机上的电子镜间快门，最高可达1/800秒的快门速度

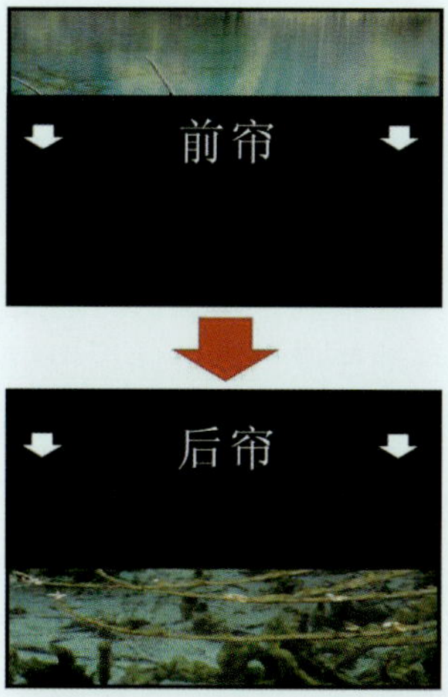

◀ 按下快门后，前帘快速向下移动

◀ 后帘在设置的时间曝光完成时迅速跟上关闭

▲**低速快门运动示意图** 低速快门曝光时间较长，快门前帘快速开合的过程中感光元件有一段时间没有任何物体遮挡。用充分的时间满足曝光要求

▲ **逛灯会** 低速快门下，五彩斑斓的花灯呈现出模糊的色块，闪光灯的补光使人物的色彩和清晰度得以再现，不过由于闪光灯是瞬时曝光，故此运动的人物留下了低速快门所导致的虚影

□ F11，1/8s，35mm，ISO:100

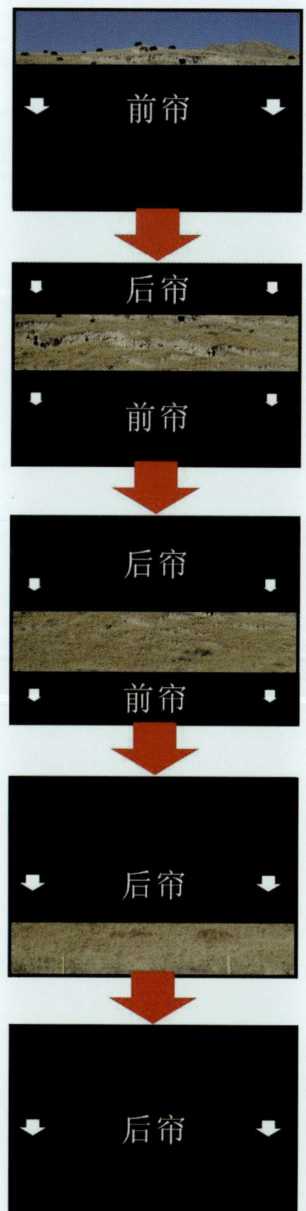

◀ 当按下快门时，快门前帘向下移动

◀ 根据相机设置的不同快门速度，后帘跟进前帘，和前帘之间形成一定的间隔，像扫描一般让感光元件接受设定时间的光线

◀ 最后，后帘关闭，完成整个曝光过程

▶ **高速快门运动示意图** 在高速快门下，快门的后帘相对前帘的运动以不同的速度跟进完成对整个画面的曝光。这是我们比较常见的快门运动方式，在电子技术高速发展的今天，有更多的快门运动方式出现，但都大同小异罢了

▲ **长焦距离拍摄**　用长焦镜头拍摄，需要较高的快门速度

□ F4，1/2000s，105mm，ISO:200

▲ **追随拍摄**　被摄体与镜头方向平行时，可以使用较慢的快门速度凝结他；同样在追随拍摄时也可选用较慢的速度。右图镜头是随着人物头部摆动的方向而移动的，虽然周围景物已经模糊不清，但作为画面主要部分的人物面部却要保证清晰的影像

□ F22，1/30s，24mm，ISO:100

快门的应用

在拍摄运动的物体时，快门速度的高低直接影响到图片的不同效果，那么“凝结物体”究竟应该用什么样的速度？在实际拍摄中，要据不同的情况而定。一般来说，设定快门速度需要考虑到被摄体的移动速度、被摄体与相机距离以及镜头焦距4个因素。

被摄体移动速度越快就需要快的快门速度来“凝结”它的瞬间，当然也可以选用相对较慢的速度来获得特殊的效果。当被摄体距离镜头较远时，可选用较慢的快门速度，但被摄体离相机较近时，相应的快门速度就要加快，通常运动物体离我们距离越远，看起来它的速度就比较慢，离我们越近，看起来速度越快，就如同千米之外的飞机看起来还没有你身边的汽车快一样。不同的焦距视角不同，广角镜头视角大，长焦镜头视角小，同样的拍摄距离被摄者在短焦距镜头视角内的时间要比长焦距镜头多，那么使用长焦距镜头的快门速度就要比短焦距镜头快。

安全快门

“安全快门”是我们日常拍摄中保证成像清晰的理论最慢快门速度，通常我们所说的安全快门是我们“所使用的镜头焦距的倒数”。例如使用105mm焦距段拍摄，那么快门速度就不能低于1/125秒，现在的部分相机和镜头应用了防抖技术，这样一来“安全快门”在原来理论值的基础上又降低2~4级。

安全快门的提出是因为当我们运用较慢快门时，经常会出现图像整体模糊的现象，这是因为我们选择的快门速度太慢，在拍摄过程中身体的呼吸产生的轻微的抖动导致图像模糊。需要我们注意的是，所谓的“安全快门”只是一个相对的理论值，在拍摄时要保证成像清晰尽量选用较高的快门速度才是最重要的。

慢速追随摄影

在运动物体拍摄中，高速快门可以“凝结”物体，慢速快门通常让物体模糊，但是运用慢速快门跟随物体移动并在移动的过程中按下快门拍摄，就可以得到被摄者相对清晰而他周围的景物及运动的四肢模糊的图像，这就是“追随摄影”，追随摄影快门速度的选择也受被摄体的速度、方向、距离、镜头的角度以及镜头焦距的影响。

慢速变焦和慢速移位摄影

运动的物体需要相对高速的快门来拍摄，但是慢速快门合理的利用也可以得到意想不到的效果，当快门速度较慢时，在快门打开的时候移动相机或变换焦距，会有模糊、抽象等多种可能的图像产生。

▲ **慢速变焦曝光** 拍摄夜晚道路的灯光，在慢速快门拍摄过程中转动变焦环，灯光在画面呈放射状的轨迹

□F16，2s，24mm，ISO:100

◀ **慢速移位曝光** 在拍摄的过程中移动相机，移动的方法可以多种多样。这幅图片在拍摄时相机架在三脚架上，使用三维云台，在曝光时以云台轴心为中心转动云台，使灯光形成了美丽的同心圆

□F8，2s，105mm，ISO:100

▶ **近距离拍摄** 近距离也可以使用较慢的快门速度营造出运动的瞬间

□F18，1/30s，17mm，ISO:100

1.3 镜 头

数码单反相机之所以能获得专业摄影师及摄影爱好者的喜爱，和它庞大的镜头系统支持是分不开的。尼康品牌的部分数码单反相机甚至可以使用其最早生产的单反相机镜头。

镜头是相机成像质量的保证，它关系到摄影作品的清晰度、色彩甚至构图。了解镜头，就等于了解了自己的“第三只眼睛”。镜头的作用是成像，外部结构基本为有限的操作部分，内部基本构成部分是镜片、光圈和镜筒。而在电子技术高速发展的今日，众多先进的有利于拍摄和成像的技术如超声波对焦系统、防抖动（减震）系统等也被加入进来。

▲佳能数码镜头以EFS标识，传统镜头以EF标识

1.3.1 数码镜头

针对数码相机而研发生产的镜头通常称为数码镜头，不同的相机厂商针对自己的数码相机生产的镜头都有专用的标识，并在镜身标示清楚。这类镜头与传统相机的区别主要有两个方面，一方面是镜头的镜片技术差别，为了发挥数码相机越来越高的像素优势，数码镜头的分辨率、色散控制等方面也相应提高。另一方面是镜头视角的差别，多数数码相机的感光元件尺寸小于传统相机的尺寸，同等焦距镜头的视角有很大差别。

▲尼康数码镜头标识

不同的相机厂家其数码镜头的标识也不同，通常情况下有两种规格的数码镜头，一种是没有专门标识的传统镜头，可用于数码单反相机上，也有厂商开发的适用于全画幅数码单反相机的数码镜头（当然也能用于传统相机）。另一种是专门针对小于传统画幅（APS-C）而开发的专用数码镜头，不同厂商有不同的标识。尼康以DX来表示，佳能以EFS来表示，其他相机和镜头厂商也有自己的标识。这类镜头的像场是根据APS-C而研发的，小于传统相机的画幅，因而不能用于全画幅数码单反相机，安装在全画幅相机上，成像往往只有画面的中心部分，画面周围呈现暗角。

▶**数码镜头在传统画幅相机上的使用效果** APS-C尺寸数码镜头的像场不能完全覆盖传统画幅相机的画面，导致画面四周没有光线进入，呈现出黑色

1.3.2 镜头的外部结构

对焦环 有超声波对焦功能的镜头中，自动对焦的同时可以进行手动调焦。没有超声波功能的镜头自动对焦时对焦环也转动，因此不能同时进行手动对焦

变焦环 按箭头方向转动会在镜头的不同焦距之间变换。需要注意：有些镜头的变焦环在后边

对焦距离窗 以米制和英制两种标尺显示镜头的对焦距离

镜头信息触点 通过这些触点将镜头得到的信息传送给机身

镜头前端丝口 用于旋入滤镜等附件

镜头接口 镜头与机身的连接口，需要注意：不同品牌的相机接口一般不同

镜头焦距状态、对焦距离状态、镜头安装指示标记

镜头性能参数标识 包括镜头焦距、光圈、所用镜片、对焦技术等一系列性能在内的标识

遮光罩卡槽 将遮光罩上的指示标记对准镜头上的安装标记，将遮光罩转动约90°旋入卡槽

镜头焦距指示

遮光罩安装指示标记

镜头功能操作切换开关 包括自动手动对焦、防抖动开关、远近对焦距离等功能的切换。镜头功能不同，开关多少也不同，有些镜头的操作方式也不同

1.3.3 镜头的口径

镜头的口径指的是最前端镜筒的直径。镜头的规格不同，它的直径大小也有差别，最前端镜筒直径也有差别，设计师们在设计镜头时往往尽量统一镜头的口径，目的是为了滤镜等附件之间通用。常见的口径规格有：ϕ49、ϕ52、ϕ56、ϕ58、ϕ72、ϕ77等。

需要注意的是在购买多枚镜头时应考虑口径的统一性，多枚镜头口径统一，购买和使用滤镜等附件会方便很多。

▲ **口径77mm的变焦镜头** 现在有部分镜头前端已不标注口径，但在说明书中都有注明

镜头的对焦距离

1. 对焦距离表

对焦清晰后物体离焦点之间的大概距离会在镜头上标示出来，这一部分就是对焦距离表，对焦距离表以公制米（m）和英制英尺（ft）表示，当某个数字位于镜头中心指示标尺处时，表示目前物体离焦点的距离。

▲ **镜头对焦距离表** 16mm焦距段，对焦距离1.5m(5ft)状态的镜头

2. 最近对焦距离

距离表上最小的数字就是镜头的最近对焦距离，最近对焦距离也是镜头性能的重要部分，对于大部分镜头来说，最近对焦距离越近，镜头的拍摄能力也就越强。当对焦距离小于最近对焦距离时，相机则无法聚焦。

需要我们注意的是：镜头的最近对焦距离不是从镜头的前端算起的，而是从相机的焦平面（也就是感光元件成像的位置）算起，多数相机会在机身上标明焦平面的位置。

▲ **镜头最近对焦距离** 0.3是这枚镜头的最小数字，也就表示这枚镜头的最近对焦距离是0.3m

◀ **相机焦平面指示** 镜头最近对焦距离也从这里算起。部分相机上并无此标示

镜头的放大倍率

放大倍率是指镜头在最近对焦距离下，拍摄物体和感光元件成像之间的比率（即物像比），比率1:3表示感光元件上的成像是实物的1/3，1:1则表示最近对焦距离下物像大小一样。

▲ **镜头最近对焦距离** 在最近对焦距离状态下，物像比率1:2的镜头

1.3.4 镜头的内部结构

非球面镜片

平行光线经过透镜时，镜片中心的光线可以准确聚焦，镜片边缘的光线不能准确地在成像平面（即焦点平面）上聚焦，成像焦点在成像平面前方，形成了“球面像差”。

组成镜头的球面镜片因为自身结构的缺陷会产生球面像差，使画面边缘模糊、产生畸变，而对球面镜片进行改良所得到的非球面镜片能很好的解决这个问题，所以含有非球面镜片的镜头在边缘成像和畸变校正方面要优于只有普通球面镜片的镜头。

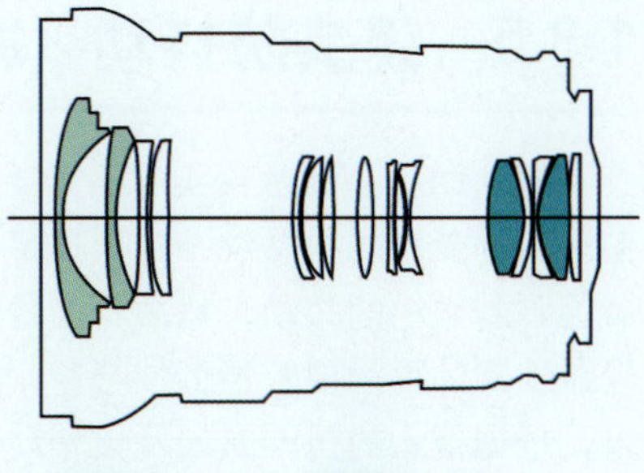

▲**镜头剖面图** 不同厂家的镜片原材料、技术略有差别，命名也不同。很多厂家还开发出了材料、技术独具特色的镜片，如佳能开发的萤石镜片、超低色散镜片。这些材料技术独具特色的镜片设计使用的目的基本都是为了降低色散和像差。在相机、镜头厂家的镜头介绍中，不同技术的镜片会在图示中用不同的颜色标注。在购买镜头时可仔细参照了解

低色散镜片

我们所看到的光线是由不同波长的色光混合而成，当光线通过普通光学镜片成像时，会把不同的波长分散，使光线无法还原成为原来的样子，这种现象称为“色散”。色散会导致影像色彩之间互相干扰，照片中出现诸如紫边、绿线等原本看不见的失真现象，尤其在画面的高反差部位最为明显，色彩还会使影像锐度降低。

低色散镜片能有效改善色散现象，使镜头的最终成像清晰、真实、准确。

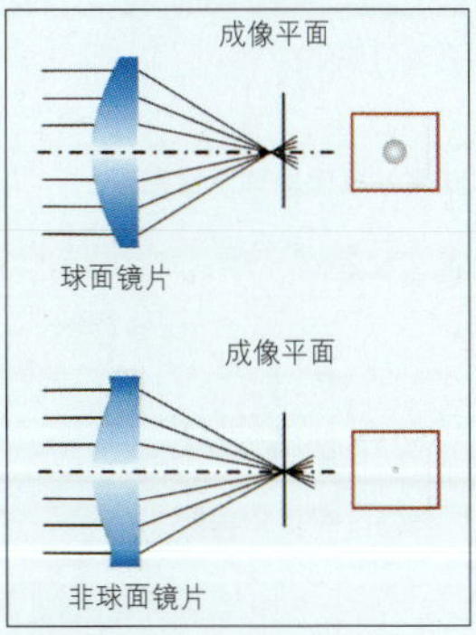

◀**球面镜和非球面镜差别** 含有非球面镜片的镜头能校正边缘光线，使图像成像更加清晰锐利（见红框内比较）

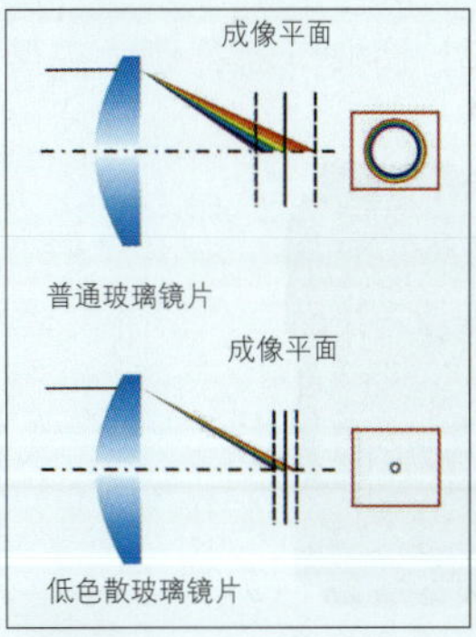

◀**普通玻璃镜片和低色散玻璃镜片成像差别** 普通玻璃镜片色散严重，低色散玻璃镜片能有效降低色散（见红框内效果）

▲**色散在照片上的体现** 色散现象在镜头上的体现形式通常是紫边、红边、绿边现象。当被摄体中出现高反差时，在亮暗交界的位置，这类现象比较明显，检查图像的亮暗交界处也是检查镜头是否存在色散现象的常用方法

1.3.5 镜头防抖动（减震）系统

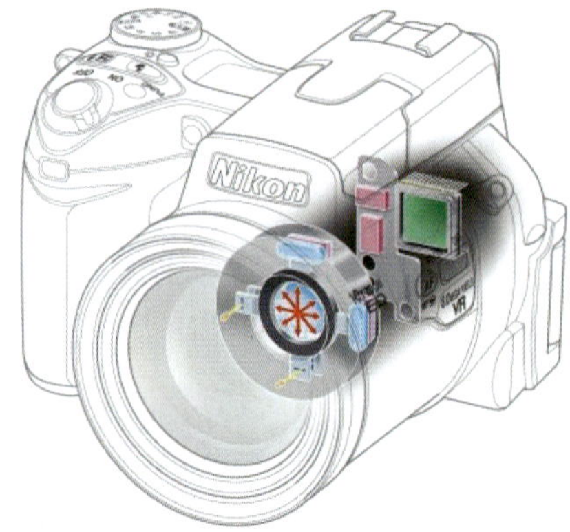

▲ 尼康CoolPix 8800的镜头防抖（VR）示意图

镜头防抖是通过镜头内的浮动透镜来纠正“光轴偏移”的光学防抖系统。其原理是通过镜头内的传感器侦测到微小的移动，然后将信号传至微处理器，处理器立即计算需要补偿的位移量，然后通过补偿镜片组，根据镜头的抖动方向及位移动量加以补偿；从而有效地克服因相机的振动产生的影像模糊。

在使用镜头的过程中，当快门速度太低时，微弱的呼吸都会使拍摄者无法保证手持相机的稳定性，从而产生轻微的抖动，最终导致照片模糊，降低照片拍摄的成功率。为了解决这一问题，各大相机厂商分别开发出了技术不同但功能相近的“防抖动（减震）系统”。这一系统通常可以使用比手持相机保证成像清晰的最低快门速度再低2～3级进行拍摄。使用没有防抖系统的85mm镜头，在1/60秒或1/60秒以上时才能拍出清晰的照片，如果使用带有防抖系统的镜头，则能以1/30秒或1/15秒拍出清晰的照片。

感光元件防抖

在各大相机厂商的防抖系统中，除佳能、尼康等的镜头能防抖外，还有由柯尼卡美能达研发的利用感光元件移动补偿拍摄抖动的感光元件防抖和镜头防抖、感光元件防抖两者相结合的防抖动技术。感光元件防抖实际上是把抖动补偿由安装在可移动支架上的感光元件来完成的。

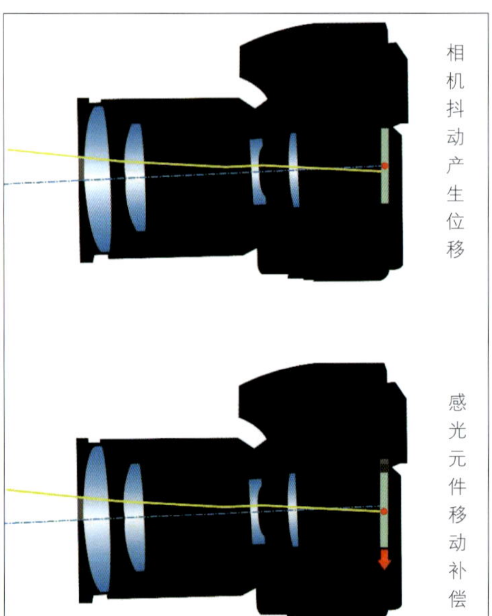

▲ **感光元件防抖示意图** 感光元件的移动是根据传感器检测到的相机的抖动方向，而上下左右移动进行补偿的。需要注意的是，具备机身防抖功能的相机，安装任何同卡口的镜头都具备防抖功能，而镜头防抖系统只有镜头具备了防抖功能才可使用，现在已有部分相机厂商在相机和镜头上都制作了防抖系统

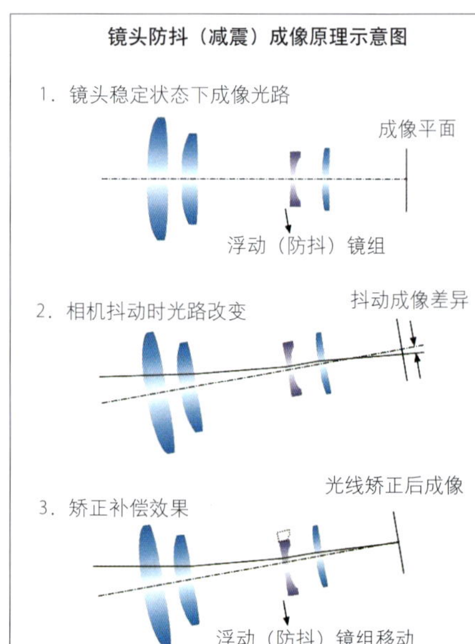

▲ **镜头防抖（减震）原理示意图** 不同厂家防抖系统的命名不同，佳能为IS(Image Stabilizer)，尼康为VR(Vibration Reduction)

1.3.6 镜头的光圈

光圈（Aperture）是镜头中间通光的孔径，一般称为“通光孔径”或称“入射光瞳”，俗称“光圈”。光圈由极薄的数量不同的金属或合成材料，叶片状合围成孔状。它的主要功能是“控制曝光”和“控制图像效果”。控制曝光是通过控制孔的大小来调节通过镜头光量；控制图像效果则是由光圈本身特性所造成，光圈大小不同会影响最终图像的清晰度和清晰范围。光圈叶片数量不同，所形成的孔的形状会有所差别。

▲ 不同的光圈首先决定进入到感光元件的光量不同

▲ 现代的电子控制光圈

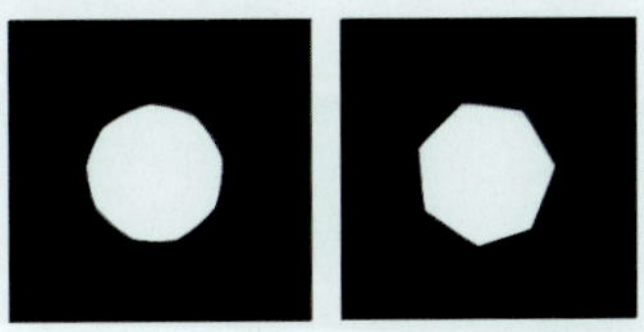

▲ 九片叶片和七片叶片的光圈形状

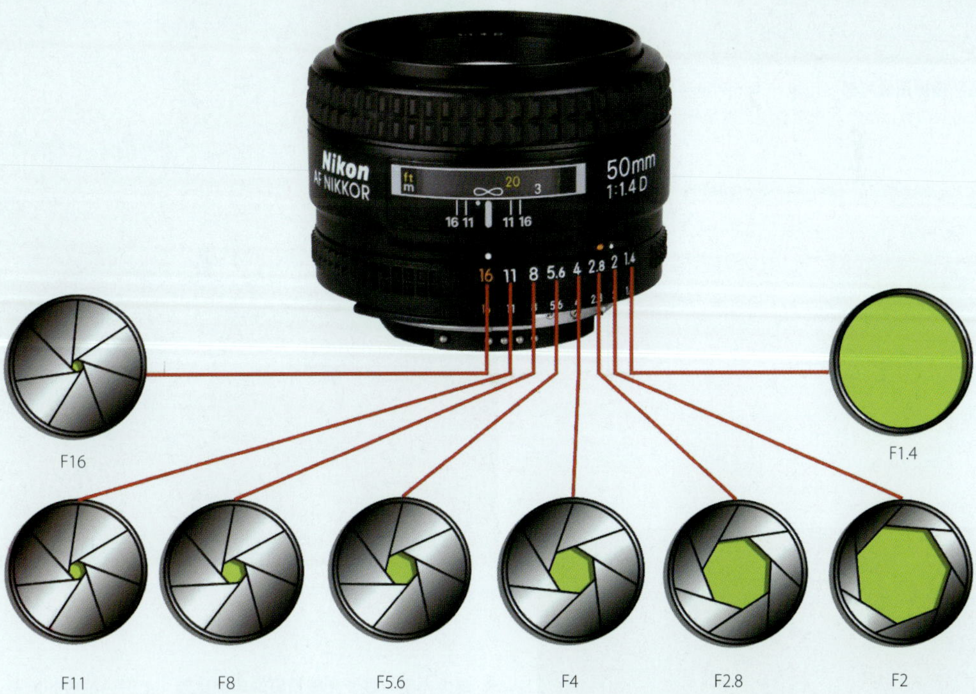

▲ **尼康50mm/F1.4镜头各级光圈** 光圈系数是一个相对值，不是光圈的物理孔径，而是与物理孔径和镜头到感光元件的距离有关。光圈以符号F来表示。通常分为F1、F1.4、F2.0、F2.8、F4、F5.6、F8、F11、F16、F22、F32、F45、F64。每两个光圈值之间的通光量差别为一倍，镜头上数字最小的光圈值通光量最大，反之，F值越大则通光量越小。F1的通光量是F1.4的两倍，F1.4的通光量是F2.0的两倍。F1.4是F2.8通光量的四倍，以此类推。通常两个光圈值之间的差别称为“相差几级”或“相差几挡”。现在的数码单反相机的光圈控制都由电子元件调节，可对光圈进行1/2和1/3的精细控制，更精细地调节使我们在拍照时能更准确地控制镜头的通光量，以达到更加准确的曝光

镜头的最佳光圈

镜头的最大光圈缩小两至三级后的光圈成像质量最佳，这一级光圈就称之为“最佳光圈”。由于镜头镜片的光学特性导致在镜头的使用过程中，光圈大小不同，使用镜头的光学部分不同（最大光圈使用镜头的光学镜片的所有部分，包括边缘。最小光圈使用镜头的中心的小部分），成像效果也就有差异。

镜头透镜组之间存在着各种像差，镜片边缘的像差大于中心的像差，使用最大光圈时，镜片边缘的像差会导致影像的锐度降低，成像不是很清晰。虽然有非球面镜等技术的产生，但最大光圈的成像质量还是与最佳光圈有一定差别。最小光圈光线的衍射十分严重，同样会影响成像质量。

▲ **最大光圈拍摄图像局部** 尼康24-85mm镜头的85mm端最大光圈F4拍摄的图像，放大后图像有明显的模糊现象

◀ **最大光圈与最佳光圈拍摄的局部比较** 上图为拍摄的画面，使用尼康24-85mml FD镜头85mm焦距段拍摄。左上图为最大光圈F4拍摄截取局部，左下图为最佳光圈F8拍摄截取局部，上下对比明显能够看出光圈F4拍摄的影像边缘清晰度不如光圈F8拍摄的。在普通的镜头中，最佳光圈有可能只有一到两级（一般都在F8、F11之间），但对于高端数码相机，最佳光圈可能在最大光圈收缩两级后的两三级光圈中成像质量都不错，那么可以认为这两三级光圈就都是这枚镜头的最佳光圈

1.3.7 光圈与景深

光圈最主要的作用是配合快门完成曝光，同时它的另一个神奇的作用就是通过控制光圈的大小让我们拍摄的物体虚实相间，呈现出不同的“景深”。

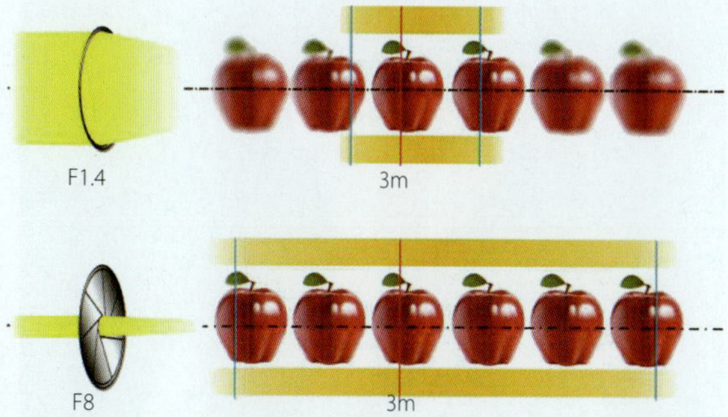

▲ **景深图** 光圈越大，景深越小。光圈越小，景深越大。无论在广角、标准还是长焦，每枚镜头的大小光圈景深规律是相同的，不同焦距镜头的相同系数景深也是无法等同的

◀ **光圈与景深** 光圈在控制镜头通光量的同时也以它的特性使图像变得神奇，虚实相映的画面主次清晰，一目了然，更加耐人寻味。大光圈下蝴蝶的眼睛炯炯有神，身体的其他部分则隐身于花海之中

□F4，1/60s，90mm，ISO:200

什么是景深

景深指的是“我们的眼睛能够接受的影像焦点前后的一段清晰范围”。详细地说就是当我们对焦清晰后，焦点前方和后方各有一段距离内的被摄物是相对清晰的，那么包括焦点在内的前方到后方的这段清晰范围就称为“景深”。景深是镜头的光学特性，选用任何光圈都会产生相应的景深，因此实际拍摄中光圈并不是随意选择的。景深的合理控制可以使我们的图像达到意想不到的效果，但控制不好也可以使一张原本不错的图像变得差强人意。

▼ □F2.8，1/13s，35mm，ISO:200

▼ □F5.6，1/3s，35mm，ISO:200

▼ □F22，5s，35mm，ISO:200

▲ **光圈大小决定景深范围** 正像我们所看到的，F2.8的大光圈景深范围较小，在图像中只有前景的瓦当和铜酒壶的局部是清晰的。在光圈定在F5.6时，中景的残荷和整个酒壶都进入到清晰的范围。在光圈设定为F22时，图片中所有的物体都相当清晰

▲ **中焦镜头拍摄** 左图使用中焦80mm镜头拍摄，景深较小，背景比较模糊。右图使用长焦180mm镜头拍摄，景深更小，背景相比较左图更加模糊

决定景深的其他因素

光圈大小影响景深范围，除此外还有两方面因素影响着景深，一个是拍摄距离的远近，离被摄体距离较远拍摄的图像比近距离拍摄被摄体时的景深要大。另一个是镜头的焦距，长焦距镜头可以获得比短焦距镜头更小的景深。

光圈、焦距和拍摄距离对景深的影响的规律是：

光圈大、景深小；光圈小、景深大。
焦距长、景深小；焦距短、景深大。
物距近、景深小；物距远、景深大。

不过这个小小的规律指的是影响景深的普遍规律，也是我们使用中最受益的规律。拍摄中光圈、焦距、拍摄距离影响景深是相互制约的，是同时影响景深的。有一个概念我们需要清楚，景深中所说的清晰范围只是人眼观察起来感觉清晰的范围，是相对的，绝对清晰的只有焦点平面。

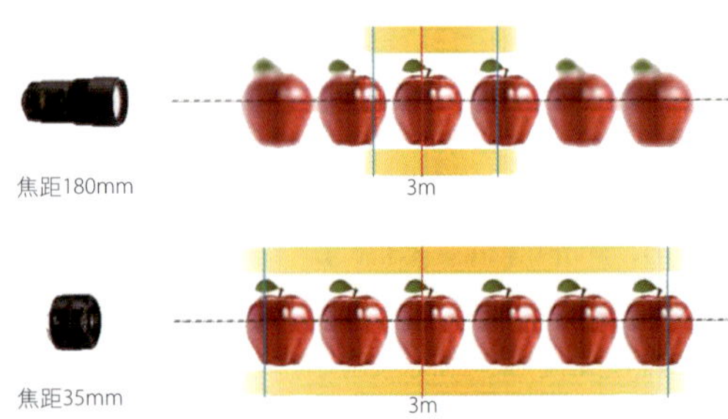

▲ **镜头焦距决定景深** 长焦距镜头拍摄出来的图片的景深较小，反之景深较大

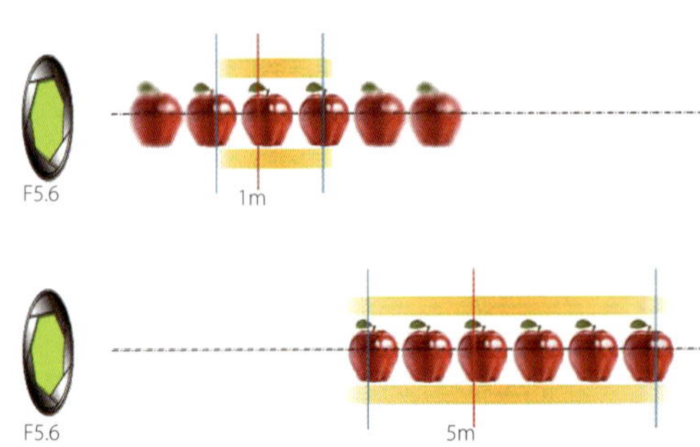

▲ **拍摄距离决定景深** 相机与景物的距离越近，景深就越小，距离越远景深越大

▲ **远距离拍摄** 在3～4m左右的距离使用105mm、F5.6拍摄，景深较大，背景相对比较清晰

▲ **近距离拍摄** 在2m左右的距离使用同等镜头、焦距光圈的条件下拍摄的，景深较小，背景比较模糊

▲ **景深预览效果** 左图为镜头取景时的景深效果（也就是最大光圈时景深效果）。右图是按下景深预览按钮后，所预览的预先所预览的预先设定光圈F16的景深效果

景深预览

在传统摄影时代，我们只能在拍摄完36张胶片后才能知道自己所拍摄图片的景深效果，这是个非常恼人的事情。因为镜头在取景状态下总是处于最大光圈，好让我们在最明亮的条件下清晰地观察被拍摄景物，但此时在取景器中看到的是最小景深的效果。好在前人早已发明了“在拍摄前预先看到景深效果”的按钮，这种相机上的“景深预览”功能可以使我们在拍摄之前能够预览景深。其原理就是在拍摄前将光圈收缩到设置的大小好让我们查看景深，通常按下景深按钮后，取景器内所看到的影像会不同程度的变暗。这是因为光圈越小进光量越少，取景器中也就越暗，不过我们在预览时不必关注取景器的亮度，应当注意焦点前后景物清晰的范围，也就是景深，当然在设定最大光圈时就不必使用景深预览按钮了，因为取景器中平时看到的就是最大光圈的景深效果。

▲ **景深预览按钮** 位置在镜头接口处，按住不放就可预览景深效果

▲ **不同焦距镜头取景范围差别** 使用不同焦距的镜头，拍摄者在不改变位置的情况下可以获得不同的取景范围（上图的焦距示意以24×36mm尺寸的感光元件为标准，若使用APS-C或其他尺寸的感光元件，焦距与此图不同）

1.3.8 镜头的焦距、视角

焦距（focal length）是一个光学概念，指的是在凸透镜成像中，一束光以与凸透镜的主轴平行穿过凸透镜时，在凸透镜的另一侧会被凸透镜汇聚成一点，这一点叫做焦点，焦点到凸透镜光心的距离就叫这个凸透镜的焦距。相机中，从镜头的镜片中心到底片或CCD等成像平面的距离就是镜头的焦距，焦距用“F”表示。通常我们所说的焦距指的是单片透镜的焦距，数码单反相机的镜头都有多枚或多组透镜组成，所以焦距的算法与单片透镜不同，我们就不详细讨论了。

“视角”指的是镜头取景所涵盖的范围，用代表角度扇形表示，一般指的是水平方向角度。镜头的焦距不同，视角就不同，拍摄者拍摄时距离被摄物体的距离也有所差别。相机厂商生产庞大的镜头群的目的就是为了尽量涵盖较大范围的视角，能够在不同的距离进行拍摄。

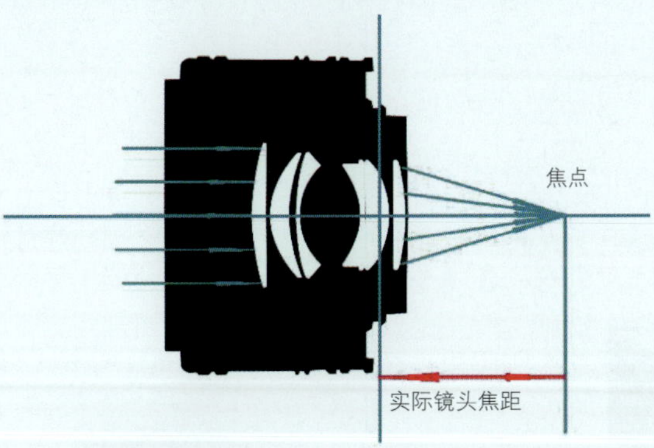

▲镜头焦距示意图

▲**不同焦距的镜头** 数码单反相机对于镜头的焦距规格都有明确的标示。但是需要注意：同样的镜头安装在不同尺寸感光元件的相机上，实际焦距、视角是不同的

焦距的长短是相机镜头分类的重要标志，镜头的焦距等于或接近该相机成像面积的对角线长度的，这个长度焦距的镜头称作该相机的标准镜头。

镜头的焦距还决定了镜头的水平视角。标准镜头的视角在40°左右。焦距短于标准镜头焦距的镜头，称为广角镜头、超广角镜头或鱼眼镜头，其镜头的视角较大。长于标准镜头焦距的镜头，称为中焦镜头、长焦镜头或超长焦镜头，其镜头的视角较小。

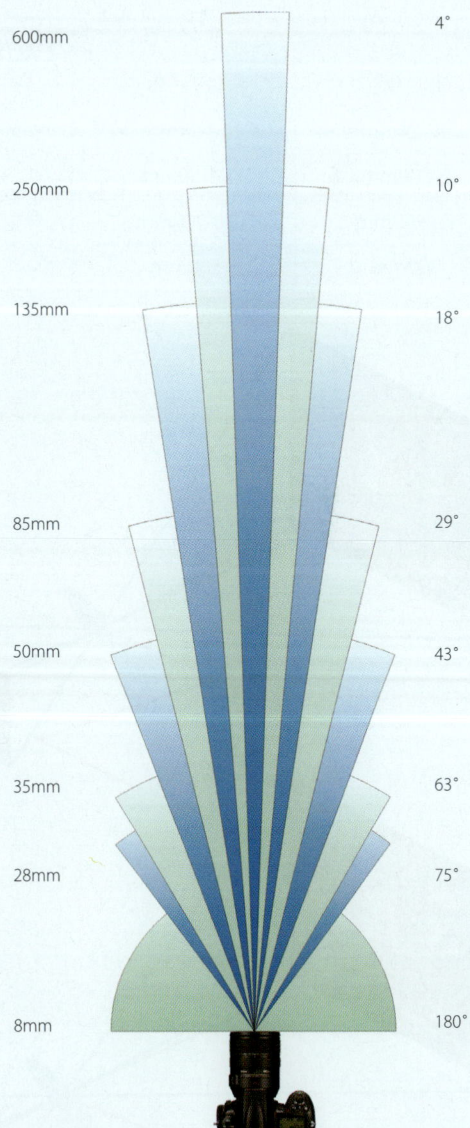

▲**镜头焦距、视角图** 图中左侧为标注镜头焦距，右侧标注为镜头视角，变焦镜头会随着镜头焦距的改变而改变视角（范围请参照24页下图）

1.3.9 数码单反相机镜头的等效焦距和焦距转换系数

虽然说数码单反相机的感光元件发展到今日已经有了长足的进步，但是在CCD的尺寸上能和传统胶片（24×36mm）相同的还是少数。然而现在的单反系统是建立在传统单反相机的基础上，故此，很多数码相机生产厂商以原有的单反系统为参照，以较小的感光元件和较短的焦距相组合，重新开发了新的标注方式——焦距转换系数。

这类镜头的实际焦距不变，但是安装在不同感光元件面积的数码单反相机上，其视角和传统单反相机的某一焦距段的视角相同，我们说这个焦距是这枚镜头的等效焦距，它和传统单反相机焦距相差的倍数就是焦距转换系数。现在的相机厂商专门针对感光元件面积小于传统相机尺寸的数码单反相机制定了新的镜头系统，一般都标注在镜头上，例如：尼康是DX系列镜头，佳能是EF-S。

常用镜头等效焦距参考表

镜头焦距	传统135焦距	APS-C(1.5倍)	APS-C(1.6倍)	4/3系统（2倍）
12-24mm	12-24mm	18-36mm	19-38mm	24-36mm
24-70mm	24-70mm	36-105mm	38-112mm	36-140mm
70-200mm	70-200mm	105-300mm	112-320mm	140-400mm
300mm	300mm	450mm	480mm	600mm

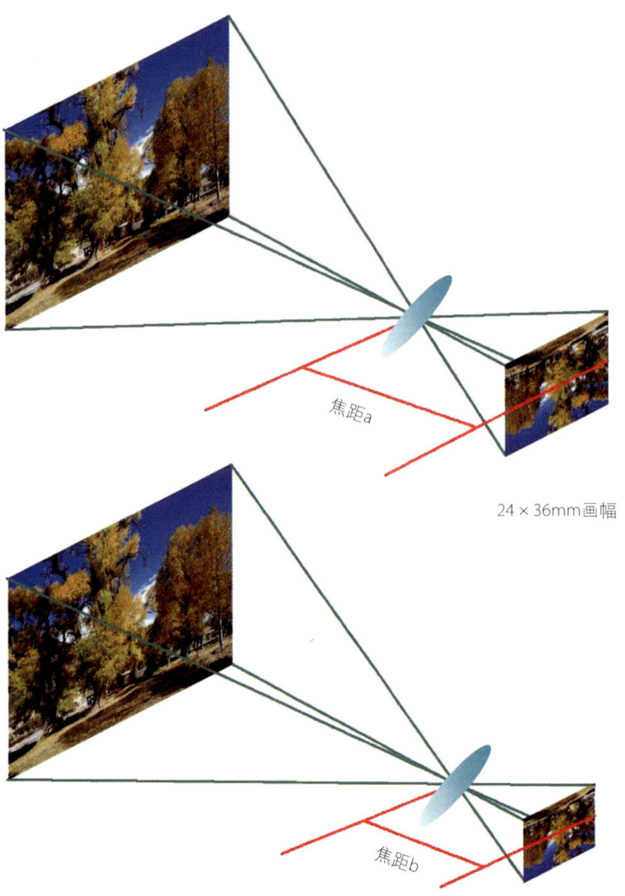

◀**等效焦距示意图** 上图为传统24×36mm画幅相机成像示意图，下图为APS-C画幅数码相机的成像示意图。同样的距离拍摄同样的物体，虽然最终成像范围相同，但由于画幅尺寸不同，所需要的镜头的焦距就不同。这就是说焦距b等效于焦距a，这就是等效焦距。它们之间焦距相差的倍数就是转换系数。无论是传统相机镜头还是数码单反相机镜头，安装在感光元件面积小于24×36mm的相机上，它的等效焦距是“等效焦距＝镜头焦距×转换系数”。需要注意的是：这里以“焦距”等效来换算，但实际镜头的物理焦距并没有改变，改变的是视角，实际等效的是24×36mm画幅相机某一焦距的视角

1.3.10 特殊镜头

特殊镜头是为了一些特殊需要而设计的镜头，并能够得到特殊的影像效果。

移轴镜头

普通镜头在仰视或俯视拍摄物体时，会产生线条汇聚的透视现象，在使用移轴镜头后可以对透视进行有效地调整，这类镜头的前部分为镜头镜组，后部分为可以平移、倾斜、旋转的操作部位，移轴镜头的像场大于普通镜头，涵盖的范围更大，以便进行移轴操作。

移轴镜头的倾斜和平移并不改变镜头光轴与胶片面的垂直夹角，只是使像面平移，达到校正透视变形的作用，多用于建筑摄影（参见本书9.4节）。移轴镜头还可以进行画面构图改变和画面清晰范围调整等功能，它的缺点是造价比较昂贵且应用范围有限、不能自动对焦。

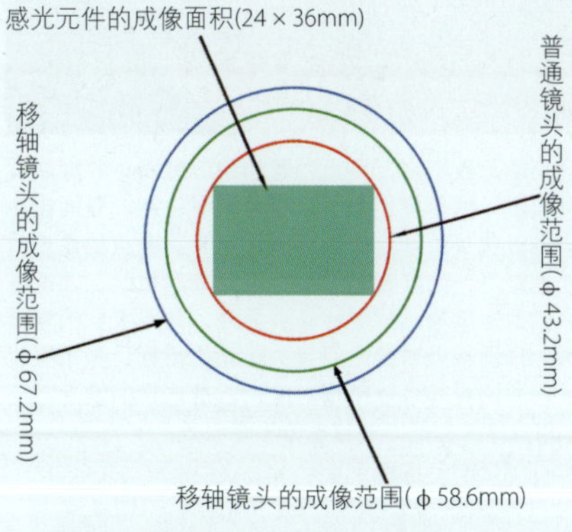

▲ **移轴镜头成像面积（像场）示意图** 移轴镜头的成像面积（像场）都大于普通镜头的成像面积，焦距不同的移轴镜头成像面积大小也不一样。成像面积越大，镜头的可移动范围也就越广

▲ **24mm焦距移轴镜头** 移轴镜头也有不同的焦距段，受结构影响，移轴镜头不能自动对焦。不同移轴镜头的像场大小也不相同，而且目前的移轴镜头都是基于全画幅尺寸的感光元件开发的

调整镜头前面机构使其上下或左右倾斜，通过该机构可以控制对焦面，从而实现在大光圈下对主被摄体全面清晰。移轴镜头还可倾斜达到与成像平面平行的影响部分清晰和反向移轴使被摄对象部分清晰。

▲ **未使用移轴镜头** 用镜头最大光圈，以马头为焦点拍摄的照片，由于光圈较大，景深较小，马头清晰而其他地方模糊

▲ **移轴镜头使用效果图** 根据被摄体和相机之间的角度进行倾斜，同样在最大光圈下拍摄，马头至尾巴的一个平面上的影像都是清晰的

微距镜头

微距镜头，就是物体的成像和真实物体之间的大小比例达到1:1或1:2的镜头。通常镜头上会标注“MACRO”或“MICRO”字样。这类镜头要达到1:1或1:2必须在很近的距离下拍照，这也许是称之为“微距镜头”的原因。实际上，这类镜头可以在任何距离下对焦拍摄，也完全可以当普通的镜头来使用。

大多数微距镜头都是定焦镜头，也有部分变焦镜头在某一个焦距段具备1:2或1:3的微距功能，不过这类镜头的微距拍摄的成像和专用的微距镜头还是有一定差别的。

▲**不同焦距段的微距镜头** 常见的有200mm(180mm)、100mm(90mm)、60mm(50mm)。图中左为100mm，右为60mm。镜头焦距不同，视角也就不同，同样的取景范围下，离被摄物体的距离远近也不同，焦距长的镜头离被摄物体远，焦距短的镜头离被摄物体近

▲**蝴蝶**

F4，1/400s，900mm，ISO:400 摄影：罗斌

▲**蝴蝶** 微距镜头能把我们平日不太注意的细节淋漓尽致地展现在镜头前，刻画出一幅别样地画面。不过需要注意，普通镜头最近对焦距离越近镜头的功能就越强大，而微距镜头的最近对焦距离则是越远越好，这样在拍摄昆虫等动物题材时，才能在不惊动被摄物的前提下拍出好的作品。另外，微距镜头的对焦行程（从最远对焦到最近对焦之间镜头转动的行程）是所有镜头里最长的，只有这样才可以精细对焦，但是这样的情况下自动对焦很慢，用守株待兔的方式拍摄似乎更有效

□F5.6，1/400s，90mm，ISO:400 摄影：罗斌

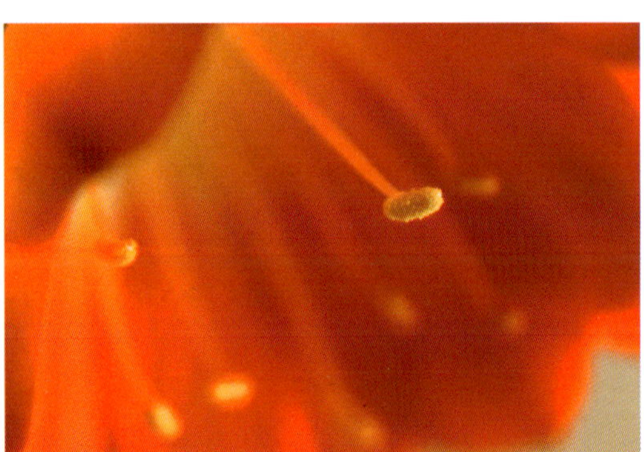

▲**花蕊** 70mm微距镜头拍摄

□ F4.5，1/160s，ISO:400 摄影：赵高翔

▲**兰花** 90mm微距镜头拍摄

□F4，1/1250s，ISO:400 摄影：罗斌

鱼眼镜头

因镜头的前组镜片呈抛物状鼓起，如金鱼的眼睛而得名。它的规格也比较特殊，多为8mm、10mm等短焦距镜头，视角多为180° 甚至230° ，另有极少数变焦鱼眼镜头。鱼眼镜头对镜片的透视变形未做矫正，影像中除画面中心的直线不会产生变形外，其他位置的线条由中心向四周呈现抛物线变形。

根据画幅的不同，鱼眼镜头又分为圆形画幅鱼眼镜头和全幅对角线180° 鱼眼镜头。圆形画幅鱼眼镜头画面只有中心部分有圆形透视变形严重的影像，四角为未感光黑色。全幅对角线180° 鱼眼镜头成像覆盖整个画面，同样有严重的透视变形。

鱼眼镜头的透视变形效果决定只有在画面中心部分的线条才能保持水平或垂直，中心以外的部分会有强烈的透视夸张，如何利用好这种夸张的效果，需反复实践。鱼眼镜头因为视角宽广，画面中的光线复杂，测曝光时需要仔细斟酌。

另外，鱼眼镜头的宽广视角在取景时会将你的鞋子、肚子或是帽檐收纳进来，取景时应注意这类情况。

▲ **圆形鱼眼镜头拍摄效果** 图像如同一个球形，为我们提供一个全新的视觉感受

□ F14，1/160s，8mm，ISO:200 摄影：罗斌

▲ **全幅鱼眼镜头拍摄效果** 安装在感光元件为APS尺寸的数码相机上，视角小了许多，但鱼眼镜头的透视效果仍然存在

□F11，1/125s，16mm，ISO:400 摄影：郭昀

折反镜头

折反镜头又称反射式镜头、反射远摄镜头，是超远摄（超长焦）镜头的特殊形式。

一般的超长焦镜头都是折射式设计，镜身长而重，携带、拍摄和使用都很不方便。折反镜头相当于在普通镜头的基础上加用一片中心带孔的凹面镜和一片装在透镜中心的小凹面镜，将通过镜头前端透镜折射进去的光线经过两次反射成像，从而使得镜头的长度比相同焦距的长焦镜头缩短一半左右，重量大大减轻，拍摄、携带都显得灵活、方便。反射式镜头的外部特征是短而胖。

折反射镜头独特之处还有：①仅有一挡光圈，多为F5.6或F8，造成取景系统照度很低，不利聚焦和曝光控制，也无法控制景深。这是折反镜头的一大不足。②成像时景深外的高光点形成美丽的环状散焦，呈现一个个小圆圈，别有情趣。③因焦距长，尽可能用三脚架，以避免手持拍摄时相机晃动。④多数折反镜头为手动对焦，取景较暗和清晰范围有限，对焦时须仔细对待。

▲ F6.3 **500mm折反镜头** 前端的黑色圆盖是折反镜头的标志

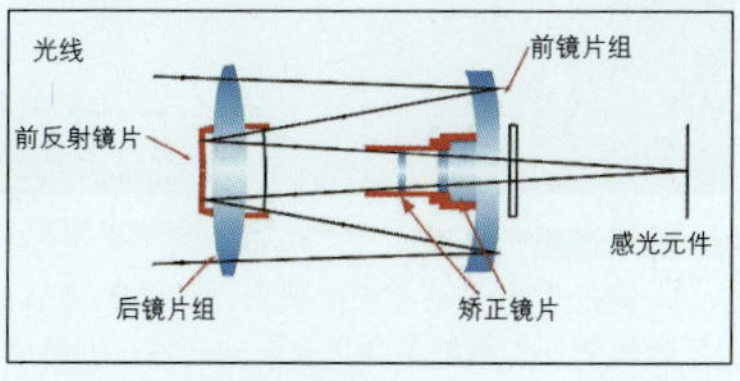

▲ 折反镜头成像示意图

1.3.11 不同焦距镜头的影像特点

广角焦距镜头能够表现具有广阔视角的山河大川和变化夸张的人物造型；标准镜头可以拍出亲切和平实的效果；长焦镜头还可以探望自然中充满魔力的世界。

▲ **20mm、F2.8定焦镜头** 针对全画幅设计，在APS-C画幅的数码单反相机上使用，就等同30mm的视角了

超广角、广角镜头的特点

视角约在114° ~94° 之间的镜头称之为超广角镜头，定焦镜头有14mm、16mm、18mm和20mm等焦距；视角约在94° ~63° 之间的镜头我们称之为广角镜头，定焦镜头的焦距有：24mm、28mm、35mm等。广角变焦镜头则指包含超广角、广角视角的变焦镜头，常见的有16-35mm、17-35mm，用在感光元件为APS-C尺寸数码单反相机上的广角变焦镜头则多为12-24mm、11-18mm等焦距的镜头。

▲ **12–24mm广角变焦镜头** 针对APS-C画幅的数码单反相机设计，焦距视角等同于传统24×36mm画幅的相机的18-36mm，不能使用在24×36mm画幅的相机上

广角镜头都具有强烈的透视感，视角更广。超广角镜头透视感更加强烈，近景远景比例被夸张，近景离镜头越近越显得巨大。但是，超广角镜头、广角镜头因为视角宽广，所以越靠近镜头的物体越容易产生变形，在拍摄近景人物时这种感受会更加强烈。强烈的透视感和明显的夸张变形使我们在使用这类镜头时要注意拍摄的角度，防止不利于画面的透视或变形产生，影响画面的效果。在拍摄人物时，这类镜头的利用应更加小心。

▲ **灵活运用广角镜头** 广角镜头略带夸张的视角，人物处于中心不会产生变形，四周的德式建筑和夸张变形的婚纱增强了画面的视觉空间感受

□F2.8，1/4000s，17mm，ISO:100 摄影：江峰

▲ **变形的狗鼻子** 广角镜头在拍摄时如果距离被摄物体过近，会发生严重的变形现象，上图仅为20mm的广角镜头就将这只狗的鼻子变形得很滑稽了

标准镜头、标准变焦镜头

标准镜头指视角 42° 至 63° 之间，焦距在 35-58mm 左右，接近相机画幅对角线长度，接近人眼视角的镜头。在画幅为 24×36mm 的相机上，对角线约为 43mm，那么接近 43mm 的镜头都可称为标准镜头，后约定俗成为 50mm（也有以 40mm、58mm 作为标准镜头的）。现在的数码相机感光元件尺寸大多为 APS-C（15.6×23.7mm），因此它的标准镜头并不是 50mm，而是 30mm 左右。

▲ **50mm标准镜头** 24×36mm画幅的标准镜头，在APS-C画幅的数码单反相机上则相当于75mm焦距的视角

标准变焦镜头则指的是涵盖标准镜头视角、部分广角视角和中焦视角的最为常用的变焦镜头，常见的焦距为：24-70mm、17-55mm、24-85mm等，同样在不同画面幅的相机上，划分也时有所差别的。

▲ **17–55mm标准变焦镜头** 适用于APS-C画幅的数码单反相机，视角相当于24×36mm画幅相机的26-83mm焦距

标准镜头的视角最接近人眼，因而感受最亲切、平实，同时因为标准镜头的设计制作最为成熟，它的通光量是最大的（F1.0），价格也是最实惠的。一枚50mm/1.8 F1.8的镜头价格约700元左右。

▲ **标准镜头拍摄** 平实的视角，3～5人的小型合影，使用标准镜头拍摄，适中的拍摄距离，没有变形的影像，是拍摄者和被摄者在舒适随和的氛围中完成拍摄

□ F8，1/250s，30mm，ISO:100

人像镜头

视角约为30°至18°之间的镜头，定焦常见的有80mm、85mm、100mm、105mm和135mm，涵盖这一焦距的变焦镜头则有：24-85mm、28-105mm、28-135mm等，是拍摄人物最合理的焦距。因为一来此焦距段不会使人的鼻子由于变形而显得过大，二来较长的镜头可以虚化背景突出人物，最后还有一个额外的好处，就是可以与被摄者保持一定的距离，以保证心理上的良好接触，所以这一焦距段经常被看作是人像摄影的最佳焦距段。为此，尼康公司还专门研发了可以调节焦外成像的105mm、135mm人像镜头。

▲ **尼康105mm、F2DC** DC是指尼康针对人像摄影研制的焦外控制结构，这一结构可使拍摄者主动控制镜头的焦外成像效果

远摄镜头

视角小于18°的镜头称之为望远镜头，常见的焦距有180mm、200mm、300mm、500mm、600mm、1200mm。常见的变焦镜头多涵盖中长焦变焦镜头，如70-200mm、100-300mm、170-500mm等。

长焦镜头的特点之一是可以远距离获取较大成像，成像效果类似于一个小倍率的望远镜。它的另一个特点是空间距离压缩，长焦镜头较窄的视角使拍摄的景象呈现出前后物体距离接近的视觉感受，没有强烈的透视感觉，利用长焦镜头这种特性可拍摄出具有平面感觉的肉眼无法看到的形体、线条、色彩等图案式的影像。

▲ **70—200mm、F2.8变焦镜头** 最为常用的中焦到长焦变焦镜头，在APS-C尺寸的数码相机上，焦距等效105-300mm、F2.8。超过300mm的大光圈长焦镜头多用于体育摄影和户外野生动物摄影，体积大、分量重，使用时必须使用三脚架或独脚架

▲ **中焦镜头拍摄** 在这幅作品中，85mm镜头离被摄体4m左右的距离。适中的拍摄距离使被摄者轻松的神态展现在我们面前

□ F2.8、1/500s、85mm、ISO:100

▲ **中焦镜头拍摄** 没有变形的透视效果和漂亮的焦外成像控制，是人像镜头特殊的魅力

□ F1.8、1/3200s、85mm、ISO:100

▲ **长焦镜头拍摄** 长焦镜头空间压缩空间，使荷花与荷叶之间的光影盎然成趣

□ F4.5、1/200s、200mm、ISO:200 摄影：赵高翔

Chapter 02 数码相机的使用

- 拍摄的姿势
- 相机图像的文件格式、大小和图像品质
- 白平衡（WB）
- 数码相机的感光度
- 数码相机使用的其他设置

2.1 拍摄的姿势

要拍出好的照片必须掌握相机相关的若干方面的知识，但是有一些我们不注意的细节也决定着我们拍摄照片的成败。在快门章节中提到了“安全快门”，就是为了防止拍摄中出现抖动导致照片模糊，在拍摄中稳定的拍摄姿势也是保证拍摄到清晰图像有效方法，正确的拍摄姿势会使我们最大可能的拍成清晰的图像。

▲ **站姿拍摄——水平持握相机** 在这种拍摄姿势下，拍摄者要注意胳膊尽量夹紧，胳膊和身体形成一个整体，防止因胳膊架空而产生抖动

▲ **站姿拍摄——垂直持握相机** 垂直持握相机拍摄时，通常右手臂成架空状态，这时垂直的左手臂应尽量和身体靠近形成一个整体保证相机的稳定。也有快门位置朝下垂直持握的方式，这时两臂像水平持握相机一样夹紧，用右手大拇指来按快门

◀ **依靠支撑物拍摄** 将胳膊支撑在物体上也是提高稳定性的好方法，假如你身旁有可以利用的物体，巧妙地加以利用能帮你拍到清晰的照片

▲ **蹲姿拍摄** 蹲着拍摄时，可将一肘或两肘撑在膝盖上保持相机稳定，注意蹲下拍摄时应注意蹲姿的平衡，如果蹲不稳的话，肘部也就无法支撑了

▲ **坐姿拍摄** 与蹲姿拍摄持握相机的方法的基本相同，但稳定性高于蹲姿拍摄，如果既能坐着又有支撑，那么稳定性就更好了

▲ **依靠支撑物拍摄** 如拍摄时身旁有墙壁、树木、桌椅之类可以依靠的物体，可背靠物体加强稳定性然后拍摄，在这种情况下往往可以使用低于平时一至两级的快门速度拍摄

2.2 相机图像的文件格式、大小和图像品质

2.2.1 相机图像的文件格式

当你需要将所拍摄的图像做成足够大的照片或印刷品，或者想让拍摄的图像只做较小的照片或只为浏览使用时，可以通过相机上文件存储格式和文件大小的设置来满足这样的需要。为什么要进行文件格式和大小的设置呢？因为相机的文件格式、大小和图像的质量是相关联的，不同的存储格式能够提供不同品质、不同细节、以及不同层次的图像。

▲ **图像格式选择** 在相机菜单栏或通过快捷按钮操作选择不同的拍摄格式，不同的格式是决定图像品质的关键因素

相机怎么能为我们提供不同格式和不同大小的文件，这与相机对图像存储的方式有关。当光线投射到感光元件再通过影像处理器和A/D转换而后存储到存储卡时，会对影像信息进行压缩并存储成不同的文件格式，压缩存储的不同文件格式会导致影像不同程度的“失真”。同样来源的图像信息经过以上的过程，品质自然也就出现差别。

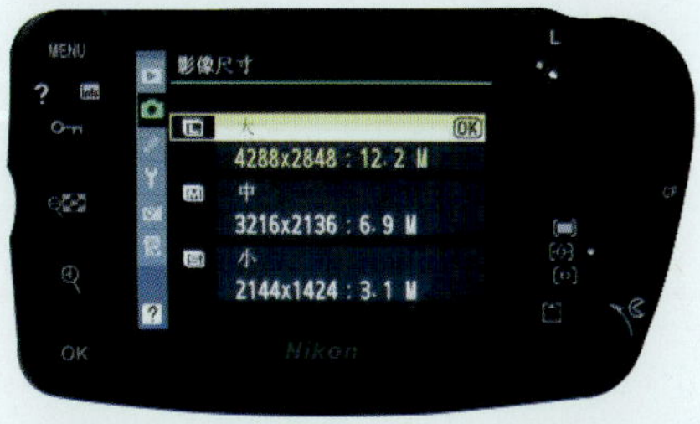

▲ **图像大小选择** 也就是图像的尺寸大小，在TIFF和JPEG格式下都可以进行L（大）、M（中）、S（小）三个不同大小的设置。设置的大小不同，最终存储的文件大小不同

目前数码相机使用的图像文件格式主要有三种：JPEG、TIFF及RAW，选用不同的图像文件格式存储时，相应的格式名称会后缀在文件编号后面，我们经常会见到如“001.tif”或“001.jpg”这样编号的文件。

不同的存储格式最终生成的图像品质和文件大小会有很大的差别，我们在各种格式的介绍中加以详细说明。

▼ L尺寸拍摄的图像

▼ M尺寸拍摄的图像

▼ S尺寸拍摄的图像

◀ **文件大小示意图** 由于文件设置的尺寸不同，最终生成的文件量的大小也有差别。通常同样的景物L尺寸的文件大小是M尺寸的2倍，是S尺寸的4倍。尺寸不同的图像应用的范围也不同，网络浏览可能需要S尺寸的图像就够了，而印刷出版则必须L尺寸的图像

2.2.2 JPEG文件格式

▲ **JPEG原图**　JPEG拍摄图像可选择不同的大小和不同的压缩格式，不同的大小选择是根据需要图片的尺寸决定的，如果要扩印6寸的照片，1200万像素相机的S尺寸就可以满足需要；如果要扩印成20寸那么就要选择L尺寸。但是不同的尺寸下选择不同的压缩等级，照片的细节和清晰度将会有很大的差别，可以通过下边两图对比效果

▲ JPEG格式FINE（精细）等级压缩拍摄的图像局部

▲ JPEG格式BASIC（基本）等级压缩拍摄的图像局部

目前JPEG格式是使用最广泛的图像文件格式，基本上所有数码相机和图像处理软件都支持这一格式。在相机设置中若将文件格式设置成JPEG格式，图像的后期处理将会非常方便。

JPEG 图像存储格式是一个比较成熟的“有损压缩”格式，它用有损压缩方式去除冗余的图像和色彩数据，在获取极高的压缩率的同时能展现十分丰富生动的图像。换句话说，就是可以用最少的磁盘空间得到较好的图像质量。比如最高可以把 36.5MB 的 TIFF 文件压缩至 5.5MB。通常一幅图片经过图像转化后，一些数据会丢失，但是，人眼不容易分辨这种差别。JPEG 图像存储格式既满足了人眼对色彩和分辨率的要求，又适当地去除了图像中很难被人眼所分辨出的色彩，JPEG 格式在图像的清晰与大小中找到了一个很好的平衡点，不会让我们感觉到“失真”。需要注意的是，JPEG 格式每一次的图像处理、调整都会造成图像损失，因此 JPEG 格式不适合反复的处理、调整。

现在的数码单反相机都会将格式按照不同的等级进行压缩，尼康相机按照FINE（精细）、NORMAL（一般）、BASIC（基本）由高到低三个等级进行压缩，佳能按照FINE、NORMAL两个等级进行压缩。按照不同等级压缩后的JPEG文件以不同的大小存储在存储卡中。压缩的等级不同最终图像的质量不同。

在高速连拍模式下使用JPEG格式能提高相机的存储速度和连拍张数。对于需要高品质图像的摄影者，相机则提供了其他有利于品质的格式。

2.2.3 TIFF文件格式

TIFF也是数码图像的标准格式，是一种“无损压缩”的存储格式，被广大图像处理软件普遍支持，它的图像几乎不会“失真”。TIFF给使用者最深刻印象应该就是其较大的文件占用空间。同样的图像设置为TIFF格式存储的文件量是JPEG的好几倍，这样一来，同样容量的存储卡存储TIFF格式的图像数量也大大降低，由于文件较大存储时需要较长的时间，在连拍和抢拍时会导致拍摄速度受影响，在消费和入门级的相机上有时连拍过后需要等待相机存储完毕才能继续拍摄。

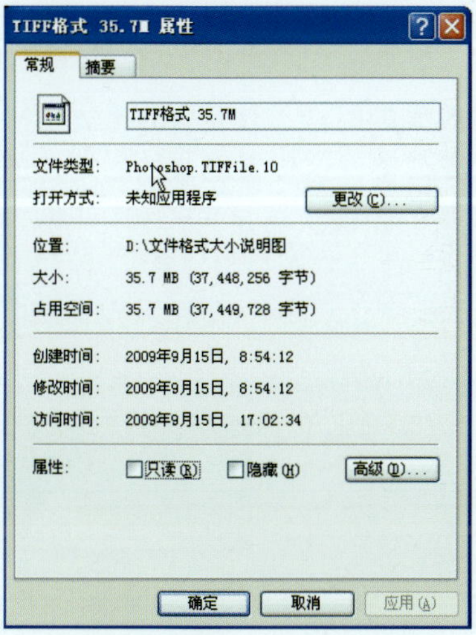

▲ **TIFF格式的文件量** 1200像素相机拍摄的TIFF格式文件达到了35.7M，一张2GB的卡也只能拍摄大约70张图片

2.2.4 RAW文件格式

这是一类图像文件格式的泛指，严格的说并非一种图像格式，而是相机的CCD或CMOS在将光信号转换为电信号的“原始数据记录”，是未经处理、也未经压缩的“原汁原味”格式，也有人形象地称之为“数码底片”，将其比作“底片”也是数码图像本身的特性决定的，使用RAW文件可以任意地调整色温和白平衡，进行类似“暗房”的创造性制作，而且不会造成图像质量的损失，保持了图像的品质。

当设置RAW格式拍摄时，相机只会记录光圈、快门、焦距和ISO等数据，并不对所拍摄的图片进行任何加工，给摄影师的创作保留了很大的空间，与TIFF和JPEG格式相比，RAW最大的优势也是最大的不同就是不经压缩、处理的“原始数据记录”，数码摄影最值得玩味的就是RAW格式。

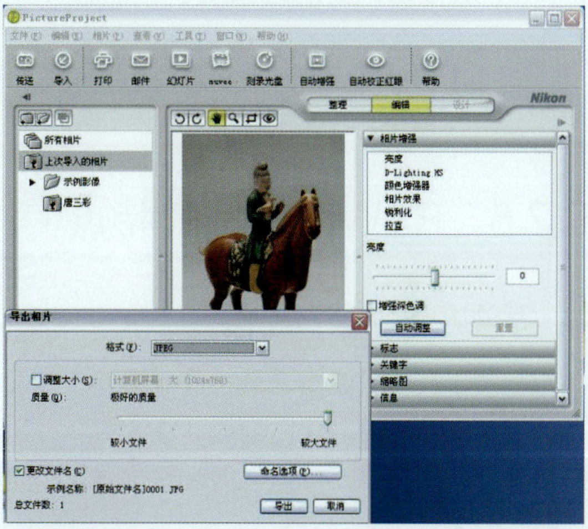

▲ **RAW专用软件** 不同的相机厂家对于自己的RAW格式都有专用的调整软件，尼康为Picture Project,佳能为Digital Photo Professional。图像经过RAW专用软件调整后转存为JPEG或者TIFF格式，并且在转存过程中还可根据需要对图像的质量进行调节

RAW像TIFF格式一样，是一种“无损压缩”格式，但是它存储文件大小只有TIFF文件的一半左右，从存储空间上讲要比TIFF有明显的优势。需要注意的是，RAW文件的调整必须使用相机厂家的专用软件，调整后存储为TIFF或JPEG格式。但现在部分软件在安装插件后可以兼容不同的RAW格式，处理不同品牌相机的RAW文件，为我们提供了方便。

RAW格式的扩展名

“RAW格式”是我们对不同的相机原始文件的统称，不同品牌相机的RAW格式的文件是不同的。例如尼康相机的RAW格式扩展名为“NEF”；佳能相机的RAW格式扩展名为“CRW”；奥林巴斯相机的扩展名为“ORF”。在不使用Adobe公司的Photoshop软件的情况下，你只能使用相机厂商提供的软件调整图片。

2.2.5 RAW+JPEG文件格式

互不兼容的RAW格式给后期处理带来了不便，多数图像软件不能直接浏览RAW图像，因此相机厂家开发出了“使用+浏览”的双重记录模式，在这种模式下，拍摄一张图像相机时，可同时存储成两种文件，一种RAW，一种JPEG，两个文件编号相同，但文件后缀的名称不同，图像内容完全相同，我们可以通过看图软件浏览JPEG格式，也就等于看到了RAW格式的文件内容，我们可以通过JPEG格式来选择RAW格式图像来使用，相应的也就不需要将RAW文件压缩成JPEG文件来满足小尺寸照片冲洗或设置桌面图片的需要。

RAW+JPEG格式在相机中可以以RAW+JPEG（FINE）、RAW+JPEG(NORMAL)、RAW+JPEG（BASIC）三种格式进行存储，它们之间的差别主要是JPEG格式压缩的差别，RAW文件不受任何影响。

2.2.6 RAW图像格式特点

后期电脑调节白平衡

当被摄环境光源色温复杂或者需要图像展现多种色温效果的时候，使用RAW格式拍摄，在后期处理中，可以通过软件在相机预设的白平衡模式之间选择调整，这使得图像的后期处理能力显著提高，我们可以通过拍摄的一幅图像得到很多幅不同效果的图像。这是JPEG和TIFF格式所不具备的。

▲ **Photoshop中的RAW图片处理插件** 现在的Photoshop软件在安装RAW图片处理插件后，可以对图片的白平衡、色调、曝光等多个方面进行调整，而其他格式是无法进行这样的调整的。这在胶片时代也是不可能的

获得丰富的细节

无论在暗部层次、亮部层次、色彩还是质感上，使用RAW格式拍摄的图像的细节比JPEG要丰富得多。另外在后期调节中，RAW格式通过专用软件调节可将图像损失降到最低，而JPEG格式在经过调解后图像质量会受到影响，而且每调整一次都会有损失。我们可以通过图例进行详细的对比。

▲ RAW格式拍摄局部

▲ JPEG格式拍摄局部

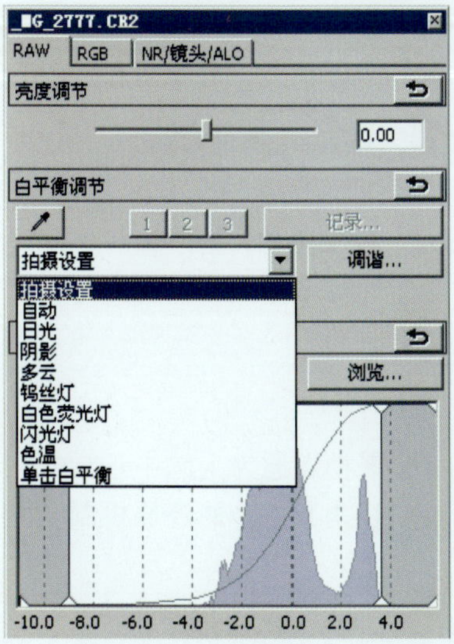

▶ **RAW格式拍摄图像** 同样的被摄体，使用RAW和JPEG拍摄，最终的图像差别是显而易见的

2.3 白平衡（WB）

2.3.1 白平衡与色温的概念

▲ **不正确的白平衡设置** 白平衡设置不正确，图片偏色严重，白色的花朵偏蓝色

色温

要了解白平衡首先要了解色温。色温是按绝对黑体来定义的，黑体指的是在辐射作用下既不反射也不透射，而把落在它上面的辐射全部吸收的物体，一个黑体被连续加热在不同的温度下会显示出不同的颜色，通常由低温到高温显示的颜色顺序为红—黄—白—兰。当光源所发射的光的颜色和黑体在某一温度下发出的光的颜色相同时，黑体这个温度称为该光源的颜色温度，简称“色温”。用绝对色温来表示，单位为K（开尔文）。

自然光源中蓝色天空的色温约为19000-25000K，中午的日光约为5400K，日出时日光约为1850K，100W普通灯泡约为2900K，蜡烛光约为1850K。

白平衡（WB）

白平衡在相机上以字母WB表示，实际是针对电子影像色彩真实再现而产生的概念，原来常用于影视摄像领域，现在数码相机和家用摄像机中也广泛使用。从数码相机的使用上来说，白平衡就是使相机拍摄的图像色彩正确还原的一种功能设置。

从字面意思理解，白平衡就是白色的平衡。人的大脑会自动调节不同光线条件下对色彩的感知，无论在日光下还是在灯光下，我们都认为一张白纸是白色，也就是人眼看到的白色是真实再现而不偏色。当白色还原正常时，其他景物的影像也就接近人眼的色彩视觉习惯。但是相机不具备这样的适应性，这就需要我们进行相应的设置调整使影像接近人眼的视觉习惯，白平衡因此而产生。

2.3.2 白平衡的作用

在相机设置为JPEG和TIFF文件格式时，为了让不同色温的光源下的景物还原为人脑中正常的色彩，我们对白平衡进行设置，调整白平衡到符合光源色温的模式，使相机内部的色彩还原机制把不同色温的光线条件下的颜色得到真实准确的还原。

当我们在使用RAW文件格式时，则不需要这样的设置，具体我们可参考上一节RAW格式的介绍。

2.3.3 白平衡的设置

为了使不同光源环境中的色彩能得到真实的还原，相机为我们提供了不同光源模式的白平衡，我们甚至可以自己设定色温或根据光源环境自定义色温（见11.2.2章节正确设置数码相机的白平衡）。在拍摄时我们只需要根据光源选择相应的白平衡模式就可以得到相对准确的色彩还原。

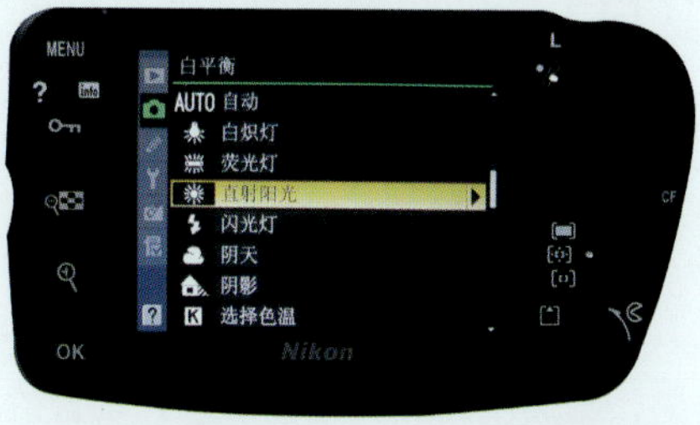

▲ **白平衡设置菜单** 不同的光线环境可以选择不同的白平衡模式，通常利用机顶的快捷键结合机身上的拨盘我们可以快速地在不同的白平衡之间切换

不同白平衡色温及适应的条件

白平衡模式及相应色温	适应的光线条件
AUTO自动白平衡	相机根据环境光线的色温自行设定白平衡，此模式下准确性不是很高
日光模式约5400K	在晴天户外光线下选择此模式
钨丝灯模式约3400K	室内钨丝灯环境下适用
荧光灯模式约6400K	荧光灯环境下适用
阴天模式约6000K	多云或阴天光线环境下适用
闪光灯模式约5500K	使用闪光灯时选择此模式
K色温模式	根据环境光线选择相机提供的不同级数的色温

自动白平衡模式

白炽灯模式

荧光灯模式

阳光模式

闪光灯模式

阴天模式

阴影模式

◀ **不同白平衡下的图像色调** 同一光源环境下的景物使用不同的白平衡模式拍摄得到的图像色调不同，若要得到正确的色彩还原，就必须设置与之相应的白平衡模式或色温

白平衡的特殊设置

我们设置白平衡的模式是为了被摄景物的色彩得到正确的还原，符合人的大脑对色彩的认知，但是在设置时如果故意调整白平衡模式与现场光线环境不符，那么本来平淡的景物通过白平衡的特殊设置往往也会得到意想不到的效果。

白平衡的特殊设置依据的是色温原理，即当相机设置的白平衡模式的色温高于被摄景物光源色温，图像色调偏黄或偏红色；设置的白平衡模式的色温低于被摄景物光源色温，图像色调偏蓝或蓝绿色。

白炽灯模式拍摄 用低色温模式拍摄的城市傍晚，色调显得更加清冷

日光白平衡模式拍摄 相机设定日光白平衡模式，拍摄色温低于日光的烛光，图像整体呈现出暖暖的红黄色调，使图像的整体气氛反而更加突出

2.4 数码相机的感光度

2.4.1 什么是感光度

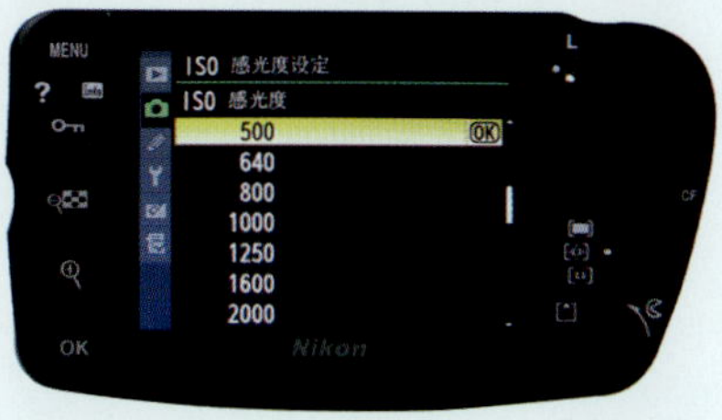

▲ **感光度设置** 可以通过菜单或相机顶部的快捷键来进行感光度的选择设置

感光度原来是衡量胶片对光的灵敏程度的指标，国际标准用ISO表示。在数码相机中，感光度实际是指数码相机的感光原件通过技术处理使感光元件对光信号的感受能力增强，其增强的程度相当于胶片在不同感光度时的感光能力，因此数码相机的感光度实际是“等效感光度”。

感光的等级划分通常为ISO25、ISO50、ISO100、ISO200、ISO400、ISO800、ISO1600、ISO3200和ISO6400。感光度数值越高，表示对光的感受能力越强，高一级的感光度比低一级的感光速度快一倍。其中ISO25、ISO50属于低感光度，ISO100、ISO200属于中感光度，ISO400、ISO800属于高感光度，ISO1600以上则属于超高感光度。

2.4.2 感光度的使用

在相机的使用中，ISO200比 ISO100在同等曝光条件下所使用的快门速度能快一级，光圈可以缩小一级（详见本书3.1.1认识曝光值一节）。

当被摄景物的光照条件较差，而开大光圈都无法保证需要的快门速度时，可以通过提高感光度的方法来提高快门速度。当需要小光圈获得较小的景深的时候，快门速度已经位于“安全快门”速度而不能再低了，我们可以通过提高感光度的方法来获得更小的光圈。

2.4.3 感光度与影像质量

提高感光度虽然会提高快门速度、缩小光圈为我们带来拍摄上的方便，但是数码相机感光原件自身的特点使得高感光度也会产生副作用，那就是图像的“噪点”的增加，图像的细节锐度、色彩饱和度、影像层次、影像反差等都受到严重影响，图像质量整体下降。

感光度与影像质量的关系

影像质量	低感光度	高感光度
噪点	轻微	严重
色彩饱和度	饱和度高、鲜艳	色彩失真
锐度	高	低
反差	大	小
细节	丰富	细节损失
偏色	不偏色	偏色

▲ 较大的噪点

▲ 反差较差

▲ **高感光度拍摄夜景** 这幅作品的拍摄使用了ISO 3200的感光度，通过局部图像我们可以清晰地看到图像呈现明显的“噪点”，锐度、反差都受到影响

长时间曝光注意事项

在拍摄夜景时，为了避免高感光度而形成图像质量下降，不得不进行长时间的曝光。但需要注意的是，数码相机在长时间曝光时，影像的运算和存储、传输要耗费很长时间，等相机传输完成后才能进行下一张拍摄。所以我们在夜景长时间曝光拍摄时，相机的电池必须充足，否则拍摄完成后在传输中途断电，将前功尽弃。

2.5 数码相机使用的其他设置

2.5.1 对焦模式的选择

日常生活中的被摄体有静止的有运动的，有反差鲜明的也有反差较低的，针对不同被摄体的特征，在拍摄时只有选择相应的对焦模式，才能是被摄体清晰的展现在我们面前。

数码单反相机的对焦模式通常有三种：M（手动对焦模式）、S（单次自动对焦模式）、C（连续自动对焦模式）。

▲ 对焦模式选择拨盘

M（手动对焦模式）：当被摄物体反差过低时，相机无法自动对焦，这时就需要选择手动对焦模式，通过我们的眼睛来确定对焦是否清晰。

S（单次自动对焦模式）：拍摄静止的被摄体时，通常使用单次自动对焦模式。这时拍摄者每按快门一次（半按快门为击发自动对焦和测光，全按则为光圈快门结合曝光），相机就根据选择的焦点进行自动对焦。

C（连续自动对焦模式）：当被摄体处于运动状态时，选择连续自动对焦模式相机会根据被摄体的移动速度和方向相应的调整对焦点直至被摄体清晰。

2.5.2 对焦点的选择

现在的数码单反相机都具备多个对焦点，覆盖取景器中心及周围的大部分区域。我们可以通过设置和调节选择不同位置和不同数量的对焦点进行对焦。通常对焦点的选择有单点自动对焦、多点自动对焦和宽区自动对焦三种模式。

▲ **对焦点选择拨杆** 最上为宽区自动对焦模式，中间位多点自动对焦模式，下为单点自动对焦模式

单点自动对焦：选择一个对焦点对焦，往往在被摄体面积较小或需要准确对焦时选用此模式，可选择取景器内的任意一个对焦点。

多点自动对焦：可以同时选择多个对焦点对被摄体对焦。当被摄体反差较小或处于运动状态时，我们通常选择这种对焦模式。

宽区自动对焦：相机对焦区域内的任何一个或多个对焦点都可以发挥作用。在此模式下相机根据被摄体自动选择对焦点使物体清晰聚焦。

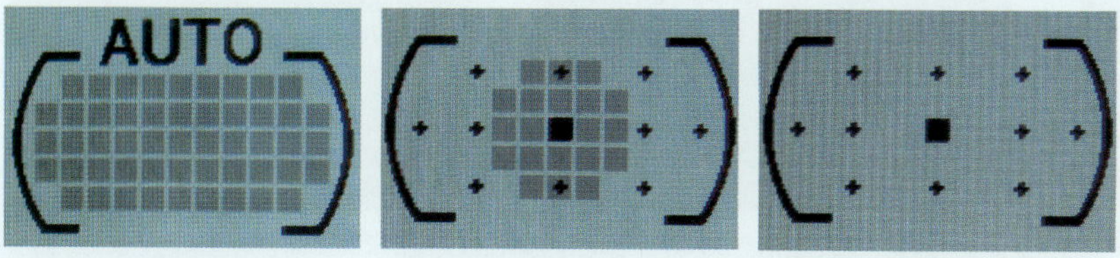

左图宽区自动对焦模式　中图多点自动对焦模式　右图单点自动对焦模式

▲ **相机自动对焦点的显示状态**

2.5.3 数码相机的驱动模式

数码相机的驱动模式通常有四种：单张拍摄、低速连拍（CL）、高速连拍（CH）、自拍。根据拍摄内容不同选择不同的驱动模式，单张模式常用于日常一般性的题材拍摄，拍摄运动的物体是选用连拍模式，被摄体运动快则选用高速连拍，被摄体运动速度慢则选用低速连拍。拍摄新闻、体育等题材时，高速连拍的作用就非常显著了。

▲ 对焦点的选择

▲ **高速连拍模式拍摄** 连续自动对焦配合高速连拍驱动模式，跳远运动员从起跳到落地的全过程被完整的记录下来，这些瞬间是我们眼睛平时不能看清的，这也是高速连拍的魅力

□F4、1/1000s、85mm、ISO:400

Chapter 03 曝光控制

- 什么是曝光
- 测光原理与测光表
- 如何正确曝光
- 曝光及拍摄模式
- 曝光补偿
- 曝光检查

3.1 什么是曝光

自然界中有诸多丰富、迷人的色彩，但我们常常会因为相机快门的速度和光圈大小设置失误而产生很多令人懊悔的图片，这时候我们不禁要问，是什么原因使得壮美河山中那些美妙的色彩荡然无存？是我们的相机不够先进还是我们的记忆发生了缺失？都不是，实际上只是因为没有掌握正确的曝光方法，下面让我们来进一步了解曝光。

相机的快门速度高低和光圈大小相配合使感光元件进行感光的过程，我们称之为曝光。而曝光过程中对快门光圈的调节以达到图片影像的适当要求的过程，称之为曝光控制。通常我们需要使用测光表或利用相机内置的测光表对被摄景物的光线进行测量，得出合理的曝光值（EV），也就是光圈大小和快门速度的恰当组合。拍摄的时候，要结合实际环境的情况，把光圈与快门两者调节平衡，相得益彰，来达到我们所要求的曝光量。

◀ **曝光过度** 照片整体影调亮度较高，暗部层次得到了很好的表现，但亮部至灰部层次损失殆尽，呈现出缺乏层次的白色

□F2.8，1/125s，55mm，ISO:100

◀ **曝光正常** 曝光正常的图像从亮部到暗部都有清晰的层次，雪山、白云层次分明，草地阴影中的影调依然清晰可辨

□F7.1，1/80s，80mm，ISO:100

3.1.1 认识曝光值

曝光值通常用EV（英文“Exposure Value”的缩写，即“曝光值”）表示，它和景物的亮度、相机设定的感光度、光圈和快门之间有着密不可分的关系，曝光值最直接的反映是光圈大小和快门速度的组合，其关系式为：

曝光值（EV）=光圈大小+快门速度

▲ **曝光不足** 落日余晖虽不及中午那样灿烂，但和深暗的四周相比应该依然耀眼。这幅图片本应属于亮部的天空颜色发灰，整体发闷，缺乏明显的亮部

□F9，1/2s，18mm，ISO:100

需要注意的是这个关系使得成立是有许多先决条件的，这里是假设ISO为100时，光圈F1和快门1秒的EV值都是0，之后光圈和快门每增加一级，EV值就加1，如此就可以推算出各级光圈和快门速度所对应的EV值，关系式的成立实际指的是光圈、快门换算成曝光值的等式。

曝光值（EV）与光圈大小和快门级数对应表如下：

EV值	0	1	2	3	4	5	6	7	8	9	10	11	12	13
光圈	1	1.4	2	2.8	4	5.6	8	11	16	22	32	45	64	-
快门	1	1/2	1/4	1/8	1/15	1/30	1/60	1/125	1/250	1/500	1/1000	1/2000	1/4000	-

除光圈大小和快门速度之外，EV值还和景物亮度相对应。不同亮度的物体EV值不同，物体越亮，EV值就越大。通常典型环境的亮度相对应EV值约为：

典型环境的亮度	EV值
明亮的室内	8、9、10
阴天	10、11
多云天	11、12
晴天户外	12、13、14
晴天海边、雪景	15、16、17

由此可以看出，不同亮度的景物拍摄时的曝光可以利用曝光值（EV）与光圈大小和快门级数对应表找出合适的光圈大小和快门速度进行曝光。例如：晴天户外EV值为14，7+7=14、6+8=14、5+9=14等。引入上表EV值对应的光圈和快门，得出：F11+1/125s=14、F8+1/250s=14、F5.6+1/500s=14……

同时我们也得到一个结论：相同的曝光量可以由多组不同的光圈和快门组合而成，这也称作“等量曝光”。

3.1.2 曝光值（EV）与感光度（ISO）的关系

“曝光值=光圈大小+快门速度”关系式的成立还受感光度的影响。前面介绍的不同场景拍摄的光圈和快门速度的组合是在感光度100的前提下得出的，如果感光度改变，相应的曝光值（EV）也应有所增减，例如：晴天户外EV值为14，用ISO400拍摄，那么8+8=14+2，7+9=14+2等，引入光圈和快门得出：F16＋1/250s＝14＋2、F11＋1/500s＝14＋2。见下表：

ISO	50	100	200	400	800	1600	3200
±EV	−1	0	+1	+2	+3	+4	+5

3.1.3 曝光值(EV)的实际运用

测光表的曝光值（EV）

测光表的曝光值反映的是正确曝光状态下光圈和快门的组合。当测得的曝光值越大，表示景物亮度越亮，就需要高速快门或小光圈配合曝光，同样测到小的曝光值就需要较慢的快门速度和大的光圈来配合以达到正确曝光。

相机中的曝光值

相机中的曝光补偿和曝光参考刻度则指的是曝光值（EV）在最终照片中的亮度体现，曝光不足指照片亮度不够，曝光过度则指照片过亮，相应地增加或减少一定的曝光值（光圈或快门增加或减少相应的级数），就会获得合理的亮度的照片。

曝光值（EV）还出现在相机的参数表中，用来表示相机的“对焦”和“测光”，通常相机的自动对焦范围在0.5EV-18EV之间，测光范围在1EV-20EV之间。这里的曝光值指的是相机的自动对焦和测光对于这样亮度范围的景物才可以正常工作。

▶ **等量曝光** 在上、下两张图片的EV值分别是F14，1/250s，ISO:200；F5.6，1/500s，ISO:200。很显然，不同EV值的适当组合与搭配所产生的曝光量都是相同的

3.2 测光原理与测光表

3.2.1 18%中灰原理

如今拍摄照片的光线测量工作已由测光表或相机内置的测光系统来完成。两者虽然在外在形体上有很大的区别，但是其原理和作用却是一样的。测光表的测光依据是“以反射率为18%的亮度为基准”。

反射率指的是光线照射到物体上后一部分光线被反射回来，被反射回来的光线亮度与入射光线亮度的之比就称为反射率。物体的反射率高则指物体对光线吸收少、亮度高，如白雪的反射率约为98%，反射率低则指物体对光线的吸收少、亮度低，如碳的反射率约为2%。

从黑到白的几何等级中，18%反射率的色值是中灰色，因此这一理论经常被称为“中级灰原理”或“18%灰原理”。测光表就是基于18%灰色原理设计制造的。18%灰是平日所能见到的物体的平均反射率，是一个景物反射率的平均统计值，同时也是一个行业标准。所有的测光表都把物体的亮度认定为18%的灰色，在测量景物时以此给出曝光值和光圈快门的组合。

依据18%灰原理生产的测光表因其用途不同也有几种，根据其外观结构有“独立测光表”和“相机内置测光表”之分。独立测光表又依据其不同的测光方式分为“入射式测光表”、“反射式测光表”和“入射、反射两用测光表”，另外“反射式测光表”中还有为了测光更加准确的“点测光表”。相机内置测光表属于“反射式测光表”。

▲**灰卡** 灰卡的明度约为18%，在拍摄中，我们只要精准还原灰卡的色度，其他色彩还原也就随之精准。这种方法广泛使用于不同环境的测光，包括室内闪光摄影和变化万千的自然光线摄影。如果你在拍摄室外人物时，没有专用的灰卡，可以将测光表对准人物的皮肤进行测光，以获得正常的曝光值

◀**灵活使用18%** 灰度18%可以运用于多数的普通环境，所谓的普通环境指的是灿烂阳光下江河湖海的基本反光率。但是如果在清晨或者傍晚、雪景、逆光、室内特殊光线以及反差极大的环境下，景物的综合反光率就可能要高于或者低于18%了。所以，我们要在不同的环境中灵活使用这一参照数值。如左图，它的综合平均灰度可能是85%灰色，而反光率约为7%，遇到这种场景，则要有意曝光不足，才能渲染其浓厚的宗教气氛

▲ **18%中灰反射光示意图** 五彩斑斓的自然界物体的反光率不尽相同，我们肉眼所看到的景物在亮度上也有很大的差异。不同色彩的物体如果反光率相同，呈现在黑白图像的颜色就相同，因此物体的反光率以呈现出的“灰度”来表示。也可以这样说，相机的测光系统“看”到的景物是黑白的，所测量的数值也是物体反光之后呈现出来的灰度色。科学家通过对生活中常见的不同环境、不同光照条件下反光率的计算，得出综合的反射率为18%的灰色。在常见光线环境下，相机提供的参考标准(18%的灰度色)都会得到曝光正常的图像

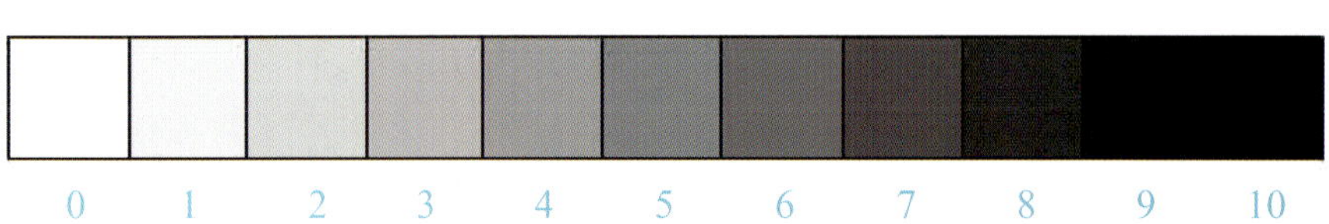

▲ **灰色级谱** 我们把普通场景的光线分为11级，包括纯白。“普通”场景下光线的平均值介于灰色级谱中纯黑色和纯白色的正中间，也就是50%的灰色，科学家计算出这50%的灰色实际上只反射了18%的光线，并以此为测光和曝光参照标准

3.2.2 入射式测光表

入射式测光表是测量照射在景物上光线强弱，并以此为依据决定曝光值的仪器。

用入射式测光表测光时一定要将测光表靠近被摄物体，另外将测光表的受光部位（白色球体）对准相机镜头的方向（测量面向拍摄者的光线）。另外，入射式测光表不受物体反光率的影响，因此无论是深色或浅色的物体按照测光表测出的数据曝光时不需调整就可以得到正确的曝光结果。它的缺点是必须靠近被摄体才能测到准确的曝光值，通常在户外拍摄远方的景物时，靠近被摄体测光是很不现实的，这时入射式测光表就无法使用了。

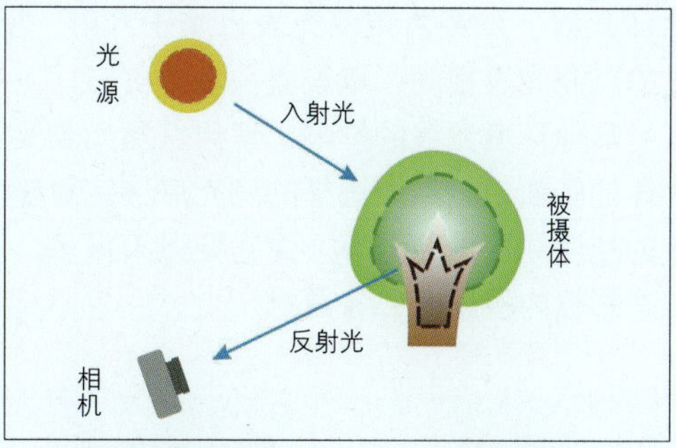

▲入射光、反射光示意图

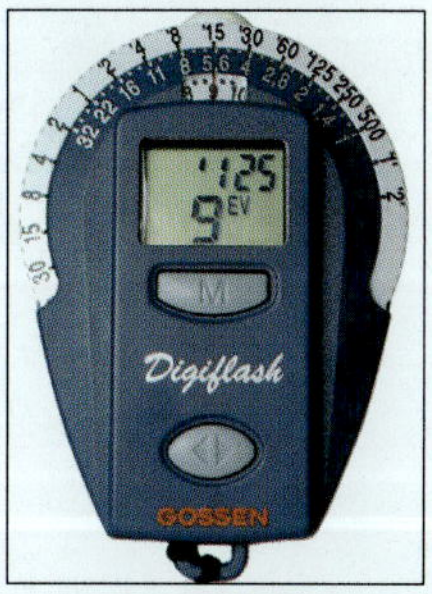

▲入射、反射两用测光表

▲**入射式测光表** 主要作用为测量入射光，但在购买相应的附件后还可进行反射光的测量

3.2.3 反射式测光表

反射式测光表测量的是物体反射的光线的强弱，物体的反光程度不同，呈现出的亮度也不同，将测光表对准被摄物体，就可测出在测光表受光范围内的景物的平均亮度，并据此给出合适的曝光值和光圈快门的组合。

需要注意的是：反射式测光表是对准物体测量，如果测光表受光范围内的景物亮度差异过大，测光表受光角度轻微的偏移就会致使测光表给出的数据产生差异，这就需要依据18%中灰原理对被测量物体的进行选择，一般选择测量范围亮度接近18%灰的物体测量。同时，反射式测光表不能对准光源测光，因为光源不具有反射特性。

另外，当画面由不同反射率的物体组合而成时，使用反射式测光表，按照测光表所得出的光圈、快门等参数曝光可以得到曝光正常的照片。当面对单一物体时，物体的反射率大于或小于18%（浅色和深色的物体），测光表都将被摄物默认为18%中灰，这时得到的光圈快门等参数都不会使感光元件正确曝光，物体的颜色不会得到准确地再现，这时就需要在取得测量数值后进行补偿调整。

▲**灵活运用测光表** 在实际拍摄中，我们经常会遇见非常态下的景物，也就是高于或低于18%中灰色调的场景。如左图是按照测光表提供的数值拍摄的图片。画面淡薄也失去了现场幽暗氛围的效果；右图曝光不足2挡却有效地还原了“青城天下幽”的美景。在拍摄雪景时也要有效地改变曝光值，具体操作请参照本书第8章“8.4 冬日的寂静”一节

3.2.4 入射、点测两用测光表

入射、点测两用测光表也属于入射、反射式测光表。这类测光表反射光测量的受光角度和独立的点测光表相同，取景镜头多数可在1°～5°之间调节，使测光的范围真正落在一个“点”上，不受其他环境光线的影响。使用点测光表要注意的是，测光点的选择至关重要，在拥有不同反光率物体的画面中，你所选择的测光点决定着整个画面的曝光。和普通的入射、反射测光表相比，在测量的精度和测量范围等方面它要强大很多，同时这类测光表还可进行连线、无线闪光光源测量，通常是影棚内摄影的必备器材。

▲**入射式测光** 在专业灯光房拍摄时，由于所选用的光源是瞬间闪光，所以必须使用入射式测光表，才能在闪光灯1/1000s的闪光过程中，准确测量光亮度

□F14，1/25s，85mm，ISO:100

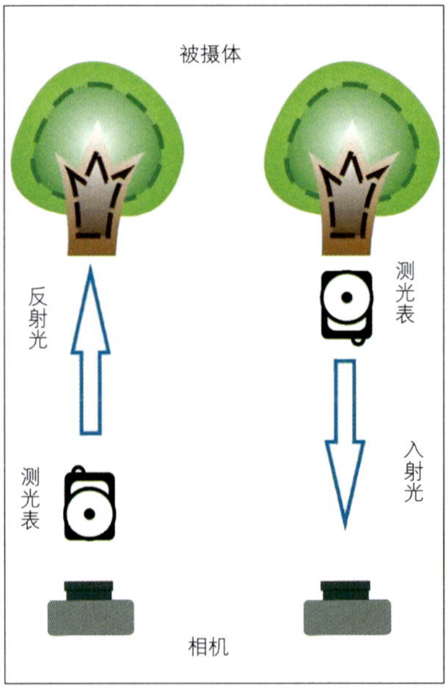

▲**入射式测光表、反射式测光表工作方式示意图** 可以简单地理解为：反射式测光表在拍摄者的位置朝向被摄物测量；入射式测光表在被摄物的位置朝向拍摄者测量

▲**入射、点测两用测光表** 功能更加强大的入射、反射式测光表，可以在测入射光和点测光之间任意切换，测量精度往往更高

◀**点测光** 在环境光线瞬息万变的贡嘎雪山上，使用点测光表，对准远处的山体亮面进行测光，可以获得理想的曝光量

□F11，1/50s，34mm，ISO:100

摄影：李玮

3.2.5 相机内置测光表

现在的数码单反相机都有复杂的测光系统，这一系统称为TTL（Through The Lens）测光(通过镜头测光)，也就是内置测光表。这一系统与相机的其他系统集成在相机内，有效提高了相机的使用性能，在取景、对焦的同时就可完成测光工作。需要注意的是，相机的内置测光表属于反射式测光表，和其他反射式测光表一样，它的使用也具有一定的缺点。但是相机内置测光表与独立测光表相比功能更加丰富也更智能化。

为了能够在各种复杂场景拍摄中获得准确的曝光，相机厂商开发了各种测光模式，使摄影者能够根据不同的光线环境选择不同的测光模式从而获得正确曝光的照片。不同厂家的相机的测光模式技术不同，其测光模式的命名也就不同。

尼康相机测光模式标志及测光分区图：

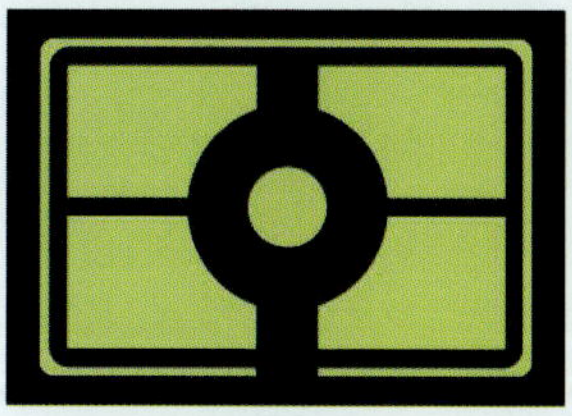

▲ **尼康3D彩色矩阵测光、彩色矩阵测光模式标志** 3D彩色矩阵由尼康的矩阵测光演化而来，在原有矩阵测光的二维平面测量的基础上加入距离、色彩信息，使测光更加准确

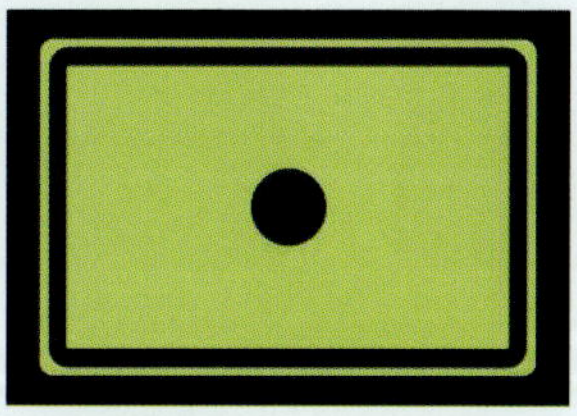

▲ **点测光模式** 类似于点测光表，只测量画面很小范围的光线，以获得更精的读数。通常范围在相机的设置中可以调整

▲ **尼康中央重点测光模式** 测光读数以画面中央部分的亮度为主，即对中央部分的亮度最为敏感。中央区域可以比较宽，但一定要将边缘部分排除在外，这就是“中央重点”的含义

▲ **尼康矩阵测光分区图** 这是覆盖画面的尼康相机矩阵测光分区，随着电子技术的发展，相机的分区测光、计算功能也越来越复杂

佳能、索尼相机部分测光模式及测光分区图：

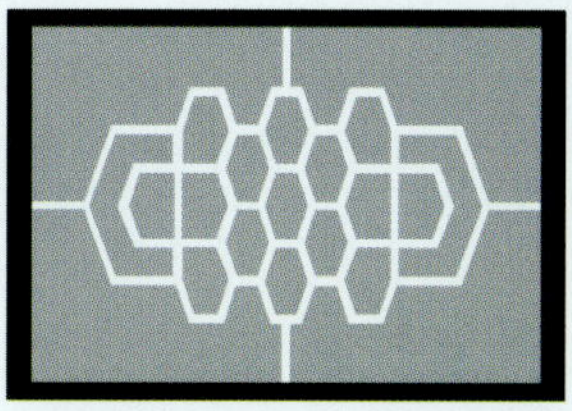

▲ **佳能的21分区评价测光分区图** 佳能1Ds系列相机测光分区已达到63个

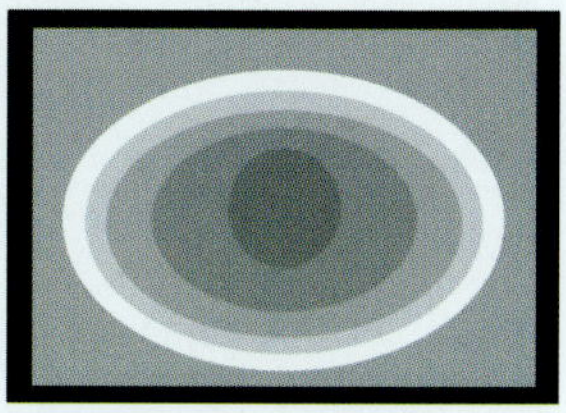

▲ **中央重点测光区域分布图**

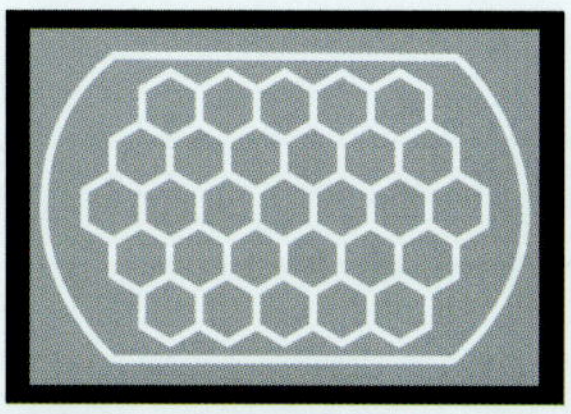

▲ **索尼蜂巢式测光分区图**

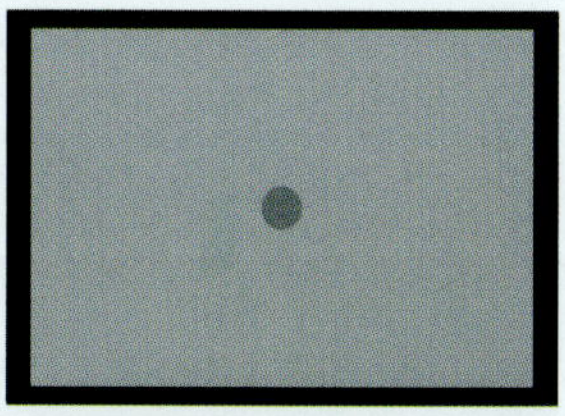

▲ **点测光区域分布图** 现在的相机往往有几个对焦点就有几个点测光的测光点

▲ **精准的测光** 上图环境的光线充足，色调均匀。此时选用相机的分区测光模式（矩阵测光、分区评价测光）或中央重点测光都会得到正确的曝光

□F16，1/125s，ISO:100 摄影：江峰

3.3 如何正确曝光

3.3.1 选择合适的测光模式

面对不同的环境、不同的被摄体、不同的光线条件选择相对应的测光模式。现在的数码单反相机一般都有三种左右的测光模式：一种是分区测光（矩阵测光、分区平均测光），是针对多数场景下的顺光、侧光、漫射光等环境下的亮度，景物大多反差适中，没有过暗或者过亮的地方；第二种是中央重点测光，是针对主体位于画面的中央位置，且主体的灰度色约为18%，或者摄影者希望主体的灰度色凝固在画面上时，是18%的灰度色；第三种是点测光，也叫局部测光，是当主体在画面的面积较小，或者主体处于阴影、背光等环境下适用的测光模式。

▲ **分区测光** 上图的天空和秋色的松针在反差上不是很强烈，色彩在均匀光线的照射下显得异常明亮和饱和。此时选用分区测光模式（矩阵测光、分区评价测光）会得到一张色彩极为绚丽的图片

□F16，1/125s，55mm，ISO:100

▲ **中央重点测光** 在画面上，人物占据了重要的位置，且光线从后侧方射向模特，这种情况下，选用中央重点测光模式可以使作品具有比较理想的曝光

□F4，1/80s，55mm，ISO:200 摄影：罗斌

◀ **中央重点测光** 这张元阳梯田图片中心明亮的色彩和四周较暗的阴影形成很大的反差，如果此时使用分区测光模式，照片四周的暗部会影响到测光系统对曝光值的计算，此时选用中央重点测光能使整个画面得到合理的曝光。因为我们的视觉经验告诉我们，多数图片宁可在暗面曝光不足，也不要在亮面曝光过度

□F18，1/15s，200mm，ISO:100 摄影：李玮

3.3.2 选择合适的测光区域

相机内置的测光表都是反射式测光表，反射式测光表以景物的反射亮度作为测光依据，根据18%中灰原理，如果测量景物的反射亮度接近18%，那么就会获得准确的测光数值，也就会得到准确的曝光。这就告诉我们，选择接近18%的中灰部分测量是获得准确测光的有效方法。

选择亮度接近18%中灰的部分测量需要注意光线照射的角度，被摄主体应与选择的测量物体光线照射的角度一致，即使是同样的物体，受光条件不同，其反射亮度也是不同的。

实际拍摄中，测光区域的选择还与拍摄者的拍摄意图紧密联系，特别是在光线变化和反差较大的画面中，选择不同的测光区域测光得到的数值会使最终的画面效果千差万别。在亮、暗层次不能兼顾的情况下，有所侧重地选择亮部或暗部曝光比亮部和暗部都损失层次要好。

▲ **对人物面部测光** 上图的主体是人物，测光对准人物面部测光，最终提供的测光数据使画面整体得到正常的曝光

□F8，1/250s，105mm，ISO:100

▲ **对天空测光** 偏重中央测光模式对亮度较高天空测光，略显不足的曝光使天的蓝色更加凝重，色彩也更加饱和，画面下方的景物形成剪影

□F5.6，1/800s，28mm，ISO:100

▲ **对流水测光** 幽深的山间整体呈现出暗的色调，流水映射出亮和灰的层次，选择流水的灰色作为测光依据，整体曝光正常。如果以溪石测光，最终的作品可能会呈现出较亮的色调，流水亮部的层次可能就会损失掉

□F8，1s，85mm，ISO:100 摄影：李小舟

3.4 曝光及拍摄模式

曝光模式（Exposure Mode）是为拍摄操作更为便利而提供的一种拍摄模式，其中也包括场景模式，其标志大多是用一些简单化的象形图标来表示。在这些模式中有“人像模式”、“风光模式”、“运动模式”、“夜景模式”、“程序自动模式”、“快门优先模式”、“光圈优先模式”等。

数码单反相机曝光模式的设定方式基本为两种，一种是转盘形式，另一种是按键和拨盘相结合的操作模式，相机定位不同，曝光模式设定方式也有差别。

▲ **曝光模式的设定方式** 左图为转盘设定曝光模式，转动转盘，当某一模式和左侧的指示标记对齐时，表示使用该模式。转盘设定的形式常见于消费级和入门级数码相机，某些品牌的准专业级相机也采用此设定模式。右图为按键和拨盘相结合的方式，按下按键转动拨盘，设定的拍摄模式会在显示屏上显示。这类设置方式常见于准专业和专业相机，且这类设置方式中没有场景模式的设定

3.4.1 全自动模式（AUTO）

全自动模式就是与曝光相关的设定（测光模式、光圈、快门、感光度、白平衡、对焦点、闪光灯等）都由相机自动设定，俗称“傻瓜”模式。在这种模式下，拍摄者只须关注拍什么就行了，剩下的事情由相机帮你来决定，对于不具备任何曝光知识、没有摄影经验的人来说，这是最便捷的摄影模式了。但这种模式通常是运用在入门级数码相机和部分准专业级数码相机，而高端的专业级数码单反相机是不具备此功能的。

▲ 全自动模式图标

全自动模式在大多数场景下都可获得效果不错的照片，但是拍摄者只能任由相机安排，无法控制闪光、速度和景深等，拍摄者主观控制画面效果的可能性几乎不存在。从这一点来说，全自动模式是一个方便而又不自由的模式，对于想掌握较高水平的摄影技能的拍摄者，我们不提倡使用这个功能。

◀ **全自动模式拍摄** 全自动模式在被摄场景的光线充足、反差适中等情况下，可以获得影像素质等各方面都比较理想的画面

□F11，1/125s，55mm，ISO:100

3.4.2 程序自动模式（P）

程序自动模式简称“P”模式，此模式是相机将若干组曝光程序（光圈快门不同的组合）预设于相机内，相机根据被摄景物的光线情况自动选择相应的组合进行曝光。通常在这个模式下还有一个“柔性程序”，也称程序偏移，即在相机给定曝光相应的光圈和快门时，在曝光值不改变的情况下，拍摄者还可选择另外组合的光圈快门（等量曝光原理，见3.1.2曝光值一节），可以侧重选择高速快门或大光圈。

▲ 程序自动模式图标

程序自动模式的自动功能仅限于光圈、快门的调节，而有关相机功能的其他设置都可由拍摄者自己决定，如：感光度、白平衡、测光模式等。这是一个自动与手动相结合的曝光模式。在方便快捷的同时又能给拍摄者自由发挥的空间，初学摄影者可从此模式入手了解相机的曝光原理和相机的设定功能。

▼ **程序自动模式拍摄** 晴天阳光下的景色，程序自动曝光获得了色彩完美的图像

□F5.6，1/250s，85mm，ISO:100

3.4.3 光圈优先模式（A或Av）

光圈优先模式是一个图像曝光由手动和自动相结合的“半自动”模式，这一模式下光圈由拍摄者设定（光圈优先），相机根据拍摄者选定的光圈结合拍摄环境的光线情况设置与光圈配合达到正常曝光的快门速度。

这一模式体现的是光圈的功能优势。光圈的基本功能是和快门组合曝光，它还有一个重要功能就是控制景深。选择了光圈优先功能，也可以说是选择了“景深优先”功能，需要准确控制景深效果的摄影者往往选择光圈优先功能。

▲ 光圈（A或Av）优先模式图标

▶ **光圈优先模式拍摄** 拍摄时有意选择较大的光圈获得浅景深，在突出茶壶的手工艺特色的同时，还可以提高快门速度。当然在此模式下拍摄风光时，也可以选择较小的光圈来保证最大的景深

□F4，1/80s，70mm，ISO:100

3.4.4 快门优先模式（S或Tv）

快门优先模式也是一个图像曝光由手动和自动相结合的“半自动”模式，与光圈优先模式相对应，这一模式下快门由拍摄者设定（快门优先），相机根据拍摄者选定的快门结合拍摄环境的光线情况设置与快门配合达到正常曝光的光圈。

不同的快门速度拍摄运动的物体会获得不同的效果，“高速快门”可以使运动的物体“呈现凝结效果”，“慢速快门”可以使运动的物体“呈现不同程度的虚化效果”，手持拍摄时快门速度的选择也是保证成像清晰或运动物体清楚关键因素。

▲ 快门优先模式图标

▲ **慢速快门**　在拍摄这幅图片时，使用了慢速快门并用镜头跟随奔跑的赛马，使马和骑手相对清晰，周围的环境呈现出虚化的线条状效果，虽然图像稍微有些模糊，但赛马场上激烈、紧张的气氛得到了很好地表现

□F17，1/15s，85mm，ISO:100

▼ **高速快门**　使用高速快门，可以将溪水的瞬间呈现出凝结的状态，捕捉到视觉无法看清楚的水珠。超高速的快门甚至可以凝结运动的子弹等速度更快的物体

□F2.8，1/5000s，85mm，ISO:100

3.4.5 手动模式（M）

手动模式，除自动对焦外，光圈、快门、感光度等与曝光相关的所有设定都必须由拍摄者事先完成。对于初学者和拍摄诸如落日一类的高反差场景以及要体现个人思维意识的创作性题材图片时，建议使用手动曝光，这样我们可以依照自已要表达的立意，任意的改变光圈和快门速度，创造出不同风格的影像。在M模式下曝光正确与否是需要自己来判断的，但在使用时必须半按快门释放钮，这样就可以在机顶液晶上或观景窗内看到内置测光表所提示的曝光数值。

▲ 手动模式图标

读者也许要问，何时需要手动设置？首先相机设定曝光最长时间为30秒，只有在快门优先和手动模式下被摄者才能够进行长时间快门速度设定，其他模式下都是相机根据光线条件自动设定的。另外，相机的最高闪光同步速也只能在这两个模式下设定，通常相机默认的同步速度为1/60秒。最后，由于相机内置测光表无法测量瞬间光源，因此在影棚内使用影室闪光灯拍摄时，也只能使用手动模式参照测光表，获得正确曝光。

▲ **静物**　影室闪光光源，手动模式拍摄

□F22，1/125s，85mm，ISO:100　摄影：程志敏

▼ **手动曝光模式**　现场光线多为光源，测光点和曝光模式的选择至关重要，手动模式可使拍摄者结合自己的经验完成曝光

□F2.8，1/125s，55mm，ISO:800　摄影：胡渊

3.4.6 人像模式

以人为主体的作品拍摄，为了突出被摄体，往往采用大光圈的方式来获得浅的景深，使背景模糊，突出人物。另外人像模式程序中的人物曝光设定也对相机测光得到的曝光结果进行了智能化的补偿调整，使人物的肤色看起来更加白皙、自然。当拍摄光线不足时，相机会自动弹出闪光灯对人像补光，使人物获得充足的照明。

▲ 人像模式图标

▲ **人像模式拍摄** 人像模式下拍摄的人像，肤色、景深控制得恰到好处

□F3.5，1/500s，55mm，ISO:100

3.4.7 风景模式

拍摄户外风景时，我们总是希望看到的景物都清晰地呈现在眼前，风景模式正是根据这个需要而产生的。在风景模式下，相机会相应的设置小光圈获得大景深，使景物的前后都清晰。在风景模式下，当光线不足时，风景模式下快门速度会变慢，而不会像人像模式下自动弹起机顶的闪光灯，因为机顶闪光灯功率较小，通常的照射距离只有3～4米远，无法为远距离的景物补光。

▲ 风景模式图标

▲ **风景模式拍摄** 光线充足的情况下，相机默认的小光圈使景物前后清晰的呈现出自然风光的磅礴气势

□F8，1/250s，28mm，ISO:100

3.4.8 微距模式

微距模式是专为近距离拍摄较小的物体而准备的，所以图标用一朵小花来表示，不过物体成像的大小是由镜头和拍摄距离来决定的，而微距模式并不能改变镜头的特性和拍摄距离，只是能够设置光圈等其他功能，使拍摄的成像效果接近微距镜头近距离拍摄时主体清晰背景模糊的效果。配合微距镜头或带微距功能的镜头，微距模式的作用会更加鲜明。

▲ 微距模式图标

3.4.9 运动模式

拍摄运动物体时快门速度的快慢决定着物体是否能够清晰成像。不同的运动物体、不同的拍摄距离物体清晰成像所选用的快门速度都有所不同。运动模式会根据相应的拍摄物体选择合适的对焦方式、快门速度和每秒拍摄的张数，使拍摄者不会错失精彩的瞬间。

▲ 运动模式图标

▲ **微距模式拍摄**　相机设定的微距模式往往受到镜头最近对焦距离的限制，使用时应当注意

□F2.8，1/125s，35mm，ISO:1600

▲ **运动模式拍摄**　较暗的环境下相机会选择高感光度来进行曝光

□F3.5，1/500s，50mm，ISO:1600　摄影：刘鹏涛

3.4.10 夜景模式

五颜六色的霓虹灯将夜晚的都市装点得绚丽无比，但是要将这美丽的景色记录下来则需要费些周折。夜晚的都市除霓虹灯以外的空间光线相对都较弱，场景反差较大，相机测光表是难以对光源获得准确测光的，这就需要依据经验和巧妙地选择测光点来取得曝光数值，拍摄一张精美的照片。在夜景模式下，相机会以合适的曝光时间使夜晚的霓虹效果得以呈现，但是需要注意的是霓虹的弱光往往需要较长的曝光时间，手持拍摄容易因晃动而导致图像模糊，所以拍摄夜景时最好使用三脚架和快门线，带有防抖功能的镜头和机身能对晃动做一定的矫正，但也是有限的。

▲ 夜景模式图标

夜景模式下，相机内置的闪光灯是不会自动弹出的，不要强制将其打开。内置闪光灯的照射距离很近，强制打开会使图像成像如同笼罩一层白雾一般。另外，夜景模式时机的把握也非常重要，傍晚华灯初上的时候拍摄，天空会呈现绚丽的蓝色与霓虹灯相映衬。

▲ **外滩夜景**　使用三脚架，图像在长时间的曝光下仍然清晰

□F13，20s，17mm，ISO:100　摄影：赵高翔

3.4.11 夜景人像模式

在夜晚拍摄人物时，需要打开闪光灯，但常常会出现人物曝光正常，但是背景却一片漆黑的现象。使用夜景人像模式，相机的设置会自动弹出内置闪光灯对人物进行补光，并在背景夜景曝光和闪光灯补光曝光之间找到一个平衡（放慢快门速度使背景充分曝光，输出适量闪光使人物正常曝光），使背景和人物在不同的光线下都曝光正常，使我们获得一张漂亮的夜景留念照。

▲ 夜景人像模式

需要注意的是：夜景人像曝光的时间也比较长，使用三脚架会使背景避免晃动而模糊。同样在室内灯光条件下拍摄人物选用夜景人像模式也可以得到环境和人物曝光都比较理想的作品。

▶ **城市夜景中的人像**　近处的人物和远处的霓虹灯都得到的合适的曝光，这是一张漂亮的夜景人像

□F2.8，1/60s，19mm，ISO:400

3.5 曝光补偿

曝光补偿一般针对画面主体或曝光要求比较特殊的画面。曝光补偿的设置在相机中以1/3EV或1/2EV值递增或递减，通常最多可设置±5EV值。

▶ **曝光补偿** 在设置中以±形式标示，+1.0表示曝光在原曝光基础上增加1.0个曝光值，若-1.0则表示在原曝光基础上减少1.0个曝光值(尼康D300菜单)

3.5.1 以暗部或深色调为主画面的曝光

当画面中暗部或深色调占据很重要的位置时，如逆光照明下的室内外景物、逆光近景人像、场景中大面积的阴影等，宜采用曝光补偿。它可以准确地控制被摄场景中重要暗部的影调和层次，使它表现适当。具体做法是：采用分区测光（矩阵测光、分区评价测光）或中央重点测光，使用中央重点测光时使镜头尽量避开亮度较高部分，仅对准被摄体重要的阴影部位测光，但不按照测光表（或相机）直接指出的读数曝光，而是比它指出的数值减少1-2挡曝光量（减少曝光值补偿暗面）。

▲ **以暗部为主或深色调为主的景物按相机测光曝光** 矩阵测光模式，画面整体暗调阳光勾画出人物的轮廓。整体曝光稍过，画面有些灰，阳光勾画的人物轮廓与背景墙面对比不够强烈

□F9，1/125s，60mm，ISO:200

▼ **以暗部或深色调为主的景物曝光补偿后效果** 在上图相机测光曝光的基础上减一级曝光量。照片整体协调，暗调的墙面有利衬托出辛勤劳作的人物形象

□F9，1/250s，60mm，ISO:200，曝光补偿：-1EV

3.5.2 以亮部或浅色调为主景物的曝光

当画面中亮部或浅色调物体占据重要位置时，按相机测光得出的数据会使画面整体偏暗，这时可利用曝光补偿来增加曝光量，以得到正确的色彩还原。

▶ 经过曝光补偿后，藏区洁白的雪景更加衬托出宗教的神圣之感

□F16，1/125s，24mm，ISO:100

▲ **以亮部或浅色调为主的景物按相机测光曝光** 本来白色的花瓣却以浅灰色展现在我们眼前

□F2.8，1/4000s，50mm，ISO:100， 摄影：李小舟

3.5.3 包围曝光

当面对光线复杂的景物时，无法确定什么样的测光模式和曝光组合能够得到一张合适的照片，这时就需要通过多次调整不同的光圈和快门组合来得到一张曝光正常的照片，数码单反相机专门设有此项功能，这就是“包围曝光”，也有称“等级曝光”。

此项设置就是相机连拍若干张照片，这些照片按相机测定的曝光为基准，依次曝光正常、曝光过度、曝光不足。在这项设置中，曝光过度和曝光不足的多少以±EV值来设定，通常加减的幅度是±0.3EV、±0.5EV、±0.7EV、±1EV。拍摄的张数也可由相机设定完成，相机按照加减曝光值的幅度和设定的拍摄张数连续拍摄完成。

▲**曝光补偿+1EV值** 白塔色彩得到了很好的还原，但天空颜色变浅，白云层次损失，图像整体的气氛没有了

▲**正常曝光** 图像色调整体均衡，白塔虽然色彩较灰，但符合处于阴影中的色调

▲**曝光补偿-1EV值** 图像整体曝光不足，虽然天空色彩还原良好，但图像的暗部几乎看不出什么层次了

▶ **以亮部或浅色调为主的景物曝光补偿后效果** 经过增加2挡以上的曝光量，花朵本来的白色得以呈现，图像整体色调清爽

□F2.8、1/4000s、50mm、ISO:100 摄影：李小舟

3.6 曝光检查

3.6.1 图像效果检查

大家都知道，数码相机的最大优点就是可以即时查看拍摄结果。通常情况下所拍摄的图像效果通过播放按钮就会在相机背部的显示屏上显示，可以通过显示屏来查看拍摄的影像构图、色彩、清晰度和影像层次。

但是由于显示屏的技术限制和亮度设置以及户外光线对观看后背显示屏的影响等原因，眼睛在显示屏所看到的影像的亮暗记录和实际影像有着一定的差别，好在数码单反相机提供了更好、更准确的检查方式——强光区域显示和色阶分布图，这一方式也是我们检查曝光的有效方式。

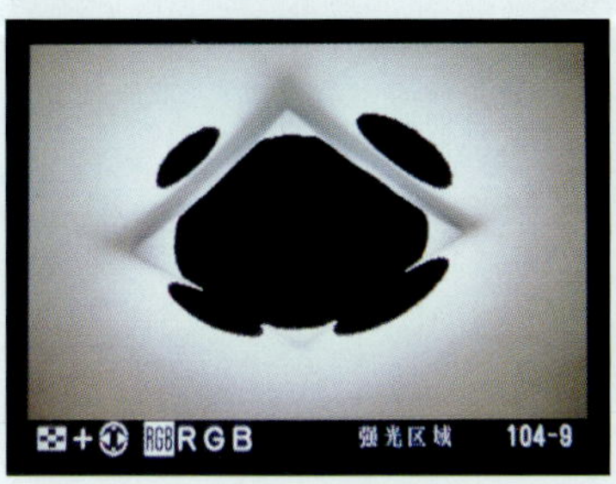

◀**强光区域显示（高亮显示）** 当影像反差超过感光元件记录范围或图像高光部位曝光过度时，就会在相应的位置出现不停闪烁的黑色色块

3.6.2 强光区域(高亮)显示

当拍摄的图像中出现强光（高光或亮部）区域时，就会在相应的位置出现黑色色块不停地闪烁来提示我们。这一功能也是检查我们拍摄是否存在曝光过度而没有层次信息的区域。

▶**强光区域（高亮）、色阶分布显示设置** 要在图片浏览时能够看到强光区域曝光情况，要在相机菜单内进行显示设置

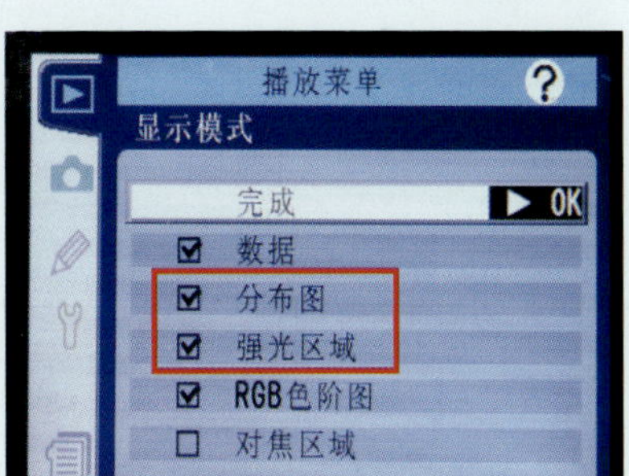

3.6.3 色阶分布图

色阶分布图是显示图像的色调分布的柱状信息图表。色阶指亮度，和颜色无关，但最亮的只有白色，最暗的只有黑色。色阶分布图的横坐标——“X”轴为对应的是像素亮度图（在标准尺度0~255范围内），最左边为暗部（纯黑），最右边为亮部（纯白），中间为相对应的灰色区域。纵坐标——“Y”轴表示图像中每种色调亮度的像素数目。柱状图越高，表示具有该特定色调的像素越多。色阶分布图也是判断影像曝光的有效参考，图像的亮暗部层次可通过色阶分布图判断得更加细致。

对于喜欢黑白摄影、追求图像的细腻层次的摄影者，色阶分布图是检查图像曝光层次的最佳参考。曝光不正常时亮暗部的层次信息会清晰的反映在色阶分布图上。

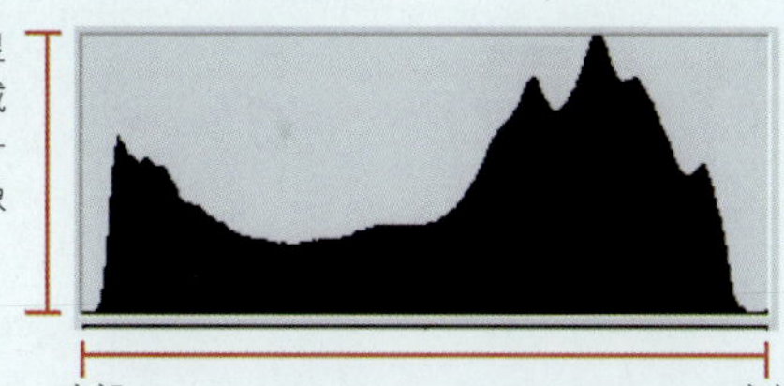

▲**色阶分布图** 色阶分布图的样式千差万别，但是对于我们而言，亮暗部的形状至关重要，通常情况下，上图的左右（暗亮）部分没有超出的像素，说明这是一幅从亮到暗（从白到黑）影调全面的图像，也是一张曝光正常的图像

3.6.4 色调溢出

色调溢出是色阶分布图亮部和和暗部的一种显示状态，当景物的反差超过相机所能记录的范围（相机的动态范围）或曝光不正常时，柱状图的形状会在色阶分布图的亮部和暗部集中出现，这种情况我们称为“色调溢出”，也就是这一区域的色调不能被完全记录而损失了。色调溢出常见于曝光过度或曝光不足的图片的色阶分布图中，我们可在下面的“常见色阶分布图与图片曝光状况的对应关系”一节中看色阶分布图详细了解。

3.6.5 常见色阶分布图与图片曝光状况的对应关系

不同曝光的图片色阶分布图都不一样，是有一定的规律可循的，特别对于曝光不正常的照片，在查看后背显示屏的同时，色阶分布图能更加准确的反映曝光情况。

我们通过下面几个例子来看看不同曝光情况下的色阶分布图形状。

曝光正常，无色调溢出现象

曝光正常的图像的色阶分布图中的像素已分布到亮部和暗部，但并没有超出，分布图中没有出现空白现象，这说明景物的亮暗反差与相机曝光记录的影调范围相吻合，景物的亮暗细节都被记录下来，是一幅色调均匀，层次清晰的作品。

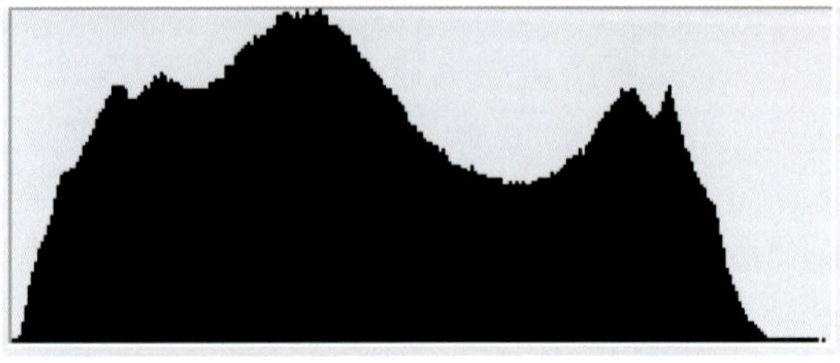

◀ **曝光正常图片的色阶分布图** 从上图的色阶分布图可以看出左右的暗面及亮面部分没有溢出的像素，证明这幅图像曝光正常，层次分明，但缺少反差

□F4，1/80s，45mm，ISO:200

曝光不足，暗部产生色调溢出现象

从色阶分布图可以看出曝光不足的图片暗部产生了“色调溢出”现象，暗部像素已超出色阶分布最暗区域，亮部几乎没有像素，已延伸至灰色区域，由于曝光不足画面整体色调较低，暗部层次已经看不清楚。

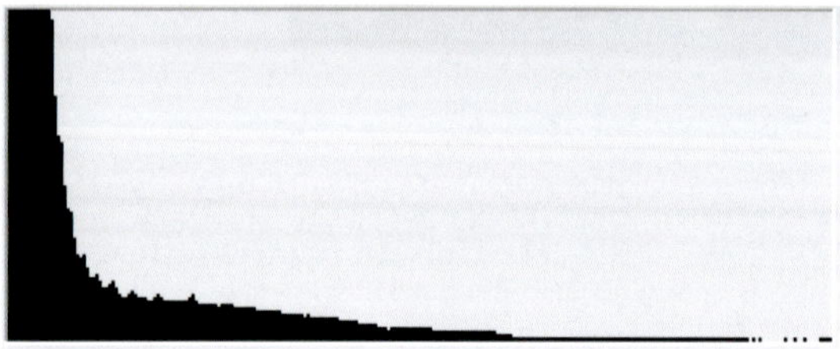

▲ **曝光不足，暗部产生色调溢出的色阶分布图** 图片中几乎没有高光，大面积的黑色产生沉闷抑郁的效果，这是曝光不足的直观现象。但是从另外一个方面谈起，上图又是一张突出人物内心安静祥和的成功图片。所以说，无所谓曝光正确与否，关键看作者想通过何种手段表达何种氛围

□F3，1/15s，32mm，ISO:3200

曝光过度，亮部产生色调溢出现象

这类图像的色阶分布图亮部（最右端）会有“色调溢出”现象，暗部延伸到了分布图中部，图像中亮部呈现没有层次的白色、灰部又较亮，暗部呈现较亮的颜色。

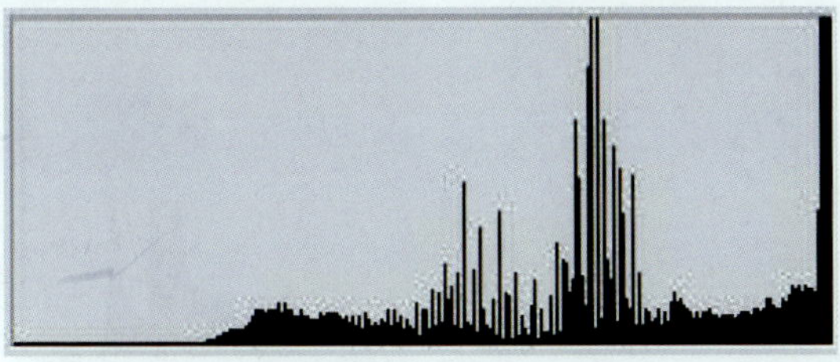

▲ **曝光过度图片的色阶分布图** 从上面的色阶分布图可以看出曝光过度的图片亮部像素也产生了“色调溢出”现象，已超出色阶分布最亮区域，最暗部像素较少

亮部及暗部都有溢出的像素

同时具备曝光过度和不足的图片，在暗部和亮部都已超出色阶分布的区域，这种在两个区域的都出现了“色调溢出”现象，说明了此时相机的动态范围已经无法记录具有如此亮暗反差的图像。

▲ **同时曝光过度和不足图片的色阶分布图** 晴天阳光下的反差已经超出了相机记录的范围，这种情况下拍摄应根据自己的需要选择测光点曝光，偏重亮面曝光或偏重暗面曝光的结果都应该会好于亮部曝光过度和暗部曝光不足

色阶分布图与图片曝光关系的灵活运用

上一章节中的色阶分布图与图片曝光的对应关系说明了色阶分布图能够帮助我们检查图片曝光的详细信息，特别对于亮部和暗部的影调信息的查看有较大的帮助，但是自然界的光线反差变化是非常丰富的，不同环境的景物亮暗反差使得图片的色阶分布图也呈现出不同的形态，常常会出现看起来亮暗部色阶分布并不是很完美的图片实际效果却非常理想，也往往有看起来色阶分布完美的图片实际效果却不甚理想。因此，对于色阶分布图通常在后背观看环境不是很理想的环境下参考使用，往往还要结合图片效果进行曝光的调整。

▲ **光的旋律** 拍摄夜景时，由于亮暗反差过大，大部分为无法记录下的黑暗在色界分布图以外，而明亮的灯光又超出了两部的记录范围，但这些都不影响这张照片成为一张曝光正常的照片

□F5.6，1s，ISO:100

▲ **束** 逐渐散开的光晕使得器皿和当中的物体都成为剪影，游弋的海马、冷冷的色调，寂静、神秘从画面中传达出来。虽然色界分布图中亮部和暗部都有损失，但最终作品的表达确实相当完美

□F11，1/125s，ISO:100 摄影：孙创业

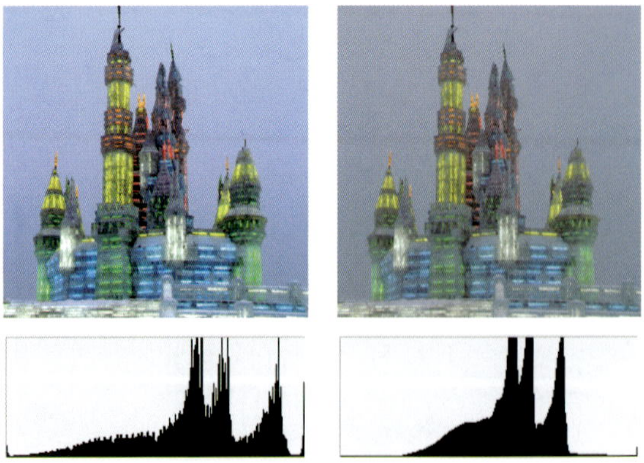

▲ **冰雪世界** 上面左图色界分布图显示曝光正常，而照片并不是真实的影调，右图才是现场真实影调，色阶分布图显示这是一张几乎没有亮部和暗部的照片

Chapter 04 摄影创作

- 明确的主题
- 适量的主体
- 瞬间的永恒
- 距离的感受
- 想象的思维

4.1 明确的主题

纽约摄影学院摄影教材中曾经提到，一幅优秀的影像作品首先要有一个鲜明的主题，试想一下，一份没有题材的论文、一幅没有内容的绘画作品是无法让人接受的。首先我们来了解一下什么是主题？主题最早是德语中用于音乐方面的一个术语，指乐曲的中心并反复出现的核心乐章，即主旋律。后来把这个术语借鉴到文学当中，指文学作品的核心内容。摄影作品同样也是如此，好的主题可以表达作者的思想、观点、情绪。主题是摄影的灵魂、生命，摄影师在拍摄作品时要融入自己的思想感情或要向受众传达某种特定的观点就是摄影的主题。

简单地说，就是我们拍摄的图片想要给观者传达什么信息，这种信息在图片中越简单越好，就如同述说的一段语言仅为表达一个中心意思一样，图片的视觉语言也是越单纯越好。一张图片以至一组图片要表达的思想，一般来说只是一个。拍摄中，要经常探问自己：该图片的主题是什么？我要表达怎样的寓意思想？我该如何通过复杂的技法来表达最为简单的摄影语言？

▲ **《灵》系列** 图像在后期制作中，作者除了调整色彩和光影的变化，以绘画的方法来对图像做修饰之外，更多地是利用了Photoshop软件中的扭曲和变形，将影像处理由一种技术性的工作提升到创作的层次。作者在拍摄这组人体图片时，着重表现人物的冷峻和寂静在画面中的独特反映。虽说图像在技术处理上较为复杂，但在要表达的主题中，图像寓意却又是很传统、单纯的，妖艳与凄绝的和谐之美是作者想要表达的画面情绪，清冷的眼神，独具特色的头饰，加之带有浓郁古典色彩的背景，建构出一种空灵、甚至可以说是冷漠的表象味道。这味道让人有孤独的感觉，发现人世间居然有透彻的纯净和美丽诡异的仙灵，就在这里远避尘嚣而静静地存在，想停下来远离人群去感受这种滋味

□摄影：冯灵艳

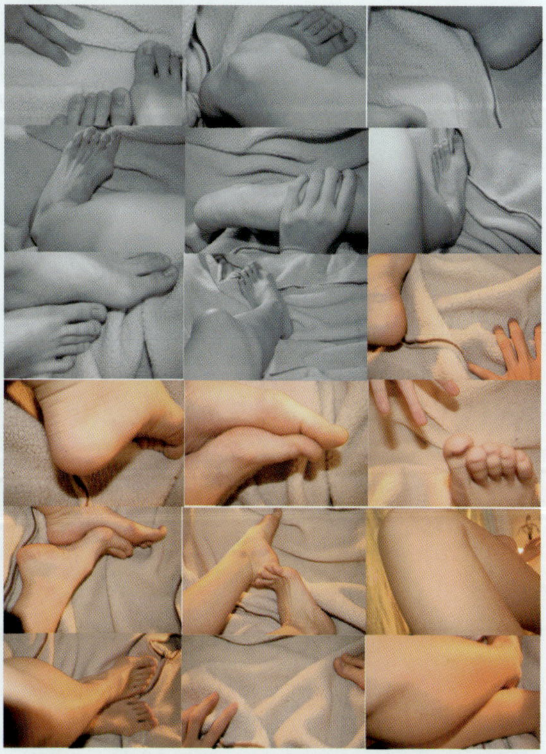

▲ **《足》** 作者运用光影变化和数码技巧将物体本身的造型和色彩夸张化，多角度的观察目光超越了真实的范畴，在二维平面空间中形成为深具张力的视觉元素，并且透过黑白及彩色图片的并置而产生的影像冲突，在画面中引发了一种极具煽动性的视觉错乱。图片中，错落多样的肢体语言、暧昧感性的灯光和重复有序的构图形式传达作者内心的不安与躁动，曲线流动的布纹在画面上贯穿始末，意欲飘忽游走的心态。不同角度的肢体造型使得观者也同样会审视自己的肤色、形态，从而进一步认识自我，并酝酿出了一股独特的耐人寻味的情绪

□摄影：冯佳宾

▲ **《社火》系列** 每年正月十五，骑在家人肩头或钻于成人腿裆处，观看令人兴奋的社火，是孩子们一年中所企盼最快乐的时光之一。这时候、除了可以享受无所羁绊的自由以外，更重要的是，自己的现实主义英雄情结可以借助社火中多样角色得以虚幻地延展。我渴望这样身处某种特定环境下心绪的放飞，这样，身穿便装的鼓手、村中的电线杆、城市的发射塔、带着白手套的银行职员，以及曾经肩扛手抬，而如今却被拖拉机所替代的表演形式，还有摄影灯光下人们坦然入戏的神态和真诚灵动的目光，都似乎成为一场预先演绎的舞台戏剧。戏剧中，无所谓表演者，也无所谓观看者，他们都成为生活不经意的载体。也许这样的欢快对于我们来说是一个现实梦幻的集中体现，这其中包含角色的互换、文化的反思和消逝许久曾是儿童般快乐的传统

□摄影：张辉

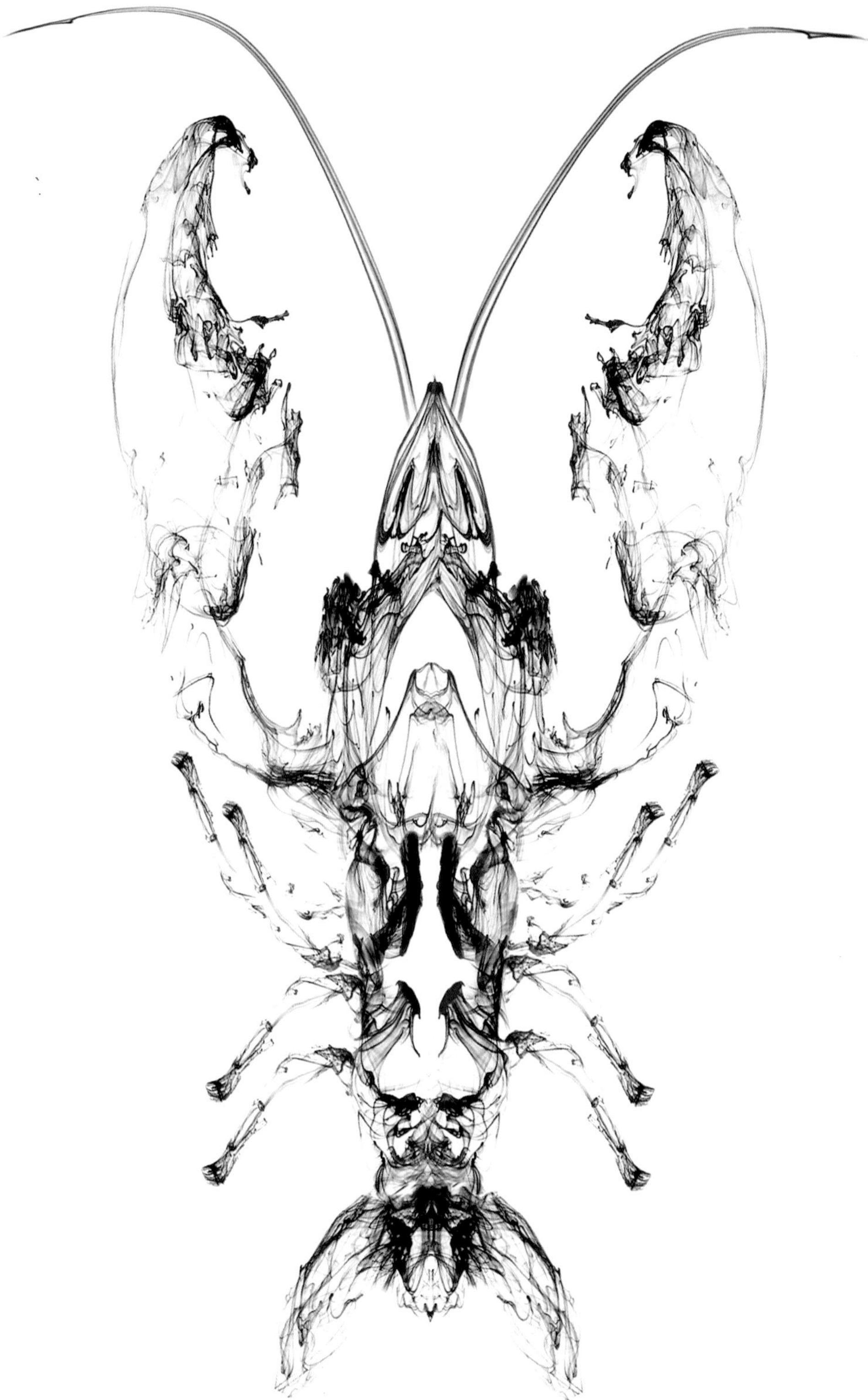

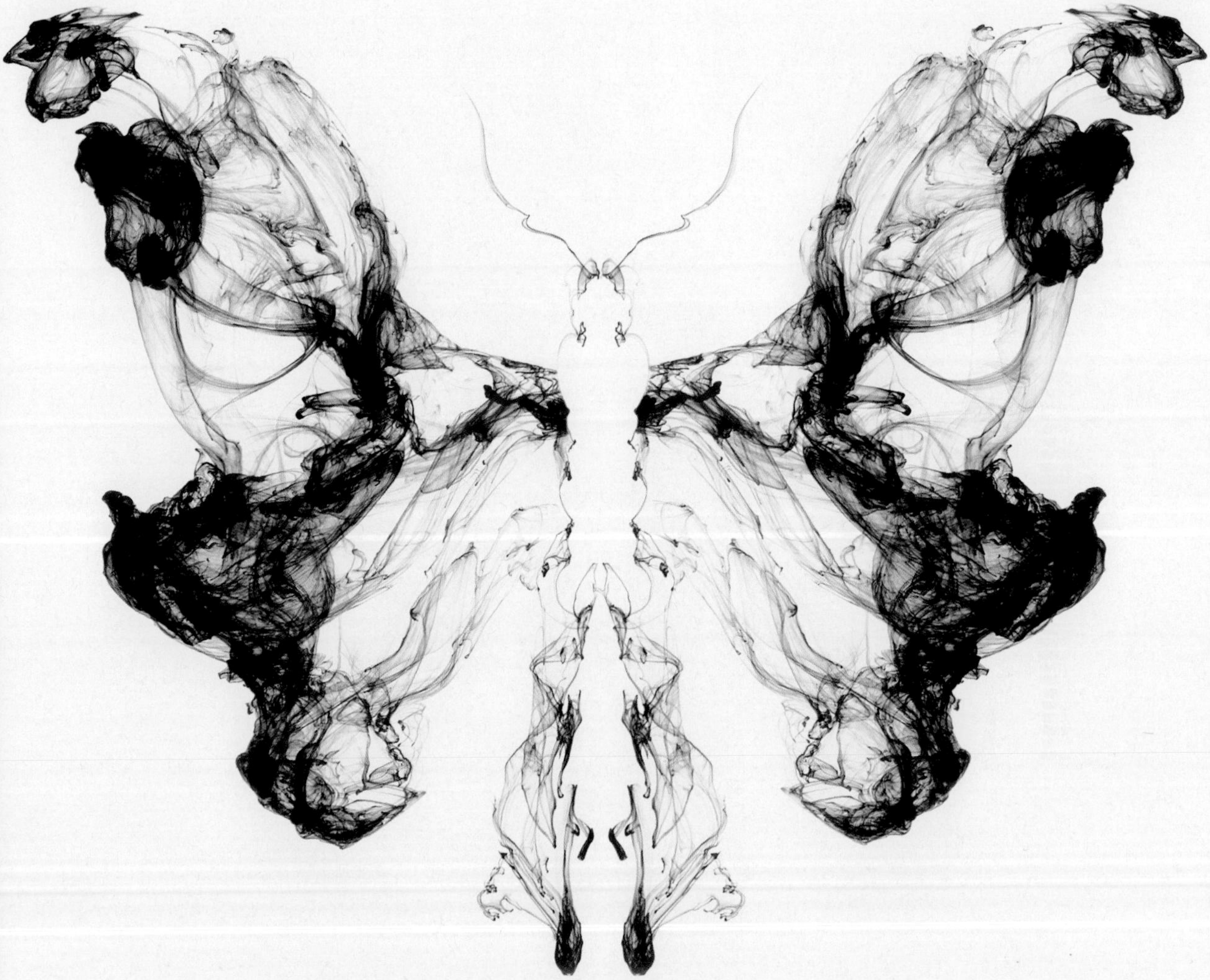

◀▲《墨韵》系列　同样是墨，当它滴入水中，瞬间溶于水间，一丝一缕、千姿万态、或虚或实、或柔或刚、亦浓亦淡。一瞬间的千变万化诞生于须臾之间，让人不禁联想到庄周梦蝶的亦幻亦真和梁祝爱情的聚散别离。穿越古今，刺透时间与空间，幻化成一个个故事，一幅幅美景，一句句没有声音的话语

□摄影：王康康

▲ 《关中唐陵——建陵翁仲》

辉煌李唐王国的二十一位皇帝中有十八座陵墓位于陕西关中地带，被通称为“关中唐十八陵”。唐代陵墓一改汉代厚葬之风，多以山为冢，据唐李世民自撰碑文说：一为“奸盗息心”，二为节俭。而李唐王朝覆灭不久，五代耀州刺史温韬就将除乾陵以外的唐陵盗掘一空，后虽经宋太祖赵匡胤下旨大力修葺，但经过千年的岁月，往日恢宏的宫阙亭榭亦渐颓废，如今地面建筑也早已淹没在风雨飘摇的历史长河之中。

关中唐陵现虽余沟壑两旁的华表、獬豸、鸵鸟、翼马、翁仲等石像或立或躺于初春的麦地之中、更多是深埋于黄土中残留局部。但他的宏大、冷峻、威武、精异之气却并未因岁月的磨痕而殆尽半分，倒增加一分扑面而来的凄美，感叹世事更迭之余，更是在这种气势巨大的抑郁时获得了一种历史的崇高感。

图片中试图通过镜头向人们揭示古老文明同现代文化在某种程度上的冲撞，同时我希望运用现代影像的表述手段，来阐释帝王陵墓雕塑给我们带来的视觉审美和文化传承的愉悦感，在揭示古老文明在现代文化中的所处窘境的同时，期以此片呼唤我们对文化遗产的重视和保护

□摄影：张辉

▲ 建陵翁仲

▶ **《被圈养的桥陵之仗马》** 在广袤的关中平原中，散落着太多无人顾及的唐陵雕塑，偶有被保护起来的雕像在劣质的铁围栏中，就像是被圈养的濒危动物，虽说是这是一种无奈之举，但它们确实是失去了以往鲜明的个性，而仅仅成为了现代社会的某种符号

□摄影：张辉

▲ **杂乱的画面**　没有章法，表述纷乱

4.2　适量的主体

当摄影主题确定以后，直接影响到摄影题材的就是摄影构图的进一步选择。一般来说，鲜明的主题需要一个在画面上占重要位置的主体来阐述思想，从而更好地烘托出摄影的主题。通常，图片中的主体在二维平面上要有绝对的优势，左图的人物比例占去画面位置的50%以上，使得构图饱满，主体明确，人物肖像的主题鲜明地传达给观者。而上图的人物在画面的比例不到10%，我们不知道图片想向我们传达人物的内心个性还是“古麓山寺”建筑结构的优美，或是穿红衣者虔诚的心情。因此在表现鲜明主题的作品时，被摄主体物要在画面中占有尽量大的位置。

▲ **适量的主体位置**　主体占画面较大的位置，有效地表达了图中人物俊雅、清瘦的外在形体

□F5.6，1/30s，127mm，ISO:100

▼ **主体明确**　在肖像摄影中，有时主体不仅仅是人物本身，下图背景茂盛的松树与凝视远方的人物共同形成了画面的主体。异常饱满的构图形式中，人和景完全融为一体，苍劲有力的高寒松柏在此时衬托出人物坚毅果敢的个性。图像中明确的主体有效地透露出目的单纯的主题

□F7.1，1/160s，55mm，ISO:100

当然在拍摄时，我们也要灵活运用，有时主体物体占画面很小的位置也能吸引观者的注意力。比如大面积的焦外模糊衬托出清晨树叶上即将融化的雪粒，或者是纯净天空下一束光线下的花朵，都可以在构图形式、色彩对比、光影变化中取得突出主题的作用。

苏联摄影家A·德科曾经指出，在运用适量主体来表达主题时，应相当细心地去安排人物与物体之间在画面中的比例，如果将主体置于画面的视觉中心，往往会使照片显得较为呆板。例如初学摄影的人，常把被摄人物安排在取景范围的中心，并让其正面对着照相机，两眼注视着镜头。结果照片显得呆板，而且画面四周都留有大小一样的空白。德科将摄影实践中常采用的突出主体的方法，归纳为以下几种：（1）近距离拍摄，把主体对象拍成特写或接近于特写的中景，画面其他的空间较小；（2）将主体配置在前景中，这样画面就可以包含足够大的空间，成为一张全景照片；（3）使主体与背景在影调或色调上有适当的差异，或形成鲜明的对比；（4）用光线强调构图中的主要部分，使之显得亮度最高；（5）对主体进行精确聚焦，使次要部分或背景失去清晰度；（6）使画面中的主线向涵义中心集结，并用光斑加以强调，这种方法多用于表现内景；（7）把主体设置在画面中心或靠近中心的部位，使得观者首先就会注意到主体；（8）用拍摄角度来着重强调主体。但需注意，不应用极度的俯角或仰角。

▲ **拍摄的角度** 仰视的角度将主体人物与背景寺庙有机地结合在一起

□F6.7，1/1500s，75mm，ISO:400 摄影：麦思瑶

▲ **主体精确对焦** 画面周围模糊的背景衬托出花朵的精致

□F4，1/160s，85mm，ISO:200

◀ **主体的位置** 将人物置于画面中心位置，有效地突出了主体，也使得一张简单的留影照片平添一些趣味

□F2.8，1/125s，24mm，ISO:640

4.3 瞬间的永恒

对比其他任何表现方法，摄影是唯一能够把转瞬间变化丝毫不差地固定下来的一种手段。在瞬间时刻，某个动态的变化将在图片中注入新鲜的血液。

1908年生于法国的著名摄影大家卡蒂埃·布勒松，在1952年出版的举世名作《决定性瞬间》中说到“所谓决定性瞬间，就是事件进行中，恰好有一个瞬间，所有元素（人、地、物）均各得其所，并同时展现出特定内涵和意义”。这一瞬间出现时，摄影者必须抓住它。他认为“决定性瞬间”的本质，由三个环节构成，即一、意义即内涵之表达。它是使事件产生新意义或赋予事件意义的时刻；二、空间即构图之组成；三、时间即时机之捕捉。至于决定时机的关键，就在前两者何时能展现其最佳状态之时刻。日本摄影家木村伊兵卫对决定性瞬间的注释更为简单：“决定性瞬间就是光线、构图与感情相一致的瞬间。”我想，好的影像作品是画面凝固的瞬间、是生活的永恒。

▲ **飞奔的儿童** 孩童在平遥城墙下飞奔，简单的画面构成了有趣的瞬间

□F7.1，1/125s，85mm，ISO:200

▲ **跃** 拍摄城市“跑酷”者飞跃墙头的镜头，要尽量使用1/1000s以上的快门速度，如果天气情况不佳，一定要提高感光度，以保证最高的快门速度，尽管这样会让影像之中产生噪点，但这总比拍上一堆的废片要强得多

□F11，1/1000s，85mm，ISO:800 摄影：彭敏

▼ **吼秦腔** 西安城墙下自娱自乐的群众表演起来极为投入，身着普通的路人，张嘴一吼，立刻变得魅力四射，夸张的眉宇之间使得面部整体扭曲，朴实、粗犷的性格在瞬间中得以集中反映

□F4，1/80s，17mm，ISO:200

“瞬间”捕捉的技巧

一是在拍摄时需要长期艰苦的等待。并且要对即将出现的人物的行为或表情加以判断和预测，并提前调整构图、快门速度等要素，下来就是静静的等待以“守株待兔”了。

二是连续拍摄。在“瞬间”来临之时，我们可以采用高速连拍的模式进行拍摄，做到不至于将只有百分之一秒时间的“瞬间”漏掉。

三是提前固定焦距。并且应用较大的景深，让人物及周围景物全部清晰。

▲ **无境漂流** 经过长时间的等待，终于换来寂静单纯的画面中鲜活、动感的瞬间。远处，一个年轻人快步疾走于崎岖颠簸的道路，象征着不畏艰险的精神，舞动的手臂，在空中划出道美丽的弧线，落日下，大面积的天空表现出距离和空间感，使画面显得开阔，渺茫无边，昏黄的色彩衬托出作者此时安静的心情

□摄影：李小舟

▶ 当渴望已久的、决定画面关键的元素来临之时，我们需要做的就是迅速并多次地按动快门，要知道谈论胶片的价值在此刻显得多么苍白，更何况数码时代的来临使得我们占用的只不过是一些相机内存空间而已

▲ **快乐的瞬间** 中年人的烟袋多了些作为装饰的佛珠，抽得很满足，随后又让他摆布拍了几张，再没有了最初抓拍时的酣畅，瞬间的快乐很难再去复制

□F16，1/160s，17mm，ISO:100 摄影：张辉

4.4 距离的感受

美国著名的战地记者罗布特•卡帕曾经说过:“如果你拍的不够好,是因为你离得不够近。”当然,现今和平安宁的社会很难给我们有战争这样的拍摄题材,但他的那句至理名言仍然适合大多数拍摄主题。因此,无论在拍摄花卉、静物、纪实还是肖像,我们时常提醒自己:近些,再近些。

专业近拍一般使用有伸缩皮腔的相机。拍摄时,要保证被摄体与镜头的水平和垂直,镜头通过滑轨移动,取景的范围可以任意调整,拍出的图片不变形。但是,缺点是操作繁琐,相机容易遮蔽自然光线。所以一般使用微距镜头进行拍摄。带微距摄影功能的镜头也比较多见,而且有些变焦范围很大的镜头也具备近摄功能,更有任意焦距位置都可近摄的“全程微距”镜头,一只镜头既可表现宏观景物又可表现微观世界,给摄影者带来很大的方便。需要注意的是,无论使用哪种方法,其景深都小得可怜,调焦时要逐渐缩小范围,最终找到最清晰的点。

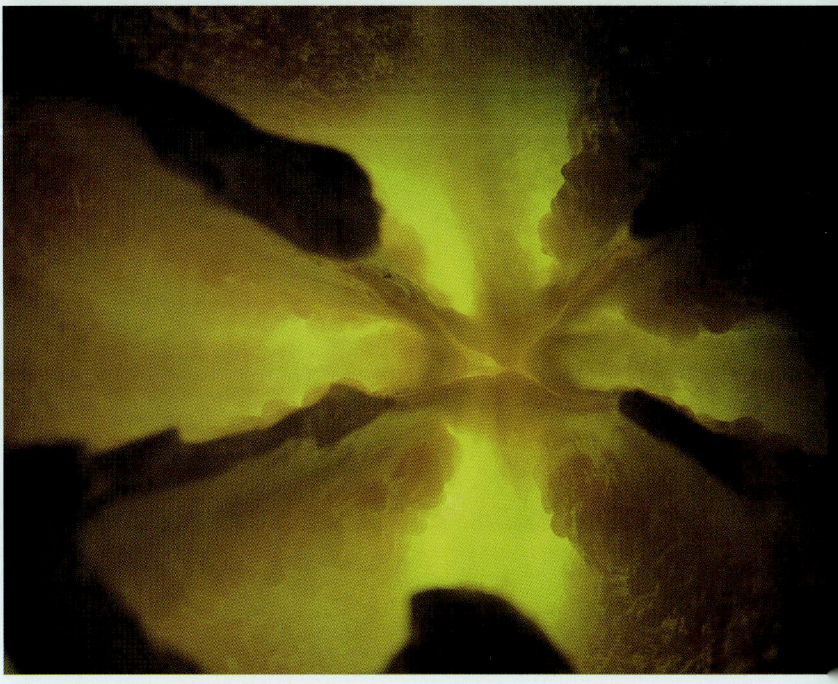

▶ **辣椒** 如果你想拍摄一组如右图的照片,现在除了随手从冰箱里取两只不同颜色的辣椒以外,仅仅需要两盏50W左右的可调节台灯,一盏全开光源,从辣椒底部近距离照射,另一盏半开光源,从正面打光。接下来,就是将相机尽量靠近辣椒进行拍摄。这时候,你会发现,照相机拍摄到的是你难以观察到的奇样世界

□F4.5, 1/25s, 80mm, ISO:100 摄影:陈超

▲ **展翅欲飞的鸽子** 由于数码相机在拍摄时的无成本使用，使得我们产生了更多的冒险精神。拍摄时，眼睛远离取景器，手握相机尽力将镜头靠近鸽子进行盲拍，这样就经常会有些意想不到的构图形式跃入到所拍摄的画面中。需要注意的是，首先尽量收缩光圈，保证一定的景深，使前景的鸽子和作为背景的教堂同样清晰，其次用尽量高的快门速度捕捉鸽子飞起的瞬间（一般选用1/500s以上），最后避免过高的感光度所产生的噪点

□F13，1/640s，17mm，ISO:400 摄影：张辉

▲ **失去家园的小猫**　在搬迁完毕的废墟上遇见这只猫，当时它虚弱得很厉害，见到我并没有逃走。我想着重表现它迷离的眼神和周围之间的关系。用镜头的最近对焦距离进行拍摄，拉近了观者同被摄者之间的距离，使用镜头的广角端是为了使主体更加突出，将光圈设置为相机的最大孔径。图片在很大程度上结合创作中想要表现的主体细节，使人们在关注流浪小猫今后命运的同时，更加多的考虑搬迁过后我们自身的命运

□F2.8，1/320s，24mm，ISO:100　摄影：赵铎

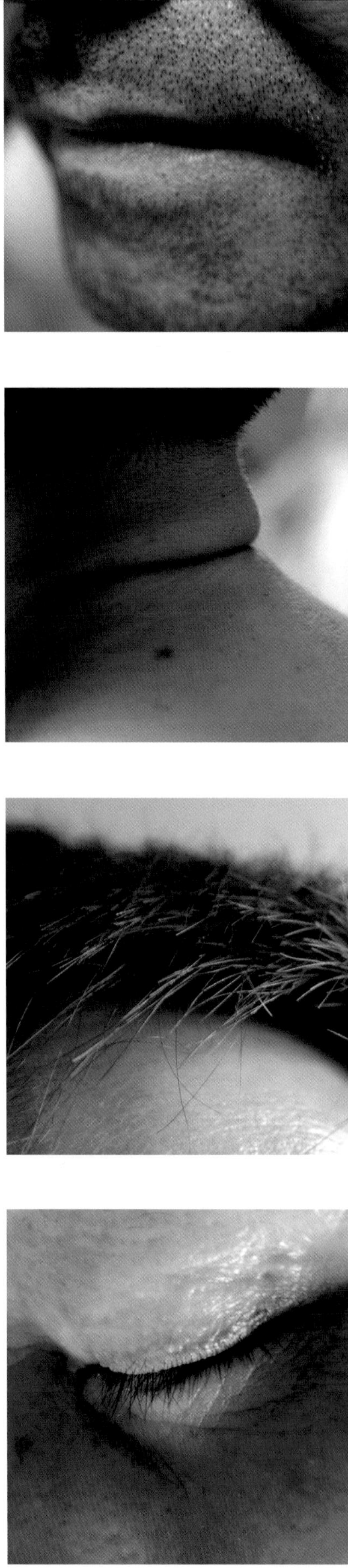

▶ **父亲的记忆**　我们对父亲的印象多数都是停留在语言所形容的慈爱、宽容或者严厉、古板等，在观察父亲时也大多从眼神中探寻某些特定的信息。但作者在右图的观察中，却是以一种非常态的近距离拍摄形式，向我们讲述了父亲表象中的内在情感。粗糙双手轻轻掠过黑白相间的发梢以及微闭的双目透露出作者同父亲之间的爱

□F13，1/640s，17mm，ISO:400　摄影：陈怡静

4.5 想象的思维

美国心理学家及艺术家鲁道夫·阿恩海姆在他的《艺术与视知觉》中谈到“判断一个艺术形象逼真与否的基础是什么呢？人们可能把它想得很简单，认为只要拿着一形象与‘现实生活’中所看到的事物直接对比，就可以判断这一形象是否逼真了。但事实却与此恰恰相反。”可见在我们探究艺术影像的“艺术的真实性水准”时，不能仅仅对“真实生活”进行简单的“真实模仿”，而是要加入摄影者更多的想象思维，才能再现创造摄影艺术所产生的艺术影像“逼真”的本源。因此，好的影像作品在表现语言上一定是抽象的。

▲ 普通光源下拍摄的几何石膏体

□F5.6，1/30s，24mm，ISO:100　摄影：彭敏

□四图均为F22，10s，24mm，ISO:100　摄影：彭敏

4.5.1 光效石膏体

影像语言的抽象落实到数码图像拍摄时都是具象的。右上图的石膏几何体没有给观者留有足够的想象空间，以至过于真实地物象乏味无趣。而其他四张图像由于使用手电照明加上长达10秒的曝光时间，使平淡的画面具备了不确定的想象空间，光怪陆离的特殊效果给无生命的静物增加了诡异氛围。

4.5.2 乐　园

每一个人在梦幻的想象中都有一个属于自己的空间，那里弥散的是个人情绪在无际空间中肆意的张扬，欢乐也罢痛苦也罢，都属于个人想象的乐园。作者在自己的《乐园》中写道：“记忆,像气味一样在空气中散发着，欢乐的事情和痛苦的事情。这并没有谁短谁长，它们一转眼就过去了。我们寻找快乐，回味快乐，快乐其实无非是一些人，一些物品的事情。这是别人的乐园，也是你的乐园。拍摄只是为了不必遗忘。”

◀使用F2.8光圈虚化背景，1/400s的曝光时间锁定中景快速行走的路人，前景清晰的电线同远景朦胧若失的城墙形成有趣的对比

□摄影：赵铎

▲ 1/1000s高速拍摄是为了防止由于恐惧而产生的战栗，F4.5的光圈可以使得远景虚化的同时不至于完全模糊

▲ 废弃的房屋上那些不规则的门窗，看上去就像是城市中狰狞可怖的怪兽一般，锯齿般的楼梯穿过它那嘴一样的房门，在脸部增添了另类的表情

▲ 游乐园中大象孤独的身影显得如此滑稽，面对的滑梯就像是通往别样世界的道路，相比这种图片所传达的信息，什么光圈、速度以及器材的优劣，都不重要了

□摄影：赵铎

4.5.3 跳动的烟花

在欢快祥和的节日中，很多人都喜欢拍摄烟花。要想获得高品质的烟花图片，通常需要三脚架来辅助获得稳定的拍摄效果，在拍摄的时候还要采用遥控快门拍摄。但是就这种图片总显得千篇一律，效果也有些单调，缺乏摄影者主观控制画面的想象力。

左图所拍摄的这种焰火图片不但彻底摒弃了多数人使用三脚架的方式，还选用手持相机并有规律的抖动方式进行拍照。这个时候，光线的轨迹在较长的时间中得以人为地延长。需要注意的是，相机的曝光时间在保证记录到烟火轨迹的前提下，宜短不宜长。最终，奇妙的光斑随着作者跳动的心情而舞动起来。

所需要的技法是：在拍摄焰火之前，关闭闪光灯的自动闪光模式，将拍摄模式定于M模式，曝光时间应该在2～6秒左右为好，光圈在F5.6到F11之间。因为在较暗的环境下拍摄时，很难进行自动对焦，所以可以手动设置成无限远。同时在保证正常曝光时，应尽量选择较低的ISO值以保证画面质量，白平衡设置为自动即可。

◀绽放在一瞬间\又消散于黑夜\从另一个角度去欣赏她的美\原来，她也可以这样拥有柔美的线条\和斑斓的色彩\虽没有恒久的留存于天穹\却将一瞬的炫丽\留映于我们的记忆

□F5.6，5s，50mm，ISO:100　摄影：刘鹏涛

Chapter 05

摄影构图

- 减法的构图
- 井字构图
- 对称构图
- 线性构图
- 三角形构图
- S型构图
- 框架构图
- 同一景物的多种构图手法
- 特殊构图

5.1 减法的构图

如果将艺术家采用在洁白纸张上绘制出五彩斑斓的色彩以追求美好生活的方式称之为加法艺术，那么对于摄影来说，构图选取的关键法则就是如何巧妙地利用减法为影像服务。一幅好的摄影作品必须画面简洁，简洁是摄影中最基本也是最重要的原则。拍摄时，我们需要根据创作主题对画面中的信息进行适当的取舍，把那些与主题没有关联的东西从中减去，并从杂乱无章的纷乱世界中，提取我们所需要的生活元素，只有这样，画面才能更加精练，并且突出主题。

▲ **画面杂乱** 不够简洁，人物过于居中

5.1.1 取景减法

取景减法是最容易掌握的技法，同时也是最容易被大家所忽略的。下面这张照片画面饱满，飞雕展开的翅膀、人物倾斜的身体、远山位置的合理地安排以及大面积的蓝天白云告诉我们作者想表达的鲜明主题，同时较近的拍摄距离给观者以切身体会并融入画面的效果。可右上图的照片背景杂乱，天空和地面所占比例过于平均，尤其是左下角的游人更是毫无道理的出现在画面之中，显得尤为不恰当。

▲▼ **主体突出** 图片中将同主题无关的景物从取景中删减，以突出主体

□本页3张图片参数均为：F11，1/125s，17mm，ISO:200

5.1.2 景深减法

多数朋友拍摄风光图片时希望一张图片就可以将景物中的所有美丽一览无遗。而恰恰相反的是，这样的图片多数会纷乱无序的，繁杂的背景也会给主体带来很多的干扰。图片景深减法是一种将繁复背景进行简洁处理的最基本手段。拍摄时，选用长镜头并配合运用最大光圈，同时靠近被摄景物，这样就可以轻松获得较为朦胧、虚幻的背景来烘托或反衬清晰的主体景物。景深减法不仅能显出画面简洁、色调明快、立意纯净，而且画面中的虚影，还可以给观者以更加丰富的想象余地，并且使画面更加含蓄，魅力无穷。

▲ **玛尼堆** 西藏玛曲的天葬台中摆放了数以千计的玛尼石和牛角、羊头。通过变化拍摄角度以及有效地控制景深使背景完全模糊，有效衬托出作为祭奠用物的单纯和神圣

□F2.8，1/2000s，200mm，ISO:100

◀▼ **荷韵** F2.8的光圈完全虚化了作为背景的荷叶，大面积深绿色调衬托出作为主体的荷花，清晰的焦点、纯洁的色彩透露出荷花高贵的品质。200mm的长焦镜头可以避免摄影者深陷泥浆的危险

□两图均为：F2.8，1/3200s，200mm，ISO:100　摄影：赵高翔

天空的趣味 阿尔金公路两旁的野马并未因游人的镜头打扰自己悠然的兴致。天地悠悠中，大面积蔚蓝的天空上没有一丝的云彩，寂静单纯画面中的野马从画面中跃然而出，并很好地诠释了构图法则中留白减法的原则。图片拍摄时，汽车行进时速约80公里/小时，所以选用较高的感光度以提高快门速度

□F7.1，1/1600s，17mm，ISO:400

5.1.3 留白减法

为了使主题更加明确、主体更加突出，并有效地增强画面的意境美感，在画面要适当留有一定的空白，这就是中国传统绘画的构图形式：“攒三聚五”、“疏能跑马，密不透风”。摄影构图中同样也要留白，这种“计白当黑”的趣意在摄影构图中也是非常重要的。当然留白太多会显得松散，失去视觉的冲击力；如果留白面积太小则显得画面太满，也就失去了观者对画面以外境界的想象空间。“聚散有序”是留白减法所要注意的重点问题，在构图中，恰当地留白在起到突出主体作用的同时，也可以引发观者无限遐想的空间。

▶ **黑色的语言** 深沉的黑色将红色花瓣的色彩衬托的更加浓烈，无言的单黑在画面中尤显寂静，它吸引着观者目光直到深远之处。花朵的具体容貌在此刻已全无意义，局部色彩的变化早已超过整体造型给我们所带来的愉悦感

□F11，1/125s，24mm，ISO:200 摄影：丁芳芳

▶ **绿的单纯** 净洁无华的构图，光滑平整的水面上浮动着淡淡的涟漪，打破了画面过于统一的单调感，纯净的绿色具有和平、宁静和放松的感觉

□F2.8，1/40s，17mm，ISO:1600 摄影：刘荣

▶ **窗外蓝天** 简单极致的画面中含有丰富的情感世界，帐篷中窗外的蓝天是如此的诱人

□F3.5，1/100s，18mm，ISO:160 摄影：利锦玲

▶ **雪景曲线** 难以想象，瑞雪纷飞之时的路面竟然有这样的诗意，晃动的人影增加了画面的生机。线条巧妙地形状，给照片带来节奏和动感。使我们的目光沿着一个顺畅的轨迹移动。这样的景物和形状，把观者的视线再一次引向趣味中心方面

□F5.6，1/30s，50mm，ISO:100 摄影：李小舟

5.2 井字构图

井字构图来源于黄金分割法，在照相机的取景器中，为了方便构图，有一种显示方法是横竖各两条线组成一个“井”字，把画面分成了九等份，也就是通常说的“九宫格”的样式，四条线的交叉点是安排主体最好的位置。每四个点的位置都接近于0.618/1的黄金分割点，也最容易获得较好的画面效果。在多数情况下，沿中线把画面分开的构图形式是呆板的，在这种景物的面积和体量基本相等的画面中，作者没有引导观者的目光去寻找图片中更为重要的信息，结果观者很快就丧失了观看的兴趣。

在画面上多种元素是不必同样重要的，一张图片中只能有一个趣味中心。乡村景色中一幢灰色的小屋、一棵随风摇摆的小树或者是一辆飞驰而过的车子，都能起到平衡画面视觉中心的作用。巧妙地安排景物的位置，能给照片带来节奏和动感，这样的构图在把观众的视线引向趣味中心方面，能够发挥很大的作用。

另外还有个更简单的划分方式，就是“三分之一法则”。这种以2:1比例区隔画面的构图法则，可以产生令人满意的视觉效果。考虑画面构图时，斟酌地平线或其他重要元素应该摆在哪里的正统法则虽有其用途，但是记住，它们提供的只是一种参考，摄影者如果每张照片不经思索地都采用黄金分割法，那拍出的作品就算不叫人觉得枯燥乏味，也会给人千篇一律的感觉。

▲ **三分之一法则构图** 也被称之为井字形构图，初学者只要将主体焦点或趣味中心放在构图三等份的交叉处，就不会有太大的问题。这条规则是可以灵活运用的，趣味中心不一定要正好在交叉点上，但要大致在它的附近。画面右端的交叉点被认为是画面最强烈的视点。当然，左边的三分之一处也可以用来安排趣味中心，这要根据图片内容的具体情况而定

▼ **愉悦的视点** 在这张例图中，井字构图中线条的交叉点，在画面中为主体指出了明确的行进路径。作为主体的人物头部偏离画面中心，不但会使视觉焦点愉悦地落在优美的黄金分割线上，同时可以将画面左边余留大面积的空白，形成虚实对比，更有效地突出构图的趣味感

□F2.8，1/100s，45mm，ISO:200

◀▲ **非对称构图**　左图深沉的背景很好的表现了烟雾的造型，但由于作为视觉焦点的炊烟过于居中，况且山体同村落在面积上的分配过于平均，同时构图太满，也没有利用天空勾勒出远山优美的造型；而在上图中，作者很好的利用了黄金分割法，将人们的目光从形态特异的山势自然滑落到袅袅烟气的村庄，最后，焦点停留在处于0.618的回首以望的耕牛身上，前景斜面的缓坡与中景和远景形成了梯阶状的呼应之感，将灰雾度较大的画面营造出多层次的丰富效果

□F11，1/160s，75mm，ISO:200

▲ **黄金分割的运用**　天空和地面在构图上形成了恰当的比例位置，人物穿过黄金分割线的瞬间，作者按动了快门，从而产生悠远和纵深的效果。

□F8，1/160s，85mm，ISO:100　摄影：郝宏杰

什么是黄金分割法

把一条线段分割为两部分，使其中一部分与全长之比等于另一部分与这部分之比。其比值是一个无理数，取其前三位数字的近似值是0.618。由于按此比例设计的造型十分美丽，因此称为黄金分割，也称为中外比。

这个数值的作用不仅仅体现在绘画、雕塑、音乐、建筑、摄影等艺术领域，而且在管理、工程设计等方面也有着不可忽视的作用。

5.3 对称构图

中国传统文化中，无论是建筑还是装饰图案，使用最多的艺术形式就是对称，对称所产生的均衡感也是摄影中获得良好构图的重要原则。在对称构图中，视觉形象的各个组成部分是对称安排的：所有各部分可以沿中轴线划分为完全相等的两部分。可以认为对称构图是一种匀称状态，这种构图使得由于不同视觉形象的对比而产生相互对抗的力处于视觉上的平衡状态。这种构图形式的基本特点是：静止、典雅、严峻、平衡和稳重，是拍摄人物、建筑、图案等题材最为常用的手法。

▲ **庄严肃穆**　人民英雄纪念碑同高耸的灯杆在对比中产生相互对抗的力，画面物体处于视觉上的对称状态，在把握并运用这种平衡特性时，匀称状态的画面显示出静止、稳定、典雅

□F7.1，1/500s，24mm，ISO:100　摄影：南洋

▲ **平衡**　以上两图的画面两边重量基本相同，都产生了视觉的平衡感。左图棕黄色的街椅子和透绿色的树叶起到了很好的呼应作用，平稳的房檐衬托出只有一个趣味中心的人物；右图两边同厚重、生硬的廊檐突出人物的鲜活，前方均匀分布的花朵起到点缀画面的作用

□左图F11，1/60s，50mm，ISO:200　□右图F2.8，1/60s，55mm，ISO:200　摄影：赵高翔

▲ **对称的水花** 作为画面中轴线的慈恩寺大雁塔将所有各部分划分为完全相等的两部分，极其对称的水花，台阶式的画面平稳、大方，分散的人群似乎暗喻着时光飞逝所带来的忧郁感

□F8，1/60s，35mm，ISO:200 摄影：龚凯

5.4 线性构图

线在摄影构图中占有十分重要的位置，线的聚合现象以及视觉导引功能，是空间纵深的一种形态。不同造型的线条代表不同的意义，垂直的线刚直，具有庄重、上升之感；水平的线条有静止、宁静的感觉；倾斜的线条有运动和速度之感；而曲线则有优雅、柔美、自由之感。我们的生活空间中布满了各种的线条，只要你留心观察，就会发现线条给我们带了的无穷魅力。

▲ **曲线** 多条黑白相间的线条汇聚在地平线上，给冗长的冬季带来了无穷的生机

□F18，1/100s，24mm，ISO:100 摄影：袁柳

▲ **放射线** 大学生寝室中单调的场景由于别样的观察角度，而造成了放射性透视斜线，在天花板的电扇中心形成了美丽的焦点，平淡乏味的生活，由此开始了崭新的一页

□F4.5，1/13s，18mm，ISO:100 摄影：赵高翔

在摄影中，谈到线条的运用时，常被理解为某种物体的轮廓线，在一定的观察角度下所呈现出来的排列组合或形成的某种图案美和线条的趣味感。除此以外，画面中所塑造的可视形象，实际上都离不开线条的提炼，比如，要拍摄人物的表情、动作和姿态，就需要去选择一定的角度，特殊的光线等，将人物的动态线条、结构的轮廓线勾画出来，观者才能感受其表情、姿态和动作的内容。在绘画中，中国古代画家们利用这些行云流水的线条来抒发自己的情感，欧洲古典画家运用光影产生的线条来表现人物和景物的质感、量感和空间感。可以说，线条是各种造型艺术表现形式的灵魂。

斜线 天空中飞跃的斜线，代表了积极、踏实和思维的前进感，远处地平线有意的倾斜与木制扶手所形成的尖锐夹角，形成一种强烈的速度感，几何形的工整和古板在此时形成了的个性分明的自由之感

□F5.6，1/250s，22mm，ISO:200 摄影：刁妍今

▶ **湖面的透视线** 湖面中水具有宁静，放松感的平线，表示动能和力量的垂直线，在朦胧的水雾中产生了悠远的敬畏。渐远的透视直线，在此刻化成了积极、勇敢和思维的进取感，远处若隐若现的地平线此时形成了个性分明的自由之感

□F5，1/125s，17mm，ISO:100

□F9，1/60s，17mm，ISO:100 摄影：赵高翔

5.5 三角形构图

三角形构图通常是以三个相同性质的物、人或景构成画面的三角形整体，具有安定、均衡和灵活等特点。由于三角形的三条边是由不同方向的直线合拢而成，而不同的线条组成不同形式的三角形，所产生不同的趋势和变化，也代表不同的视觉含义。如果是正三角形在画面上会形成稳固、安定感；而倒三角形则具有不安定的动感效果；斜三角的运用会使画面较为活跃。这种构图的方式，可以较好地强调前景与背景的关系。需要注意的是，三角形的点的位置在安排上一定要适中，尤其要避免的是为了追求构图形式放弃内容的表述，造成喧宾夺主。

正三角形 以祖孙三人组成稳定的正三角形构图，在心理上给人以非常安定、坚实以及不可动摇的稳定感。戴石头镜老者坚毅的眼神加上金字塔般的厚重构图，透露出家庭凝聚力的核心所在

F16、1/160s、17mm、ISO:100

▲**倒三角形** 飞身跳起的人物形成的倒三角形构图，增强了图片的运动感，倾斜的地平线加强了画面的不安定元素，位于趣味中心的人物显得尤为的快乐、幸福。玫瑰花的深红色和背景淡黄色的太阳犹如画面的点睛之笔

□F8，1/200s，18mm，ISO:100

摄影：江峰

▲**斜三角形** 生活中普通的场景通过仔细入微的观察和迅速按动快门之后，呈现出斜三角形构图的趣味性。此种安排线条形状的方式，可以给图片带来节奏和动感，并可以加强了照片的整体效果。观者沿着线条组成的流畅、具有连贯性的渠道移动，最终把观者的目光引导向晨练拔筋的人物身上

□F11，1/100s，17mm，ISO:100

5.6 S型构图

S型构图，实质上是一种更具有多变性质的曲线构图形式。这种构图形式给人以惬意的快感，弯曲的线条为画面增添了活跃的气氛，是被公认为最具有美感的构图语言。在风光摄影中，我们经常遇到一些远处的山峦与近景的松石花草之间缺乏有机的联系，这时可以用河流、小溪、曲径等S型景物表现山川大地的曲线美景。

大漠曲线 沙漠中的S型线条起到了穿针引线的作用，把画面中散乱无关联的景物连接起来，像流水一样金黄色的沙丘与碧蓝的天空相映成辉，形成和谐、统一的整体氛围

□F8，1/200s，56mm，ISO:125，曝光补偿：-7 摄影：李玮

▶ **由人物组合形成的S型构图** 图中男子伸手接扶小演员的瞬间，将呆板的画面链接为完整的S型，闪灯光打亮的前景中年人物使这一形态有了很好的延展性

□F16，1/160s，17mm，ISO:100 灯光：离机闪光灯

▶ **黄河第一弯** 一条弯曲的河流，以S型由远到近地把草原和山脉串联起来，使之浑然一体，构成完美的画面。黄河第一弯优美的曲线，似乎正带着你我的梦想通向天际的尽头

□右图F5.6，1/125s，100mm，ISO:100 摄影：孟欣然

▶ **曲直对比** S型曲线几乎总能带给人们愉悦的视觉感受，它是观者目光随之流动的一种轻松愉快的线条。图中黄河源头清澈的河水同近景倾斜的山坡形成鲜明的对照

□F16，1/80s，26mm，ISO:100

▲ **信息连贯** 被对称建筑分割的人物形成了极富味道的前景，中间金色的佛塔为照片增加了纵深感，作为框架的前景寺院在此时很好地将三个部分的信息联系起来

□F5.3，1/160s，58mm，ISO:100 摄影：朱岳

5.7 框架构图

这是一种利用在画面前景的有框架感的景物作为陪衬，将观者的视觉中心导向一个主体物，或将画面分割为若干个趣味中心，并通过框架内部拍摄主体的构图方式。这种构图方式可以利用前景的框架将与画面主题无关的信息遮挡掉，让人们更加直接地关注主体，并可以赋予照片纵深感。由于每张照片的主题都不尽相同，故此用来作为框架的物体也有很大的差别，树枝、林木、舟船、花朵、桥梁、人物及窗棂，总之，一切物品都可以成为框架，只要它符合你的表达主题。这是具有很强形式感的构图方式，在实际拍摄中，值得关注的是控制前后景物的主次及虚实关系。

▲ **焦点** 利用框架构图有效地诠释了民间艺人专注的眼神，也为照片增添了更多的空间感和趣味性

□F11，1/125s，32mm，ISO:400

▲ **白塔**　从门帘向外观看的白塔，更显出藏传佛教的神秘之感

□F5.6，1/125s，110mm，ISO:100　摄影：利锦玲

▲ **人物**　蝴蝶兰优美的曲线和背景墙面的油画形成了很好的框架并有效地突出了主体，前景的玻璃茶几的倒影给画面增添了有趣的视点

□F2.8，1/80s，26mm，ISO:800

▲ **寺庙**　门厅上“国泰民安、风调雨顺”的字样透露出宗教的本意

□F4.5，1/80s，17mm，ISO:200

▼ **徽州民居**　在框架构图下，古老的徽派建筑更显出静溢之美

□F7.2，1/125s，24mm，ISO:100

5.8 同一景物的多种构图手法

成功的图片大多是苦心经营的结果，在经过多种构图形式的尝试后，摄影者时常需要耐心的等待才能找到有力的光线变化来衬托精美的构图。为了说明同一景物的各种不同拍摄方法，下面以四川峨眉山的四面佛为例。在拍摄中，除了观察佛像不同角度的造型以外，更重要的是将焦点对准与之有关的环境，它可以是阴霾的雾气，也可以是一棵松树。

▼ **雾气笼罩** 四面佛在雾气之中更加能够显示其庄严、神圣的一面

□F18，1/200s，24mm，ISO:200

▲ **变换焦点**　将屋脊上的吻兽作为画面的焦点可以营造很好的空间效果，四面佛在此时朦胧的雾气中更加显现出神秘的气息

□F16，1/125s，48mm，ISO:200

▲ **云开雾散**　就如同梦中幻觉清醒的瞬间，阳光透过厚厚的云层停留在佛像身上的时间仅有短短的十几秒钟，随后就在善男信女们的尖叫中迅速地消失在咫尺之间

□F18，1/200s，24mm，ISO:200

▲ **初春** 春天的细雨润物无声、远方高楼和公园中仿古楼阁以及人工湖面中微微泛起的波纹、近景挽起的裤腿、带有“CONVERSE”标志的帆布球鞋还有代表流行元素的短袜，在这种别样的观察角度下，都显得如此协调、安静

□F4，1/60s，24mm，ISO:200 摄影：赵铎

5.9 特殊构图

摄影构图在提炼和运用的时候，要善于利用特殊的角度，光线，镜头等自身特有的手段，把不同物体富有表现力的外沿轮廓加以突出和强调，使之清晰简洁，借以再现准确、鲜明、生动的视觉形象。以上介绍的多种构图形式，是我们在拍摄之时要遵循的要领。但是当你掌握这些要领之后就可以进入到“无法”的境界了，也就是说，你在实际操作中也可以就具体的场景灵活发挥，不必拘泥于所谓的构图法则。

▲ **俯视的羊和牧羊人** 从上至下俯视观察的放羊人及黑白两只山羊，在视觉上山羊的体积要远远大于牧人，这就是特殊的构图语言所形成的另类效果

□F5.6，1/60s，55mm，ISO:200，摄影：李青

▲ **天桥下的路人**　我们可以尝试多种角度去看待需要拍摄的物体，去感受各个角度给人带来的不同影响。上图中，作者选用了一个常人难得观察的视点，来表现都市人匆忙的身影。当站在十字路口的天桥上俯视来来往往的人群时，作者发现无论是开摩托车的中年妇女还是走路的儿童在此时都有着极其相似的外在形象，刚洒过水呈现出了深色的柏油马路，简化了画面。老人、小孩和自行车在天桥正下方俯视的角度，变得十分有趣并具有一定的形式感；深色的地面和人物衣服鲜艳的颜色产生了强烈的明暗对比，大家都好像是同一个舞台中匆匆而过的演员，只是每天都在变换着不同的角色。在拍摄这组图片时，耐心地等待是决定画面成败的的重要因素，同时也是对摄影者的“眼力”和“捕捉瞬间的能力”考验

□F4.5，1/500s，505mm，ISO:400　摄影：彭敏

▲ **好奇的鸵鸟** 秦岭野生动物园中总是充满好奇心的鸵鸟，都是因为特殊的构图语言，显得在画面上尤为突出。一幅构图独特的照片必须具备的条件之一就是重点，画面的重点也往往只有一个，所以就要在画面上突出你所认为的最重要的内容，然后再按轻重次序，读取其他部分。上图中，画面只有作为重点的鸵鸟，在这里，其他次要的细节已经无关紧要了，所有的趣味中心集中在好奇的鸵鸟身上。拍照时再靠近一些，让主要目标占据画面的重要部位乃至全部位置，是达到突出主体的最好办法。同时我们还要记注：构图越简洁，效果越好

□F5.6，1/160s，85mm，ISO:200

▲**文竹** 不同角度下观书桌前文竹的光影变化

□F2.8，1/250s，38mm，ISO:200

▲ **荷叶** 深入荷塘中心捕捉奇特的构图

□F3.2，1/200s，200mm，ISO:100 摄影：赵高翔

Chapter 06

光影造型

- 灵活运用自然光
- 妙用人造光源

6.1 灵活运用自然光

6.1.1 顺　光

阳光从摄影者的背部直接照射在被摄景物的正面被称之为顺光，也就是顺着摄影者目光方向的光源。这种光线由于被摄景物的正面受到均匀的照明，故此很少有阴影，画面也比较明亮。顺光拍摄的图片缺乏立体感和空间感，画面的反差和影调层次依靠景物的自身色彩差异和明暗关系来传达。顺光拍摄的优点是不加任何修饰就可表现景物本来面貌，色彩朴实、饱和度较高。另外，在翻拍资料时，顺光也是最为合适的光线。如果针对艺术作品拍摄，阳光下的顺光一来可忠实地还原艺术作品的色彩，二来不会在具有明显肌理或表面不够平整的绘画作品上留下阴影。

▲ **变换角度**　左图完全处于顺光下，画面单薄缺乏对比，右图改变拍摄角度后，利用阴影将主要物体显现出来

□F11，1/125s，17mm，ISO:100

◀ **拍摄近景**　为了避免顺光带来的影像单薄感，可将近景的物体纳入镜头并着重表现，拍摄近景的花朵，大景深造就的清晰感将顺光的明快与温和有效地体现出来。花朵的紫色以及碧绿的湖水打破了弱对比光线下的平淡无味。在此光线下，我们可以不加思索地将相机模式放在全自动挡上，决不用担心再有曝光不准确的问题，画面的真实再现性在此时也是最佳的表现时段

□F7.1，1/800s，17mm，ISO:400

6.1.2 斜顺光

阳光从被摄景物侧面45° 左右照射的光线被称之为斜顺光，这种光线在拍摄风光时，整个画面呈现的色调较为丰富，黑白分明，质感较佳，是拍摄风光和建筑时最为常用的光线。利用斜顺光拍摄风景，要灵活运用物体的投影，尤其是前景部分处于阴影中，背景较为明亮时，物体的空间立体感就会有更加明显。

用这种光线拍摄人物时，鼻子底下会出现很重的阴影，尤其是当太阳的角度较高，而被摄人物的眼窝较深，颧骨较高的时候，这种阴影也就更加的严重。在拍摄中，我们可以运用被摄体本身的颜色差别，选择在画面中前景色彩同中远景基调呈补色的景物来拉开画面的色彩反差。

▲ **殿宇** 斜顺光下，前景灿烂的野花、敦厚的土墙，中景安静的殿堂以及作为背景的天空，都一览无余地显露出来

□F11，1/80s，24mm，ISO:100

▼ **碉楼** 明亮的土家碉楼与处在云遮雾罩阴影中的远山以及蓝天白云，形成了极为强烈的呼应关系

□F10，1/200s，33mm，ISO:100 摄影：叶趣金

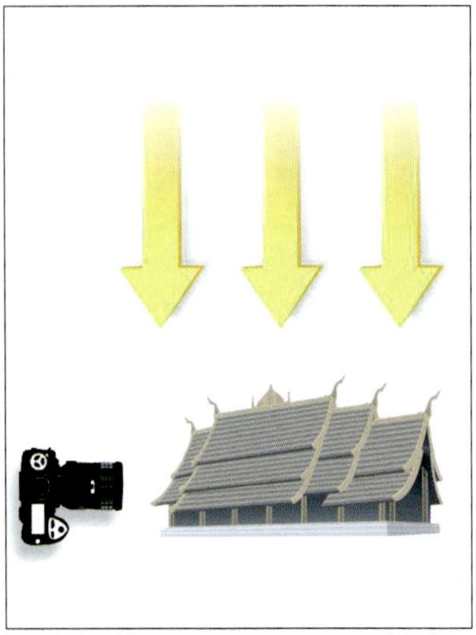

6.1.3 顶 光

顶光也就是中午时分的光线，此时的光线是一天中最为强烈的。阳光垂直的照射在景物之上使得光线最为集中，这种条件下拍摄的人像，在眉肱、颧骨、脸颊下都会出现较为深暗的阴影。在风光拍摄中，顶光也使自然景物的阴影仅仅在底部，缺乏立体感。这种情况下，要多利用丰富的前景来活跃画面。同时由于此光线下，无论朝哪个方向地平线的天空都是同样地湛蓝，故此可以更多地利用大面积的蓝天作为背景。

▲ **正午的清真寺** 天空云朵的变幻和喀什大清真寺的屋顶相映成辉

□F14，1/160s，17mm，ISO:200

▶ **灿烂花卉** 顶光下处于暗面的殿宇本身显得呆板无力，但如果将它作为前景似锦繁花的衬托，倒是具有一种平衡画面的稳重之感

□F16，1/50s，70mm，ISO:200

6.1.4 侧　光

侧光可以在被摄景物上产生具有明确方向性的投影，光线照射物体的角度约为90°左右。在这种光源下，被表现物体的肌理感和立体感会被很好地显现出来，画面前后纵深感也是最为强烈的，由于这种光线可以造成较长的投影，也就增加了画面的构成语言和画面效果，同时因为此时的天空色彩最为浓重，更加突出了主体景物。

▼ **文竹**　完全干枯的文竹在侧光下又焕发出勃勃生机

□F11，1/250s，18mm，ISO:100

▲ **浓烈的色彩**　侧光的蓝天如果再加上偏振镜，色彩纯度就会更高，也就更能够将景物的边沿线勾画出来，画面丰富的影调造就了很强的纵深感

□F10，1/640s，56mm，ISO:100　摄影：李玮

▼ **教学楼**　建筑物墙面的颜色一般来说都是相同的，这样只有在侧光的条件下，才能使得建筑物产生明暗对比，呈现出较强的体积感

□F11，1/250s，18mm，ISO:100

6.1.5 逆 光

逆光是太阳从被摄景物的背面进行照射，物体的轮廓被清晰的勾勒出来。这种光线被广泛运用于表现秋天的风光摄影中。在秋季，我们自然会想到那绚丽色彩和斑斓光线，这时候，在其他季节显得较为平淡的树木成为大家热衷拍摄的对象。如果要想在你的CCD上还原出那金色的松针，或是彤红的枫叶，关键在于光线的选择。在拍摄时，让明亮的阳光从树林背后射来，在这种光线下，叶子会产生透明感，秋日高爽的气息就被充分表现出来。

▲ **明亮的树叶** 逆光时的黄色色调明媚和暖，色彩饱和

□F7.1，1/40s，35mm，ISO:100

逆光照射下的景物由远至近，色彩变换分明，层次由浓到淡，由亮变暗，造成丰富的视觉效果。在背景较暗的情况下，主体很容易从画面中显露出来。

▼ **宝石般的色彩** 秋日的缤纷与喧嚣一个童话般的世界，这个成熟收获的季节在逆光下，一切都显得栩栩如生，画面中普通的树木在较暗的背景下被衬托的韵味独特，缓缓的秋风将金黄色树叶制作的形态各异。拍摄时，用点测光模式精确地测量树叶亮部的曝光量，这样可以有效的压暗周围颜色以更好地突出树叶的秀美

□F9，1/125s，80mm，ISO:100 摄影：罗斌

▲ 也只有在逆光的时候，向日葵与新疆特产“红花”才能显得如此的美丽

□F16，1/100s，55mm，ISO:200

6.1.6 侧逆光

侧逆光指的是位于被摄物体的后侧方45° 左右的照射光线，在这种光线下，无论是拍摄风光还是人物肖像，主要的景物都有大部分的细节处于暗面，画面中往往是以简洁的线条和明确的轮廓造型出现，产生强烈的艺术效果。由于此时的阳光从被摄物体的后方以很低的角度照射，极其简练的光与形有助于突出主体。

侧逆光可以造就很强的纵深感，是拍摄风光图片的理想光线，只要避免阳光直接进入镜头，就可以拍出反差强、层次多画面简洁及造型生动的影像。在拍摄人物时，此光线可以造成画面强烈的对比，并且勾勒出人物局部受光面，使人物的形体分明，并可以体现人物优美的体态，同时造就较强的立体感。

▲ **逆光下的瀑布** 太白山的瀑布被侧逆光将水面的局部照耀得晶莹剔透。因为强烈的阳光会影响自动曝光模式，图片影调可能过于偏黑。所以测光时使用包围曝光模式，并打开曝光补偿增加一挡的曝光量，为了保证画面不会出现炫光，最好选用遮光罩

□F7.1，1/200s，70mm，ISO:100

▲ **人物面部的柔和表现** 衣服将脸部映衬得更加红润，人物逆光造成的阴影使得面部皮肤光滑、柔嫩，拍摄时对脸部进行局部点测光并减缩1挡曝光度，这样可以平衡前景同背景之间的光比

□F3.8，1/800s，50mm，ISO:100

6.1.7 阴天的光线

晴朗的蓝天是人们最喜欢的拍摄时机，在阴雨天气到来之时，多数人会收起相机，以保护价值昂贵的设备。但是如果想要寄予在多变的环境中拍出充满生机的图片，就不要在阴天才刚刚开始就停止拍照。无论你是专业摄影师还是摄影爱好者，如果不主动去利用阴雨天的光线特点进行摄影创作，是一件很遗憾的事情。

在阴天或者多云的时候，我们所拍摄的风景图片同晴天拍摄的效果相比是有很大区别的，因为这时的光线变得比较柔和、平滑，景物受光均匀，没有明显的阴影，同时由于较低色温所引起的忧郁清冷的色调，在此时会显现的愈发生动。

拍摄阴雨风光图片时，我们需要注意的是，天空的亮度常常高过地面4倍以上，如果以天空作为曝光依据，地面就会曝光不足。基于这种原因，雨天应避免画面出现大面积的天空，转而取向山峦树木作为背景。但是阴雨天中也常有变幻万千的乌云陪伴，这时我们就可以着力表现天空和地面之间的和谐关系了。

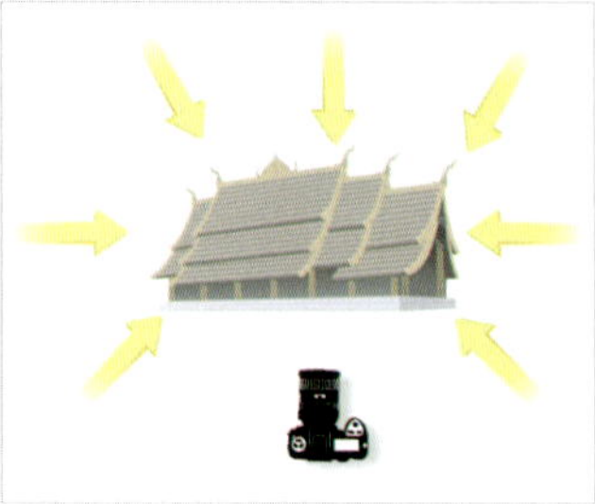

阴晴对比 左图强烈的日光将安徽民居照耀得黑白分明，画面对比强烈，夕阳较低的色温使画面充满温暖的色彩。但是却缺乏古徽州冷静深邃的抑郁怀古之情，右图阴天的冷调恰如其分的表达了此种情怀

□左图F10，1/125s，35mm，ISO:100

□右图F5，1/160s，35mm，ISO:640

▲ **初雪朦胧** 阴霾的雨雪天气总是让人的心情感到沮丧，图片中黯淡的色彩和朦胧的景物，正可以表达此时状态。此时，拿起相机记录车窗外的场景，实际上也是在记录自己的心情，这种不经意的纪录在数年后会使再次观看图片的作者追忆惆思

□F5.6，1/1250s，40mm，ISO:800 摄影：李青

▲ **窗外雪景** 透过玻璃观看的初秋雨季，五光十色的造型被水气韵染的异常虚幻，美妙的水珠在此刻成为抽象泼洒的墨点

□F4，1/50s，24mm，ISO:500 摄影：彭敏

▼ **祥和的村庄** 多云的天气让处于冷调的村落尽显祥和、安宁，在万籁俱静中，身边传来的蛙声此起彼伏

□F5，1/100s，17mm，ISO:100

▼ **雨意来临的城市** 大面积的乌云使得天空和地面之间色调统一，阴天特有的幽蓝色调更加渲染了画面的氛围，新加坡喧嚣的都市在风雨愈来之时看似异常的宁静

□F3.2，1/160s，35mm，ISO:100

6.1.8 局域光线

局域光线指的是由于较厚的云层或者较大的遮挡物，将普照大地的阳光分割成被摄景物局部受光的特殊光线。局域光对比其他光源是最具独特魅力的，因为其光线不确定性的特点而造就其难以捕捉的神秘性。拍摄时，一般情况是将相机或测光表对亮面测光，但是在很多情况下，此种光源稍纵即逝，当你还在为测光的中心点犹豫不决时，瞬间美妙的光源早已荡然无存。所以，我们要了解丰富理论知识并多次实践才能够在巧遇此光线时不至于遗憾。在多数情况下，我们只要在平均曝光的同时欠曝1.5～2挡左右，就能产生令人满意的图片。

▼ **变幻不定的光线** 我们感到神奇并具有某种内在意义的局域光在四川甲居藏寨、甘肃郎木寺随处可见，也许佛教幻境中的传说故事灵感正来源于此

1	2
3	4
5	6

1. 秦岭主峰上游动的光线
2. 阳光冲破云层，光素耀眼夺目照在皖南大地上
3. 落日的一束光线射向甘南郎木寺的主殿
4. 贡嘎雪山在光线的照耀下，显得格外迷人
5. 蓝黄两色映衬着清晨的四姑娘后山
6. 浓雾破开之处的阿坝藏族阁楼周围的黄叶

◀ **川西秋色**　在拍摄变化莫测的光线时，我们需要做的除了调整构图、曝光量之外，最重要的莫过于耐心的等待了。有时，看似云雾缭绕的阴天瞬时间变得阳光满面，多样的光线造就不同的画面效果。这时候你还可以将相机设置为每间隔60秒自动拍摄一张，一小时后你将获得60张变化丰富的图片，如果你愿意，还可以将这些图片用专业软件编辑成为3秒左右的动画片

□F20，1/20s，50mm，ISO:100

6.1.9 特殊光线

大家都知道，摄影的艺术也就是光影的艺术，光线是摄影的生命，光与影构成了摄影语言独特的魅力，而特殊的光线所勾勒出的景物，将更具有强烈的艺术感染力。在拍摄这种光线时，我们首先要寻找充足的阳光，因为只有在强烈的光线下，物体才会产生分明的层次、线条和色调。瞬息万变的太阳光线照射在景物上，能产生各种奇幻的效果。随着季节和气候的变化，阳光会对景物产生不同的影响。所以说，我们在利用特殊光线时，要先了解各种光线的来源和强弱，熟悉光线在景物上的变化，才可以充分表达不同景物的光线效果。

所谓的特殊光线，实际上只是我们在生活周围一些常见的光线，不过是发现没有留心罢了。这种特殊的光线也许就在你的身边，我们可以用60分钟的时间进行一个尝试。它在你的床头、电脑边、车窗下、墙面上，还有厨房的酱油瓶子、客厅的沙发和冰箱的扶手，总之，你周围的一切只要有光线的物体。你会发现，一个别样的世界呈现在眼前。

▲ **飞逝而过的光线** 阳光普照之下，作者却关注开关面板、喇叭、走廊和窗户，以及从不同角度透射的光线，局部强弱不一的光线由于不同景物的遮挡和周围物体的衬照，显得如此迷离。这些我们常常视而不见的变化多端的光影，在摄影者专著的眼神和细微的构图中毕现无疑，它似乎像我们诉说了时间的飞逝。这一系列作品是作者整合了自己的内心情感，用常见的光线映射出略带感伤的情景画面

□摄影：袁柳

▶ **落日残阳** 西安浐河朦胧怅然的落日告诉我们，其实，没有什么特殊的光线，只有不一样的观察角度和敏锐的视觉方式。透过暖调的画面，我看到倾斜的水面上那金子般的光彩，水中倒影与焦外的滩地融合为一体，随风摇逸的芦苇诉说着前人的往事

□F6，1/160s，85mm，ISO:100

▶ **天边的色彩** 从深黑色逐渐过渡到普蓝，再渐变为有着淡淡紫色的灰，而后转向迷人的橘黄色、橘红，最后迅速又恢复到带有赭石色的深黑，一切都显得那么奇妙。飞机上是最容易拍摄到这种特殊光线的地方，所以，切记一点，随身携带相机，并留心观察周围的景物

□F9，1/50s，34mm，ISO:2000

▶ **身边的光线** 特殊的光线也可以时常出现在楼下本来无趣的水泥墙上，爬墙虎的投影就像水墨画中的黑白灰色的色彩变化。拍摄时，为保证画面较暗的影调，拍摄时欠曝1挡

□F5.6，1/200s，25mm，ISO:100

6.2 妙用人造光源

▲ **雪景拍摄** 上图用包围曝光法，并使用较慢快门速度，来确保背景的亮度，同时使用机载闪光灯补光，凝固雪花的动态

□F5.6，1/60s，24mm，ISO:800 灯光：机载闪光灯

6.2.1 用闪光灯平衡曝光

在学习传统摄影中，我们都知道胶片具有一定范围的宽容度，它无法将目力所及的所有影像都保留在胶片之上。同样的道理，作为胶片的替代品CCD或者CMOS也只能记录一定范围的光亮。我们也知道，灿烂阳光下的景物反差常常超过CCD的宽容范围，尤其是晴天下人物的拍摄，强烈的反差常使得人物面部深暗，如果要想提高人物面部的亮度，就会造成背景曝光过度。在这种两难境地中，最好的办法是打开闪光灯进行补光，达到平衡画面量度的目的。

▼ **闪光突出重点** 离机闪光灯有效地将雕像置于在画面的重要位置，并且平衡了天空同前景的曝光

□F11，3s，24mm，ISO:200 灯光：离机闪光灯

▲**闪光平衡曝光**　左图中，光线从左侧方照射过来，锁定天空测光，结果人物处在逆光的暗面之中。右图仍然维持原有的曝光指数，但利用机载闪光灯对被摄者进行补光，使人物显现出清楚的细节

□F11，1/125s，24mm，ISO:200，灯光：机载闪光灯 摄影：罗斌

◀**婚纱用光**　在婚纱摄影中，利用
▼闪光灯补光是最为常见的拍摄手法，均衡的色调和靓丽的肌肤是每一对新人所心仪的

□F11，1/125s，35mm，ISO:200，灯光：离机闪光灯 摄影：江峰

6.2.2 用闪光灯演绎动态

在本书的第3章具体分析了相机闪光灯的多种模式，在这里就不一一赘言了。但是，慢速闪光所带来的动态效果还是值得我们进一步了解的。慢速闪光一般适合在夜晚有灯光的场景，因为夜晚无论灯光多么强烈，也无法同日光相比拟，所以拍摄时要对灯光进行曝光，此时所得到得较低快门速度可使背景虚化的同时，闪光灯在瞬间（普通闪光灯的速度通常是1/1000s）凝固主体，造就具有运动效果的动态画面。

▲ **阳朔西街的繁华** 拍摄时有意摇动相机产生的虚影将阳朔夜景的喧哗表现的淋漓尽致

□F3.5，1/20s，40mm，ISO:1600，灯光：机载闪光灯

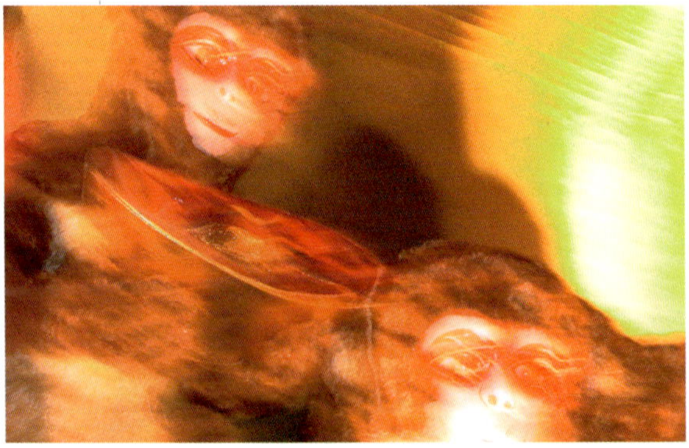

▲ **虚实相间的金猴** 春节来临之时，处处都是热闹的场景，慢速闪光摄影下的金猴闹春显得更加热烈喧嚷

□F7.2，1/2s，55mm，ISO:200，灯光：机载闪光灯

▼ **动静有序的舞龙** 慢速快门造就背景跳动的灯光和舞龙人朦胧的虚影，虚实的对比间，舞动的苍龙变得尤为生动

□F3.2，1/15s，35mm，ISO:640 灯光：机载闪光灯

▶ **自动闪光模式** 在全自动模式拍摄下，虽然主角的舞姿优美至极，但黑暗的背景和闪光灯照射在人物身上的平光以及投射在墙面的阴影将所有美好的记忆一扫而光

□F2.8，1/25s，17mm，ISO:200，灯光：机载闪光灯 摄影：李小舟

▶ **慢速闪光模式** 将相机定为全手动模式，在不改变其他曝光值的前提下，放慢快门速度至1/4s，处于背景的藏式隔房明亮了许多，人物死黑的阴影得到了有效的控制，更重要的是，模糊的重影增加了画面的动感

□F2.8，1/4s，17mm，ISO:200，灯光：机载闪光灯 摄影：李小舟

▶ **多位闪光** 将快门速度放慢至1/3s，整个画面开始跳动起来。巧合的是，另外一盏闪光灯由左侧照射而来，与相机本身的闪光灯分两次，前后凝固住人物跳动的舞姿。此时，曾经欢快的场景永远停留在拍摄者的心中

□F2.8，1/3s，55mm，ISO:200，灯光：机载闪光灯 摄影：李小舟

6.2.3 用光笔描绘奇异空间

这里所指的光笔，实际上就是任何可以发光的物件，之所以称之为“笔”，是因为我们利用这个载体主动地进行绘制图形。光笔可以是手电、蜡烛、打火机等等，由于不同物件的所产生的色温、明度范围以及绘制方法和背景的差别，使得画面能产生奇妙的梦幻效果。拍摄此类图片时，要事先在画面上预想光线流动的位置，已确定构图形式，前面我们学习的B门、T门的技法就派上用场了。为了保证在按动快门时，图像不会因为轻微的抖动产生模糊，要使用稳固的三脚架和快门线，也可以选用相机的自拍模式来减少相机的抖动。

◀ **动静对比** 作品采用一虚一实相结合的手法，先拍摄一幅花卉图片，再拍摄一幅用手电筒光线形成的与此图片构图及造型相似的图片。画面中，盛开的花喜悦，枯萎的花忧伤，更呈现出悲伤的美，现实中的花与虚幻中的“花”交相辉映，相互融合

□F11，15s，22mm，ISO:200，灯光：手电 摄影：丁芳芳

▼ **动态光绘** 下图中，人物手持发光体，在空中描绘优美的舞蹈动作，所产生的光亮线条同虚实相间的画面形成有趣的效果

□F10，20s，25mm，ISO:400，灯光：手电 摄影：彭敏

6.2.4 用闪光灯突出重点

在普通光线下，如果我们没有奇特的构图、明确的主体，是很难拍出生动的画面，更难以将画面的重点呈现在观者的眼前。但是，如果打开闪光灯，你会发现另一个影像世界是如此奇妙，以往平铺直叙的画面现在看来显得跌宕起伏。在打开闪光灯时，一定要注意闪光的角度和拍摄距离，改变闪光灯的角度可以避免太平的光线和过硬的投影，调整拍摄距离可以控制闪光的范围和亮度。

▶ **昆虫** 上图采用自然光拍摄，因为光线平淡，况且昆虫的外形和颜色与树叶无异，故此无法分清主次；下图打开机顶闪光灯，强烈的瞬间光源将昆虫从压暗的背景中剥离出来，除了增加画面的层次以外，重要的是突出了图片信息的重点

□F7.1，1/60s，80mm，ISO:100，灯光：机载闪光灯

▼ **明亮的向日葵** 画面的重点除了物体本身以外，更重要的是物体所象征的某种意义。在下图向日葵虽然也占据画面的重要位置，但它的鲜活感和阳光感的本质正是由于使用了闪光灯才凸现出来

□F16，1/250s，17mm，ISO:200，灯光：机载闪光灯

6.2.5 借用其他光源

在其他光源中，我们可理解为除瞬间闪光一切可为画面使用的人造光源，也就是我们通常说的持续光源。我们常说，光是摄影之本，如果能够利用不同的光源来表达自己对影像的理解，那么我们就可以掌握这门光与影所构成的摄影语言的独特魅力了。光源的种类是极其丰富多样的，这就为摄影这门光的艺术提供了多种表现形式。

车灯——在拍摄宽阔场景时，汽车灯是最好的光源，因为它不仅能控制一定的照明范围，最主要的是可以轻松移动灯光的位置。在有三脚架的情况下，我们可以挪动汽车拍摄多次曝光的效果。

手机光源——现在的手机屏幕光源越发明亮，有些手机还带有照明功能。下图就是在较强的手机屏幕光照下拍摄的图片。由于未用三脚架，长时间的快门速度和过高的感光度，使得图片粗糙的颗粒和略微模糊的石像衣褶造就了很强的现场感。

路灯——用路灯作为照明是最简单的方法，这时要求的就是精准曝光，既不能让灯光四周曝光过度，又不能使暗面漆黑一片，对于数码相机来说最好能够参照直方图并以分界曝光的办法多拍几张。

◀ **车灯** 车灯分两次照射在明秦王朱樉墓前的桃树上，落日的余晖逐渐消失在天际

□F7，1/125s，17mm，ISO:200

◀ **手机光源** 夜晚月光下，神秘的色调将孤独的守墓石人同周边环境完全融为一体

□F2.8，1s，24mm，ISO:800

路灯 白天嘈杂游客的喧嚣，在此时被寂静路灯下微弱的光影所替代

□F2.8，5s，17mm，ISO:200

▲ **烛光** 大昭寺内酥油灯的造型、色温与烛光较为接近

□F5.6，1/30s，24mm，ISO:400

烛光——指的是与烛光具有相同性质的光源，它们的光线散射具有柔和、丰富以及色温较低的特性。烛光是一种可以制造别样情调的光源，通常能够表现特殊的意境。烛光摄影因为光源暗弱给正确曝光造成了一些困难，但是也就是因为烛光的亮度不高，所以只要人物距离烛光较近，对脸部亮面测光并减少一挡曝光，就可以不用过多的担心图片从明到暗的反差。

火焰——火焰可以起到烘托画面氛围的效果，但是焰火的形态千变万化，而且永远不会重复出现，故此火焰精彩的造型充满了不确定性。所以要抓住那精彩的瞬间不仅要有敏锐的观察力，而且对相机进行有效的设置。首先要在拍摄之前，关闭相机的自动闪光模式，选择手动模式，曝光时间应该在1/500秒左右为好，为了保证画质，ISO值一般设为100，白平衡设置可根据当时的天气状况而定。再一个值得注意的问题就是提前测量，可解决数码相机从按下快门到拍摄之间产生的时滞。

◀▼ **火焰** 下图拍摄出建筑物旁有跳动火焰的图片，对比左图，更有效地表现出澳门赌场的喧哗之气

□左图F6.3，1/250s，24mm，ISO:100

□下图F7.1，1/450s，24mm，ISO:100

Chapter 07 人像摄影

- 善用光线
- 高调与低调

7.1 善用光线

在肖像摄影中，光线的灵活运用无疑是塑造人物形象成败的基本要素。首先需要了解的是，光线分为直射光与漫射光，也就是我们通常说的硬光与软光。

7.1.1 直射光

硬光下的刚毅

直射光的摄影方式最为常见，也是非专业摄影者大多选择的一种光线，因为此时的曝光最容易掌握。硬光的光线方向性很强，效果也非常强烈，人物面部出现的高光、亮面、灰面、暗面和反光十分明确，画面的黑白对比和色彩反差也比较大，此时的多层次影调显现出良好的体积感。在明亮的光线下，画面所有细节均能显现无疑，同时也容易塑造人物刚毅硬朗的性格。

□F4，1/400s，70mm，ISO:100

◀ 左图的光线来源于右侧方，硬朗的直射光使人物面部黑白分明，背景中金色佛塔在阳光下焕发着夺目的异彩，作为远景的蓝色天空有效地衬托出前景中僧人的红色袈裟。对比上图原地另一个角度的拍摄，这位喇嘛的自信和骄傲之感犹然跃入画面。有趣的是，左图为此喇嘛在相机的取景器中看到先行拍摄的上图后，极为不满，要求以寺院为背景的前提下拍摄而成的

□F8，1/250s，45mm，ISO:100

强光下的柔美

在一天中，清晨和傍晚的光线因为色调偏暖以及有较长的投影而给人以愉悦的视觉感受，选择这个时候拍摄肖像，可以保证图片丰富的色彩和很好的饱和度。同时，由于此时的光线强度较低，人物面部可以正对阳光，以产生光鲜明亮、健康的形象。沐浴在暖色阳光中的人物，会充分感到生活的满足感，在快乐享受光线给我们带来的幸福感时，也会增强画面语言的生动感。另外，暖色的强光照射在女性的皮肤上，可以消除面部雀斑等瑕疵，并使得温润肤色富有弹性。

拍摄此种光线下的肖像作品，需要注意的是调整好相机的白平衡。在第3章我们讲到过正午太阳光的色温约为5500k，而相机在设置阳光下的白平衡模式时也默认为此数值。但是当阳光处于清晨和傍晚的时候，其色温一般在5000k以下，所以我们最好按照第10章中介绍的自定义白平衡方式来设置，以确保精准地还原现场的色彩。

◀▲ 深秋暖和的光线下，女性美丽的曲柔线条同垂直的树干、以及由阳光照射下形成明亮的白色外套同深色背景形成了很好的对比，长长的树影增加了画面的浪漫色彩，摄影师很好地利用了傍晚前夕不多的暖光照亮了姑娘甜美的笑容。1/800s的快门速度有效地凝固住人物原地旋转的瞬间，配以F2的光圈同时又可以虚化背景突出人物

□F2，1/800s，85mm，ISO:200

7.1.2 漫射光

漫射光的柔和

漫射光的最大特点就是没有明确的方向性，光线是从周围的物体反射到被摄者的身上，这样的光线使得人物的面部不会形成很强的暗影，影像的反差较小，画面较为柔和。其特点是被摄者全部受光，光线亮度高，色彩还原好，人物皮肤层次的表现也非常丰富，并且可以反映出更多的细节这是一种在拍摄人像中比较理想的光线，由于没有直射光形成的多样视觉效果，此时的摄影师更容易发现人物内在的气质。

漫射光的运用一般在多云的阴天，但是在大多数的情况下，拍摄肖像图片是不允许你去事先选择天气状况的，你更多的要考虑被摄对象是否有时间。但在有可能的情况下最好选择早上9点以前以及下午3点以后，这时的光线较为柔和。如果你不得不在光线较强的午后拍摄时，为了避免出现生硬的顶光，可以选择晴天中的大面积树荫、建筑物的阴影以及遮阳棚下进行拍摄。

▲重色的毛衣起到平衡画面，并显露出人物沉稳的个性

◀图中人物在阳光明媚、春意盎然的树荫下进行拍摄，在拍摄前，我留意观察周围景物时，发现它们因为太阳光直接照射而产生过高的反差，于是选用反光板进行补光，使得暗面既看清了细节，又保留了明暗层次。柔和细腻的层次更好地体现了人物的儒雅气质。由于场景选择得当，画面色调统一，左图初春的嫩绿色同淡蓝色衬衣又形成鲜明对比，很好地突出了人物的主体位置

□F4.5，1/200s，85mm，ISO:100

逆光的温润

多数人害怕在室外逆光环境下拍摄，其实只要逆光使用得当，就能拍出更加光彩温润的图片。它能使背景处于背光之中，而且可以用来为人物的头发加上漂亮的轮廓，使主体与背景分离，并突现人物外形起伏和线条，强化人物的立体感，在更好地体现头发半透明光泽质感的同时获得突出人物主体的效果。要知道，模特绝不是完美的，逆光拍摄不但可以将强烈刺眼的直射光化解为平滑可人的柔光，同时，由于整体影调反差度较高，可使你拍摄的人物面部的某些缺欠借助温润的柔光加以冲淡。这对深入刻画人物性格和增强画面的艺术效果具有一定的帮助。

▲处于树荫处的模特显然缺乏生动感，面部肤色也没有了逆光图片中的鲜艳色彩

◀左图模特的面部与身体部分处于逆光阴影之中，通常会形成以深色为主的浓重低调画面。如果需要画面中人物显现出鲜亮的色彩，在拍摄中要曝光过度1～2挡，或者提前对脸部进行点测光，以保证人物较好的曝光度。强烈的逆光照射使顺光下平淡无味的头发呈现出异常美丽的光泽和玉石般的透明感，半透明与不透明体在此时的亮度形成了强烈的反差，明亮的轮廓线生动地勾勒出被摄人物优美的线条，形象生动，赏心悦目

□F7.1, 1/30s, 50mm, ISO:200　曝光补偿: +1

7.2 高调与低调

图片的影调和色彩会直接影响我们对照片内容读取的方法，以及对图像中人物的感受。在拍摄肖像时，为了表达一定的创作意图、加强图片内涵及提高艺术感染力，通常会采用主观控制色调的方法来强调某种特殊的气氛。

高调人像

高调摄影的采光方式是突出人物的灰面及亮面，使浅层次的影调占据图像的绝对面积，并将暗面影调基本消除。高调的肖像作品给人静洁、明快、轻松的感觉，在影棚中高调摄影所采取的手法实际上是一种多灯、多角度的无影照明。拍摄时注意灯光要柔和，位置要尽量选用墙面或者反光板等营造漫射光氛围。并且要利用辅助光源来消除人物的阴影，再者就是适当曝光过量1~2挡出来加强整体浅色调的效果。

▲ **增加曝光** 拍摄高调图片首先要有高调的素材，比如白色的背景，白色的服装、白色的头饰以及较白的肌肤，所有这些素材会在多角度的漫射光下显得更加亮丽，五彩指甲和红蓝相间的耳饰也起到了很好的点缀作用。值得注意的是，曝光在此时也要增加1挡以上

□F22，1/125s，85mm，ISO:200 摄影：徐欢欢

◀ **平衡光源** 由于服饰的特殊性，婚纱摄影较为适合高调处理。值得注意的是，主光源与辅助光源在光比上最好控制在2挡之内，以有效的控制高调效果

□F22，1/125s，52mm，ISO:200 摄影：彭敏

▲ **刚柔的对比** 大面积深暗背景中的点点亮光，透露出迷人的神秘气息，一束光线将人物的轮廓勾勒得清晰可见，强烈的反差突现了画面的艺术气息，炼钢厂巨大的车间同少女的曲线形成很好的对比

□F8，1/8s，20mm，ISO:400

▼ **幽暗的外景** 用大功率闪光灯压暗天空的色彩，造成幽暗迷幻的效果

□F14，1/200s，24mm，ISO:200

低调人像

低调摄影是利用光线的变化制造大面积的阴影或整体偏暗色调的图片，降低照片的色度可以产生一种特别的情调。画面由于黑暗通常有种力量和男性的象征，当然，这并不代表它不可以应用在女性肖像的拍摄上。低调肖像主要特点是变化较多、反差很大，而且人物或其他重要场景的主体部位大都处于阴影之中。因此在拍摄中，要用点测光模式对人物的高光部位进行局部侧光，或者以明亮的背景作为曝光依据来表现剪影效果。

▼ **硬朗的汉子** 在郎木寺藏族酒吧中，幽暗的光线与刚毅硬朗的汉子在此时显得如此和谐，我仅仅给他一个要拍照的示意，就换来如此专业、友善的表情，像这样的场景在藏区是非常普遍的。值得注意的是，如果对方需要，一定记下地址并尽快将冲出来的照片邮寄给他

□F3.5，1/13s，55mm，ISO:800

7.3 环境人像

所谓环境人像摄影是指在日常生活的特定环境中所拍摄的肖像。摄影师拍摄这些肖像不仅仅是要捕捉人物形象的相貌气质，更重要的是向观者呈现出其日常的生活，而这些生活，在图片上主要是由周围的环境所决定的。在这些作品中，被摄对象仅仅为画面构成的一个元素，而不是全部。拍摄此类照片时，首先要经过被摄对象的同意，并且需要一定时间的相互交流，使他对你产生一定的信任感，然后就是多在这个环境中逗留一阵，并且留心观察景物同人物之间的关系再按下快门。

1 | 2
3 | 4

1. **和谐的环境**　宏村郭老太正在为我们准备午餐，远处挂着的腊肉因为自己的房子具有特殊的地理位置和厚道的生意理念，使得家境日渐殷实

□F2.8，1/200s，19mm，ISO:200

2. **曾经的守陵人**　赵师傅说：祖辈守陵400年了

□F10，1/125s，17mm，ISO:100

3. **老屋的主人**　南屏一位老太守着自己祖上传下的老宅子，因为游客过多的问题，她的回答也日趋简洁

□F4.8，1/30s，21mm，ISO:200

4. **满足的眼神**　第二次来到朱守春家，带去的照片拉近了彼此的距离，他说：房子是20世纪80年代末修的，很结实

□F2.8，1/60s，38mm，ISO:200

▲ **小巷中的孩子** 儿童见了相机是最为激动的，快乐无邪的笑容和标准的站立姿势也是他们自己的选择
□F2.8，1/100s，38mm，ISO:100

7.4 色彩的运用

无论是风光摄影，还是肖像摄影，色彩的运用都是最重要的一环。在翻开相册或者打开电脑显示屏幕时，首先吸引我们眼球的不是漂亮模特优美的肢体语言，更不是某一个特殊的眼神，而是画面的色彩。色彩是具有情感的，在视觉上色彩最容易增强形象的感染力，因为人们生活在色彩的海洋中，积累了大量的视觉经验，人们心灵中内在的视觉经验与外在世界色彩刺激后产生呼应，也就形成了某种情绪。这种情绪的宣泄通过视觉冲击直接影响我们的感情和行为。在不同的色彩实验证明中，表明人处于多种的色彩空间里，会产生出不同的生理和心理的反应。色彩还有增强人们识别记忆的功能，特殊的色彩有引起为我们追忆往昔的价值。

▲ **服装利用** 爬山时劣质的雨衣、舟船小艇的黄色救生衣，在我们看来都较为简陋，但它艳丽的色彩实际上是拍摄旅游肖像时最好的道具。它的本身色彩不但能给画面带来十分欢快活泼的光辉，另外可将人物的脸色映衬的异常可人

□F3.8，1/350s，52mm，ISO:100

色彩还可以起到传达意念的作用，它可以表达很多确切的含义，即便是再复杂或抽象的景物，经过色彩处理后，都能够变得易于理解。如黄色的灿烂、辉煌，有着太阳般的光辉，象征着照亮黑暗的智慧之光。蓝色是博大的色彩，象征着永恒冷静，纯净的蓝色表现出一种美丽、文静、理智、安祥与洁净。紫色是一种最为美丽而又神秘的色彩，它既富有威胁性又具有很强的诱惑性，同时它是孤独的色彩，又是象征虔诚的色相，总之，使人心醉的、处于冷暖之间游离不定的紫色总是的构成了多变的色彩心理反映。

所以我们在拍摄人物时，要结合人物个性与服装和周围色彩环境，综合表现画面氛围。

舞动的色彩 演唱会中的色彩是最丰富的，前景主体的红色与背景大面积透露出灿烂的黄色相呼应，辉煌的黄色有着金色的光芒，在某种程度中，它象征着财富和权利，这种最为骄傲的色彩将整场晚会推向高潮

□F8，1/32s，128mm，ISO:1600 摄影：孟欣然

色彩的象征意义　头发的金色代表张扬、指甲上具有高贵，稳重的黑色与上衣的蓝色是平静与理智的象征，亮紫色的丝袜突出神秘与性感

□F14，1/125s，44mm，ISO:100　摄影：徐欢欢

利用佩饰　围巾极强烈的色彩冲突与变化，使本身具有动感的人物更具活力、积极、热诚、温暖和前进等精神涵义的特征。多彩颜色在这里代表了欢快活泼，它使人联想到金色的秋天，蔚蓝的天空以及丰硕的果实，这是一种富足、快乐而幸福的象征。这种最响亮、最欢乐的色彩构成了很舒服的过渡

□F14，1/125s，64mm，ISO:100　摄影：徐欢欢

▼ **服装的利用** 同样的模特、同样的服饰和同样形式的造型，配以不同色彩的上衣，时尚中透露的是自信与快乐。服装中较为中性的色彩按照一定的推移形式有秩序地排列、组合着，从温暖的红色到严峻的白色、平静的蓝色、优雅的绿色、朝气的黄色又回归于稳重的赭石色，使得画面富有浓厚的现代感和装饰性，人物的组合因为使用了数字处理，画面还具有奇妙的幻觉空间感。在服装的选择上要注意将色彩按明度等差级系列的顺序，由浅到深再由深到浅进行排列组合。也可选用单色系列组合或者两个色彩的明度系列，但也不宜择用太多，否则易乱易花，效果适得其反

□F20，1/125s，50mm，ISO:100　摄影：陈薇

- **环境色的利用** 左图大面积的黑色具有庄严，稳重的意象，高贵的黑色也是一种永远流行的主要颜色，它适合和许多色彩作搭配。黑色同柔和，高雅的灰色以及清凉的蓝色配合，可以传达人物稳重的性格和自信的心态，画面中的黄色灯光打破了黑灰色带来的单一、沉闷、刻板的沉默，右上角淡黄色初上的华灯象征着未来和希望。而人物白色的上衣又透露出无穷的可能性。在画面中黑白两色的极端对立，总是以对方的存在显示自身的力量

□F2.8，1/100s，24mm，ISO:3600

- 右图绿色给人以安全的感受，新鲜舒适的绿色是一种非常美丽、优雅的颜色，它象征自由和平；象征着生命，给人有活力、快乐的感受。白色的婚纱配上周围环境的绿色更显其活泼、大方，也透露出一种休闲的清新和自然

□F5.6，1/125s，50mm，ISO:200 摄影：江峰

7.5 影棚拍摄

▲ 具有多种功能的专业影棚

一个专业的影棚面积通常在100m²以上，因为要安装天花导轨，影棚的高度一般在3m以上。在建立影棚之前，您要非常清楚地知道你的拍摄范围，并有效利用自己的场地，就如同拍摄汽车所需要的场地要大于拍摄静物的场地一样，不要贪大，适合你才是最主要的。除此以外，专业的照明灯和纯色背景是一定要有的。与室外摄影相比，室内摄影在光线要更加自由一些，你可以轻松随心地控制光线的强度、入射角度和背景。

安装天花导轨影棚

将一个活动的背景架和导轨固定在天花上，这样能在一个长方形的地方灵活地运用灯具。天花路轨最大的优点是它有伸缩性，我们可以随时抓起一支灯，把它移到所需要的地方。

电力系统

专业影棚特点是使用许多大功率的设备，包括大功率的空调，风机、电脑、特别是大功率的闪光灯，这些设备都是耗电和贵重的设备。它们的保养维修费用通常也较高。要使这些设备少出问题、延长寿命的话，首先要从供电系统开始。以一个中型的影棚来讲会使用总功率10～15kW/s的闪光灯。以爱玲珑闪光灯为例，在闪光灯充电的时候，充电的电流可达到100A。加上正常的照明及空调等设备，这时的电流可能超过150A。所以专业的影棚在闪光灯供电回路上安装稳压器。若希望使用数码电源箱和精确度高的闪光灯时，更应加装上电流过滤器，以保持供电的质量。这种设备会大大的延长闪光灯的寿命。相应你的投资来讲，比起支付维修费是更划算的办法。一般在10kW/s功率的影棚中，应保证80A的供电设计能力。

▲ 能制造出软光的八角柔光箱

专业灯光

当一切安排妥当，决定影像质量的心脏问题就是如何选择并利用好灯光了。

选择灯光主要从色温以及闪光指数两方面来考虑，首先我们要知道闪光灯的功能是模仿太阳光线的色温，而太阳光的色温从日出的2000K到早晨的4300K，在夏日的中午可达5800K，所以，选择能够精准还原日光色温的灯光是最重要的。其次是灯光的亮度，灯光亮度越高意味着相机的光圈可以设置的越小，拍摄景物的景深也就越大。但我们也不要一味地追求亮度过高地灯光，一般来说，500W的闪光灯足可以应付35mm数码单反相机的拍摄，而专业的摄影师大多使用2000W以上的大功率闪光灯。

选择好灯光后，下一步就是如何利用灯光来制造出硬光和软光了。四边形柔光箱可提供线性范围较广阔均匀的光线，是拍摄时装人像的理想选择。直径为1.9m的爱玲珑八角形柔光箱，在利用反射光的时候，它的形状是最为理想的。因为它的表面任何两点之间的闪光指数相差小于1/3f-stop，所以它能在很靠近物体的地方使用并能达到特别柔和的效果，甚至于最小的合并式闪光灯也能提供动人的效果。

▲ 能制造出硬光的闪光灯

7.5.1 平 光

平光是拍摄美女与小孩最常用的灯光，特点是在人物身上保持均匀的光线，没有过亮或者过暗的部分。如右图，采光是主辅两个光源，两盏增加了柔光箱的闪光灯在前方呈45°夹角，为了避免模特面部由于没有任何阴影而产生的过于平面感，主光源同辅助光源光比差为1挡，摆放灯光时辅助闪光灯可以距离人物稍远一些，以保证光线的散光性。这种布光的方式可以产生较柔软的光线，从而使得人物皮肤产生柔化的效果。此方法是初学者及影楼惯用的拍摄手法，缺乏光线变化的图片会让每一个顾客都成为美女的同时，千篇一律的甜华也会让她们变得无法分辨的一致。

□F14，1/125s，105mm，ISO:100　摄影：徐欢欢

7.5.2 夹 光

影棚中的夹光摄影也是利用两盏闪光灯同时打光的拍摄手法，所不同的是，灯光摆放在模特的侧面，且尽量靠近模特。多数摄影师喜欢利用这种可以产生独特的视觉印象，并用光线来制造神秘、含蓄的气氛。这种光线可以产生时尚的高调夹光，也可以是人物造型呈现出更为强烈的明暗对比。用暗调夹光的方式拍摄时，位于光线中心位置的人物中线处于暗面，在影棚摄影中，要用造型光观察灯光不同的角度所产生的微妙变化。两侧灯光的光比，可以根据人物的特征精心仔细地控制，光和影的错落交织，体现了丰富变化的韵律，这也是此类布光方式的魅力所在。

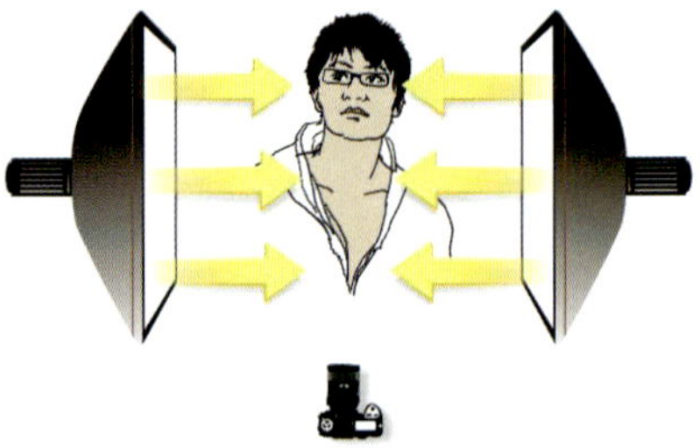

□F16，1/80s，55mm，ISO:200　摄影：李青

7.5.3 主闪光灯加轮廓光

此类布光的方式适合拍摄硬朗的男人造型，主闪光灯位于人物的侧前方，有效地勾勒出人物俊朗的脸颊。辅助光源从人物后下方斜向照射头部，在头发上形成明亮的轮廓线，使人物与较深的背景迅速拉开距离。此种立体感较强的影像效果，在拍摄时要使用未加柔光箱并带标准反光罩的灯光，此种光线的方向性极为明确，容易表现出人物稳重、镇定的个性。在拍摄时要选用抗眩光的镜头，并配专业遮光罩，以防止背景轮廓光源进入到镜头中，影响画面的质量。

□F11，1/125s，55mm，ISO:100 摄影：冯灵艳

7.5.4 硬光加背景光

这是一种虚实相间的光线配置，一盏未加柔光箱的硬光放置在模特侧前方约25° 左右，人物造型在详实的硬光下被勾勒得清晰如画，反差极大的黑白两种色调下少有的灰面，透露出人物坚毅的神情。人物背面灯光在布置时要同背景保持一定的距离，以产生柔顺的光晕感，渐变的背景光此时起到了烘托主体人物的作用。

□F16，1/100s，78mm，ISO:200　摄影：陈桂娴

7.5.5 多灯位灵活布光

这种多灯位的布光手法，是时尚杂志拍摄时装大片时经常使用的方式，其特性是针对不同主题、不同人物特性灵活布光。下图使用三盏灯光，作为主光源的灯光放于人物正上方，勾勒出基本造型；作为辅光源的柔光灯在照亮整个背景的同时，起到调整人物暗面曝光不足的作用；而另一盏聚光灯处于人物背面并尽量靠近背景，并控制光比高于主光两挡，在画面上形成耀眼的光环。画面的气泡在多灯光的照耀之下，显得异彩缤纷，以往平铺直叙的描写变成了光彩照人的画面。

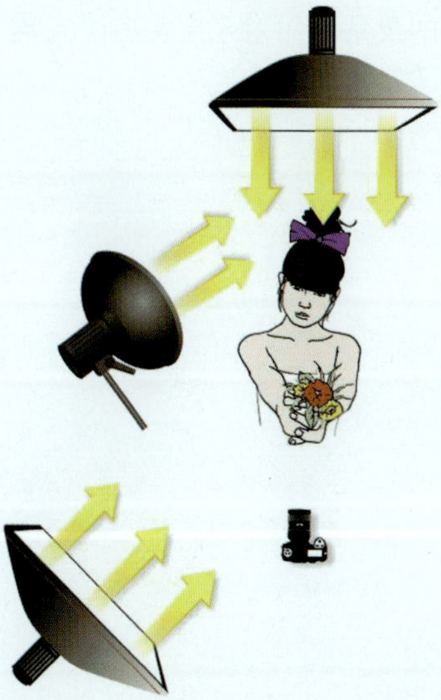

□F22，1/125s，20mm，ISO:100　摄影：刁妍今

7.6 户外灯光人像

拍摄室外人像不同于影室内那样可以随意摆布所有光线，其光线的方向性以及亮度、色温等性质，都会因为时间、气候的不同而有很大差别的。为了能够在户外千差万别的环境下拍出优秀的作品，除了耐心等待奇妙光线的来临以外，最重要的莫过于使用户外闪光灯创造理想光源了。户外光源的使用主要是掌握太阳光线同瞬间闪光灯的合理配比关系，拍摄时，如果户外灯光的闪光指数过高，会造成天空深暗、主体跃出的戏剧化视觉效果；如果瞬间闪光指数与阳光基本相当，可以将画面中的暗调提亮，达到平均光源统一且均匀的画面效果。户外灯光的灵活运用对于摄影者进行准确的曝光和利用可控制光线来表现人物的形态、刻画人物的性格提供了很大的帮助。

◀ **放飞的风筝** 浅棕色的暖调背景与优雅时尚的人物在离机闪光灯下显得极为融洽、和谐，平衡以后的曝光使影调更加统一，天空中飘浮的风筝是心灵感悟的放飞

□F7，1/60s，55mm，ISO:100 摄影：利景铃

7.6.1 平衡曝光

婚纱拍摄选用强功能外拍灯补光来协调画面的曝光平衡，已经是大家常用的技法了，灯光使得无论在艳阳的晴天还是山雨欲来之时，摄影师都可以更加灵活地掌握光线。

▲ **阴影补光** 在骄阳下给处于阴影的面部进行补光，既很好地还原了人物肌肤的色彩，又保留了秦岭山中蔚蓝的天空的正确曝光

□F11，1/125s，35mm，ISO:100 图片提供：本秀摄影

▼ **金色麦田** 在顺光的时候，也可以使用离机闪光灯，这样可以有效避免人物暗面与亮面过大的反差

□F11，1/125s，24mm，ISO:100 图片提供：本秀摄影

▼ **逆光拍摄** 外拍灯的光线从人物的正侧面照射，被摄者面部全部受光，因为光线亮度较高，色彩还原也就较好。逆光可以很好地勾勒出人物优美的轮廓，是拍摄加光人像比较理想的效果，由于较好地掌握了光线配比的关系，画面的层次表现非常丰富，人物更具有体积感

□F8，1/125s，35mm，ISO:100 图片提供：本秀摄影

7.6.2 突出主体

户外摄影选用闪光灯可以更好地表现被摄人物及物体的质感，在使用侧光拍摄时，主体的立体感会被更加明显的强调出来，因为侧向光源可以造就强烈的阴影，除了可以将人物的轮廓显现出来，更能表现木材多样的纹理、石材凹凸的表面以及金属光洁的冰冷感。而对于朝霞以及落日场景下的人物可以利用侧光、逆光这类强调的光线，来保证天光及人物面部曝光同样正常，在压暗四周的同时增强画面氛围。最重要的是，所有这些激发都是为了一个核心的目标——突出主体。

▲ 左图：**高山岩石** 自然的石质肌理和人物娇美的对比
右图：**台阶** 台阶的透视感突出了主题人物
□F13，1/125s，17mm，ISO:100 图片提供：本秀摄影

7.7 群像摄影

群像是肖像摄影中较难控制的一种，由于人物众多，每一个人的表情、动作很难在一瞬间中都达到我们所要求的效果，所以最佳办法就是重复多次地拍摄。在拍摄中除了要注意每一个人是否闭眼，所有的人表情是否自然等，还要具有耐心和想象力，此外，还需要类似外交官的组织才能。

在拍摄集体合影的时候，多数人会选用可以将所有人纳入画面的广角镜头，一定要当心镜头的畸变，如果使用不当，图片上周边的人物会严重变形，同时要注意的是，使用尽可能大的景深以确保每一个被摄对象都保持同样的清晰。在拍摄过程中你要始终保持与被摄人物之间的沟通，并不断的鼓励对方摆上更好的表情或者姿势。

▲ **快乐的骄子** 不需要过多的沟通，正在拍摄毕业照的学生们很乐意按照你的要求摆出统一的造型。值得注意的是，要选择一个适合的背景以衬托人物，譬如上图藤蔓的绿色和学士服的红色在色彩上就起到了强烈的对比效果

□F5.6，1/500s，35mm，ISO:320　摄影：彭敏

◀ **纯朴的村民** 在左图中，我还没来得及和这几位村民交谈，他们就已经从座位上站了起来，并自然流露出符合自己个性的笑容

□F16，1/125s，17mm，ISO:100

▲ **毕业瞬间**　四年的寒窗苦读，最终有了个交待，跳跃的动作是大家最喜欢的，要注意预留足够的天空，以备有些同学将帽子扔得过高

□F5.6，1/400s，24mm，ISO:320

▲ **乡村童趣**　也许是刚好到了放学的时候，孩子们蜂拥到我正在拍摄的明陵雕像前，直到我满足他们每一个人的照相欲望后，才一起走了

□F35，1/200s，17mm，ISO:320

▼ **社火鼓手**　看到我拿着些专业设备，大家非常乐意我给他们拍照

□F5.6，1/400s，24mm，ISO:320

▼ **中学生**　从这张乡村中学门口拍的图片中，我们不难看出谁是这群同学的领导

□F16，1/125s，24mm，ISO:100

7.8 多角度的人像摄影

每个人物都有它自己独特的个性和细腻的情感，有时，多样情感也会集特定人物于一身。的确，很多人都具备着多种的性格与特点，尤其在人物处于某种工作或者活动中，不同角度的拍摄就可以反映出多种隐含的意义，比如仰角拍摄的人物看起来较为高大伟岸，俯拍的人物看起来弱小无力等。这种拍摄角度越大，图片所隐含的寓意就越大。什么样的角度适合你拍的人物，往往就取决该人物所具备的显著特点。在拍摄中，我们时刻要面对人与物之间相互联系而产生的情感，一旦这种感受同摄影者产生了共鸣，也就是好照片的来临之时。

▲ **眼神** 大面积的黑色背景包围着整个人物，眼神中流露出的是对压抑环境的反抗

□F13，1/125s，85mm，ISO:100 摄影：王康

▼ **祈祷** 磕长头的虔诚信徒们无暇关注摄影者的出现，近距离的拍摄造就了很强的现场感，佛珠在瞬间的摆动使画面充满动感

□F4.5，1/350s，28mm，ISO:125 摄影：麦思瑶

▼ **吼秦腔** 仰视角度拍摄的图片透露出陕西秦腔的高亢、质朴以及豪犷与浑厚的特点

□F3.8，1/100s，32mm，ISO:100

▲▼ **仰视人像** 近距离仰视拍摄人像，是解决照片缺乏视觉中心的好办法。此时不要羞涩，只有这样，你的被摄对象才会更加大方

□F8，1/125s，17mm，ISO:100

7.9 长期记录的主题

摄影的基本特征就是记录功能，美国摄影家爱德华·韦斯顿在他的一篇文章中曾经谈到，“相机应该用于记录生活，反映事物本身的物性和精华，不管是抛光的钢或是颤抖的肉体。”在生活记录中，最难以坚持的，也是最有意义的莫过于针对某个特定的人物，进行长期记录。

▲ **桑堆**　在黄河第一湾找到四年前曾经拍过的桑堆（左图中左侧为桑堆），此时的我们已经建立起一种友好关系，面对相机的他一点扭捏造做都没有。在我拍下这张（右图）照片时，他可能根本不知道我已经按下了快门

□F5.6，1/250s，85mm，ISO:100

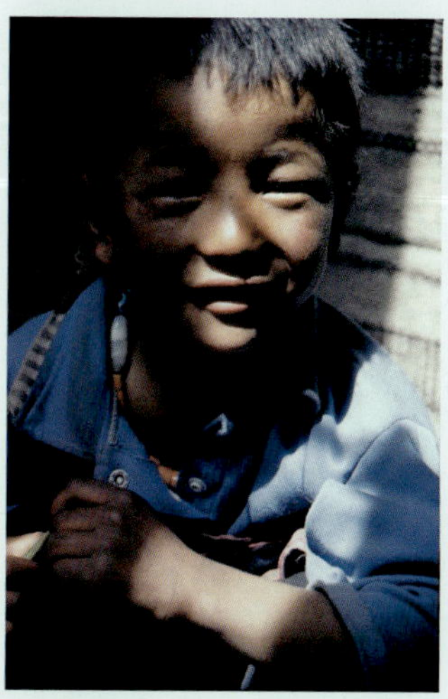

▶ **孩童的成长**　时间的磨砺使得天真无邪的儿童逐渐成长为略带羞涩性格的少年。为了强调环境的安静气息和被摄者那略带成熟的、似乎在向我们述说着时间流逝的目光，我以右边窗户投射进来的聚光源为采光，同时加大光圈，突出主体人物

□F2.8，1/30s，85mm，ISO:100

▲ **快乐的记忆** 在郎木寺，知华看到自己曾经消瘦的脸庞，以灿烂的微笑回报那段快乐的记忆

□F4，1/60s，48mm，ISO:100

Chapter 08 风光摄影

- 宽阔的全景摄影
- 细致的微观世界
- 慢速摄影
- 冬日的寂静
- 秋色喧嚣
- 落日与朝霞
- 烟雾的利用
- 水中倒影

8.1 宽阔的全景摄影

当我们置身于壮美奇妙的大自然之中，总习惯于四周环视，期望全方位了解身处之地。但以往的技术条件决定图片摄影角度有很大的局限性，如果选择角度过于宽广的鱼眼镜头又会使得自然景物严重变形，除非选用价格极为昂贵的专业宽幅相机，否则我们只好陷入无尽的懊恼之中。还好，数字技术的来临使得这些问题都迎刃而解，数码相机的接片功能以及各种各样的接片软件使得我们能够轻易将目力所及的快乐带给自己的家人和朋友。

▼▲**接片摄影** 安徽宏村拍摄的三张毫无生气和特点的图片，经过PTGui软件的接片，Photoshop软件的裁切、调色，一张充满中国传统文化的乡村全景跃入人们眼前

▲ **常见问题** 由于拍摄距离太近，镜头的畸变将建筑物扭曲变形过度，使得后期拼接遇到很大问题

▼ **大秦岭** 在黄河流域与长江流域的分水岭处，极目远眺，万物尽收眼底

□F16，1/200s，24mm，ISO:100 接片软件：Photoshop

▲ **飞驰而过的货车**　在戈壁上开车由于少有参照物体，有时会给人一种被抛弃的绝望感，偶有一辆货车的飞驰而过倒是给穹庐落日增添一些活力

□F7.1，1/1000s，18mm，ISO:800　接片软件：Photoshop

接片摄影必备常识

① 使用较小的光圈来保证具有最大的景深，同时保证所接画面在一个水平面上，这样就避免在后期制做时做过多的剪裁，而造成不必要的浪费；

② 前期拍摄使用 RAW 格式，保留原始数据，后期就可以更好地改变白平衡、色相，调整对比度、色阶及饱和度等；

③ 不要使用过于宽广的镜头拍摄，一般使用 24mm 以上的镜头。在拍摄时须将焦距固定在一点上，防止其变换焦距，以造成相邻的画面变形或景深范围不同而无法连接；

④ 使用手动模式（M）拍摄，因为在使用“自动模式”（P）挡时，曝光数据会随着取景范围光亮的变化而随时改变曝光值，多个画面会造成颜色、景深不一致，致使接片失败，而用（M）挡拍摄，可将光圈、速度设定在所拍画面的平均值，按此拍摄出来的图片在颜色和景深上都趋于一致；

⑤ 使用快门线拍摄，以防止手按快门时相机震动，使画面较虚，经不起放大。

▲ **初冬** 郎木寺初冬的清晨，一切都如此的静谧，破晓的晨光慢慢地唤醒了沉睡一晚的生灵。远处的河边升起轻柔的雾霭，跌宕起伏的山峦被笼罩上一层柔和的薄雾，将这个小镇渲染得朦胧、迷幻

□F8，1/30s，35mm，ISO:100 接片软件：Photoshop 摄影：罗斌

▼ **金光照顶** 落日余晖的金色毫无保留地洒向雄伟的折多雪山，拔地而起的山峰在此刻尽显自己最为诱人的一面。在感叹雪山壮丽的色彩之余，我们不得不惊叹大自然的鬼斧神工

□F8，1/15s，85mm，ISO:100 接片软件：Photoshop 摄影：张延青

◀ **深秋雪霁**　在拍摄接片时，更换一种观察物像的角度，你会发现一种意想不到的景象。左图如果用普通的构图手法拍摄，无法将整棵松树纳入到画面之中，如果退后拍摄又无法体现其高耸挺拔之势，这时，接片拍摄是最好的选择。前景的水面、中景的山石和笔直的松树、远景的雪山以及作为背景的蓝天，被宽广的图片全部容纳其中。除此以外，在深秋遇见纷扬大雪后万里晴空的运气也是尤为重要

□F22，1/60s，24mm，ISO:100　接片软件：Photoshop　摄影：龚凯

▶ **初冬晨起** 大自然的神奇往往在于一个崭新日子来临之前充满了无法预测的变化。初冬的清晨，寒霜和残雪在月下布满山谷，远处的阳光还未发出暖色的召唤就已经轻轻洒落在山峰之巅。湍急的溪水预示着山谷的复苏，苍郁的树丛中泛起点点苍苍的色彩。近距离的摄影角度，让我们更加身临其境地感受到，大自然宽阔的胸膛里透露过来一缕悠悠的气息

□F8，1/15s，35mm，ISO:100 接片软件：Photoshop 摄影：任建斌

8.2 细致的微观世界

8.2.1 关注细节

在拍摄风光图片时，很多人认为由于壮美山河本身具有其美妙之处，我们只要是忠实记录即可。于是用广角镜头所表现的全景式美感图片充斥着每个人的硬盘空间，当然，有很多优秀的作品带给观众一种苍凉大地鬼斧神工的震撼之感。但此种图片多依赖于景色本身的魅力、以及光线、天气等外在因素。而我们越是更多地深入生活，越能够发现一滴在树叶上缓缓滑动的晶莹剔透的露珠、一片处于微光环境下若隐若现的残雪，还有那岩石上象征生命永存的花朵的细节，才更易于摄影师表现自己对景物的独特理解，也使观众更易于把握自然风光独特的韵味。

▲ **露珠**　清晨的露珠随着荷叶轻微的摇摆而滑动着

□F2.8，1/60s，24mm，ISO:100　摄影：李小舟

▲ **冰花**　深山中冻化的流水似乎向我们诠释了时间的意义

□F4.5，1/300s，50mm，ISO:100，摄影：王恒

▶ **松叶**　雨后松叶散发出迷人的清香

□F3.2，1/100s，55mm，ISO:100

◀ **枯树的斑驳沧桑** 以近距离拍摄的方式来关注粗糙纠结的树干，将它从周围环境中抽离出来，留给观者极大的想象空间

□F5.6，1/60s，80mm，ISO:100

▼ **六字真经** 在藏区最常见的就是玛尼石

□F4.2，1/60s，480mm，ISO:100

8.2.2 表现肌理

罗丹在他的自传中曾经说："艺术家所见的自然，不同于普通人眼中的自然。"虽然很多读者认为自己离艺术家相去甚远，但那些普通的景物一旦成为被拍摄的对象，便被赋予了特别的意义，这个意义就是借景抒怀、寓情于景。而这时候，作为摄影者的审美理念和精神追求同艺术家是相通的。那么，我们现在来借助墙面的肌理来完成自己发现美的愿望。在拍摄墙面时，相机要尽量同墙面保持水平和垂直，以保证构图的严谨性，光圈在有可能的条件下缩小为F11以下，因为要拍摄细微植物的变化，必须将相机靠近墙面，太近的距离会产生过小的景深，故此，较小的光圈可以对此作为一定的补偿。

▼ **捕捉苔藓的细节** 为了在右下图中衍生一种非常特别的情调，在拍摄时，仔细观察植物的分布，最终选择这种较为单一的色调，丰富的苔藓和斑驳的肌理成为最好的载体来激发摄影者的创造。宏村湿润多雨的气候使得大多墙角长满了苔藓和攀爬植物，关注细节可使我们仔细分辨植物的轮廓、形体、色彩以及疏密的关系

□F11，1/3s，55mm，ISO:100

▲世界文化遗产宏村一角

◀▼ **变幻的影调** 世界文化遗产宏村、西递的墙面显示出其独有的魅力，当细微关注某个特定的物体时，你需要尽量近距离地观察和拍摄，这时候，凹凸斑驳的肌理及变幻多端的色彩跃入到你的眼帘，流动的影调同变幻的心情一起跳动。摄影师的任务就是吸引观众，让他们沉浸到你所讲诉的故事中去，带给他们以前所不了解的新信息，或者让他们对一个新地方产生身临其境的感受

□F32，1s，50mm，ISO:100 摄影：李小舟

8.3 慢速摄影

8.3.1 流水的瞬间

对于风光摄影来说，似乎快门速度的高低并不是非常重要，因为大地相对于相机是静止不动的。而事实恰恰相反，当你面对随风飘摇的树叶、石涧中潺潺的流水以及飘忽不定且神秘莫测的落日余晖中的云朵时，这些都会因为快门慢速设置的不同而产生多样的效果。如下图所见，曝光1/2秒时，流水像丝绸一样柔滑，但快门速度调整为1/125秒时，流水的瞬间又被相机所凝固（如左图）。

▲▼ **快门的速度** 上图为较高快门速度所记录的流水，看起来像凝固的晶体；而下图慢速拍摄使得流水形成宛如烟雾般的形貌

□上图F4，1/125s，85mm，ISO:100

□下图F22，1/2s，75mm，ISO:100

8.3.2 曝光时间

流水可以构成优美的画面，较慢的曝光速度可以使小溪的流水在图像中表现出人眼在正常条件下无法看到的效果，水的浪漫梦幻和激情澎湃在这种超时空的错乱中被表现得淋漓尽致。在拍摄流水时，曝光速度越长，水面丝滑效果越为强烈，一般来说，在拍摄流水时要保证在1秒以上的曝光时间，使动者或夸张变形或虚化位移或重叠拉长，而静者保持清晰，画面虚实相生进行，这样就可以在平淡的景色中营造出具有艺术活力的画面。

▲ **长时间曝光** 这张流水图片拍摄于秦岭公路旁，由于用2秒时间曝光，流水显现如丝绸般滑动的韵律之美

□F22，2s，24mm，ISO:100

慢速摄影技巧

因为在大太阳下，就算你将光圈缩减至最小，配合的快门速度最慢也要1/30秒曝光。想要捕捉流水完全模糊的画面，这样的速度是不够慢的。所以，在慢速摄影时，我们一般要选择多云蔽日的晴天或阴天，也可以选择清晨和傍晚等较暗的环境。如果光线太强，则必须使用减光镜，这种滤镜可消减抵达感光胶片或CCD的光亮（其中最合适的镜片浓度为2.0）。值得注意的是，要将数码相机设置最低感光度，从而保证使用慢速而又不至于曝光过度。当然最重要的是，要把你的相机固定在三脚架上，并且使用快门线，以保证画面中静止的物体足够清晰。

◀ **树荫下拍摄** 香格里拉灿烂的阳光使快门速度无法降低，最终，我找到了一个背光的并且周围全是树林的小溪，才得以降低快门速度到1秒

□F22，1s，24mm，ISO:100

▲**四姑娘山的山涧**　清晨是拍摄流水的最佳时期，一来可以使用较慢的速度曝光，二来可以获得幽青的蓝调

□F25，1/2s，50mm，ISO:100

▲ **如丝的流水** 寂静的雪色构成一幅动静有序的画面

□F25，1/2s，50mm，ISO:100

8.4 冬日的寂静

▲ **晨雪**　郎木寺雪后的清晨，画面色调统一，雪色让所有的景色变得更加柔和

□F22，1/60s，80mm，ISO:100

▶ **冬季的蓝色色调**　新雪的表面很容易反映环境的颜色，如果天空是蓝色，阴影也一定呈现相同的颜色

□F3.5，1/250s，80mm，ISO:100

▶ **五月飞雪**　由于海拔较高的原因，五月初，漫天大雪

□F11，1/125s，55mm，ISO:100

测光技巧

因为人的肤色的灰度接近18%灰度，因此在使用傻瓜相机或是没有手动装置的普通数码相机时，可将相机对准皮肤测光，然后半按快门不松手，再将相机对雪景进行构图拍摄。

8.4.1 洁白雪色

在拍摄雪景时，如果碰上苍茫大雪后的满天晴日是再好不过的，要是还可以赶上清晨的光线那就更好了。在阳光下，运用侧光和侧逆光，最能表现雪景的明暗层次，影调也富有变化，我们尽可释放快门以使美妙的瞬间成为永恒。当然除了运气以外，正确曝光是拍摄雪景照片成败的关键。在一片白色冬雪中，无论是用相机内置测光系统还是用高端手持式测光表进行测光，根据显示的数据拍摄雪景，一般都曝光不足1～2挡，这是因为测光表所显示的数据是综合场景中高光部分、中间色调、阴影部分的平均光值，也就是18%的灰度色。这在多数情况下是可行的，但在雪景中，占画面绝大多数的白色使测光结果和实际情况相差甚远。在这种情况下，可使用曝光补偿，酌情增加1～2挡曝光量，这样拍出来的雪色才会显得洁白。

▲ **中性色调**　塔公寺的拍摄，运用的是正常曝光，由于天空大面积灰色的云层，最终使得画面达到了作者所要求“雪压冬云白絮飞”的效果

□F14，1/320s，28mm，ISO:100　摄影：袁柳

▼ **温和的雪景**　九寨沟的深秋早早就银装素裹，整个景致呈现出相同的色调和质感

□F18，1/125s，18mm，ISO:100　摄影：徐欢欢

拍摄雪景技巧

在前期拍摄雪景时，要考虑到后期调整的余地。由于数码相机固定影像的宽容度特别窄，如果曝光过度后是无法将图像调整至正常的，但是如果曝光不足1~2挡，通过后期图像处理软件是可以调整过来的。所以，在拍摄雪景时，宁欠勿过。

8.4.2 幽暗雪色

当然，如果是遇见雪景一律是曝光过度，我们一定会为自己的愚蠢行为而悔恨不已。因为我们所用负片胶卷的宽容度是-3～+2，也就是在拍摄时最多可以欠3挡和过2挡曝光，雪地一旦过曝就会失去质感和层次。而数码相机的CCD在宽容度曝光过度方面要劣于胶片，曝光过度会使质感和层次荡然无存。所以在拍摄时要灵活运用，如果你想要表现冬日中幽暗深远的、冷调的、寂静的世界，那尽可以将相机的测光模式调整至曝光不足1～2挡，甚至更多。

在降雪时，大地之上所有的色彩都被统一为一体，有其在光线柔和的天气，能见度较低，我们所拍摄的画面影调就会缺乏层次，所以，拍摄雪景要充分利用挂满冰凌的树枝、有变化的灌木、篱笆墙、小溪等作为前景，以提高雪景的丰富性和纵深感。

拍摄雪景时，平正的顺光或垂直照射的顶光会使景物失去立体感。为了表现雪景的明暗层次及质感，选用逆光或后侧光拍摄时比较适宜的。同时，因为没有被雪所覆盖的其他景物会因此变得色调过重，为了使白雪和其他色调的物体都能够有丰富的层次感，最好选择在柔和的阳光下拍摄。

影调对比 下图曝光不足2挡的雪色图片，再现了心中所理解的冷溢暗调的雪景，使得作为藏传佛教圣物的白塔彰显出尤为神圣的一面，幽暗的蓝色调使得再喧嚣的尘世在此刻变得万籁俱静，深邃的冷色将原本缺乏层次的白雪变得厚重并具体积感，具用极大压迫感的黑色增强了画面的神秘气氛；而右图是一张按正常要求曝光过度1挡的图片，看到显示屏的影像多少会使我们感到几分沮丧，因为它过于平淡

□右图F14光圈优先，24mm，ISO:100，曝光补偿：+1

□下图F14光圈优先，24mm，ISO:100，曝光补偿：-2.7

8.5 秋色喧嚣

▲ **强烈对比**　骄阳一览无余地洒在大地上，以明亮的天空为背景拍下的黄叶显现出秋天的本色，当雪山的白色、天空的蔚蓝和苍松的金色绘就出一幅美丽的图画，我不得不为大自然的物象之美而感动

□F5.6，1/320s，80mm，ISO:100　摄影：卢瑾

8.5.1 以天空为背景

记忆中的风景，处处都是令人悸动的色彩。春天的清晨，我们想到的是吐露出嫩绿色新芽的柳枝；夏日的落日，那暖色调的深红、橙红、玫瑰红、朱红是最让人心动的；这些巧妙独特的色彩，往往最能勾起人们记忆中的风景。

金色的繁华、色彩斑斓的浓烈颜色，是我们在拍摄秋景时所着力表现的色彩标志，当这种鲜艳浓郁的黄色与蓝天相配，画面色彩绚丽程度也就达到了极限，这时候的秋景就更加惹人喜爱了。

▲ **一片树叶**　“霜重色愈浓”的一片树叶正像秋天最后的徽记一样，让人惦念不已

□F46，1/500s，85mm，ISO:100

▶ **艳丽秋色**　每逢深秋，霜寒降临，四川米亚罗的桦树、青杠、枫树、花楸、白杨、沙棘及海棠等千树万树从五彩斑斓过渡到层林尽染、万山红遍

□F6.3，1/250s，24mm，ISO:100

8.5.2 落叶的生命

在我被秋天丰富色彩所感染的同时，也会因落叶的消逝而感伤。秋风中当有一片在空中打着旋、滑动着最后力气的枯叶凋零落下时，就象生命尽头的蝴蝶一般的坠下，当它跳着最后的舞蹈心有不甘地趁着风势飞了起来又滑落在岩石上、树丛中，我猜想，那是它生命中再一次的灿烂。小小的落叶，它告诉我们冬天的脚步声越来越清晰。

▲ **色彩对比** 在秋风凄凄，百花凋蔽之时，没有烂漫的美景，只有一片树叶静静地躺在岩缝之中，似乎在诉说着什么

□F9，1/80s，70mm， ISO:100 摄影：张延青

▲ **露珠** 在落木萧萧、寒蝉凄切的秋天里，清晨的朝露为伏在地上的落叶披上一丝丝潮湿和油润，象征生命的水珠仿佛是让即将消损的树叶展示最后的绚丽

□F6.3，1/500s，85mm， ISO:100

▲ **枯黄的落叶** 秋风中的一枚落叶就这样融入缤纷的色彩中，翠绿的小草孕育着再一次的生命

□F5，1/80s，85mm， ISO:100

8.6 落日与朝霞

落日与朝霞的拍摄，最主要是时机的掌握。多数人喜欢拍摄晚霞，是因为太阳西沉的速度一般比较慢，可以有充分的时间去进行选景和构图。除此以外的另外一个原因，就是少了在清晨冷涩的黑暗中等待日出的辛苦。拍摄晚霞落日，一般是以天空亮度适中的部位作为曝光的依据，多数情况下，对云的亮部测光是一个不错的选择。这时候，前景会曝光不足，画面上呈剪影状，如果你希望前景有一定的层次，就以画面的平均亮度值的曝光为准，这时候云霞会稍微曝光过度一些，不过，晚霞的层次非常丰富，即使稍微曝光过度，也仍然会出现丰富的影调。 在取景时，应选择富有表现力的景物和云霞组成完美的画面，如在水面、建筑物、植物等景物中提炼出与画面语言统一的线条、色彩、造型，以使画面具有更多的信息。

▼ 从左到右依次为：甘南尕海、新疆戈壁、秦岭太白、黄河湿地、甘南白塔、曲江远眺

▶ **高调** 用逆光拍摄朝霞、晚霞，也可以造就前景和背景同样明亮的高调图片。这种特殊的表现意图最终物化成画面也就形成了别具个性的摄影作品

□F4.8，1/90s，85mm，ISO:100

▶ **剪影的表现** 尽管落日的色彩显示出彩霞满天的效果，但是前景城墙的剪影，对画面中主题思想的表现却起着非常重要的作用

□F11，1/200s，100mm，ISO:320

摄影：彭敏

▼ **落日余晖** 村舍、山体和霞云在落日中显现出天地灵气

□F4.5，1/55s，100mm，ISO:100

8.7 烟雾的利用

8.7.1 自然景色的云雾

遇到烟霭和浓雾之时，也许你会认为这会妨碍摄影工作，但是如果你懂得善加利用，它们不但不会妨碍你的拍摄，还会替平淡无生气的画面增添烟雾迷蒙的神奇感。微微的薄雾可以增加画面的气氛，尤其当雾气凝聚在低洼的谷地，效果更为显著。但是要切记，雾气停留的时间很短，太阳升起的时候，阳光会在瞬间将晨雾一扫而光。

雾实际上是自然界中大量水气的凝结而成的，这些弥漫于空中的细微水珠可以营造出引人无限遐想的画面，如浓雾飘浮中的群山、薄雾及炊烟萦绕的山村。然而无论是大雾浓重还是薄雾缥缈，它们都和雪景一样容易扰乱你的测光表。因为当阳光遇见这些水珠，强烈的直射光会变成漫射光，雾的亮度是正常景物的1～2倍。拍摄中，要针对不同的情况，增加一定比例的曝光量。

◀**雾中的图形**　当阳光初射时，雾便迅速地蒸腾，这是拍摄雾景的最好时机。清晨的雾，一般会局部性地集中在山谷之中，我们可以利用这种特性制造一个丰富层次的画面

□左图F4，1/800s，100mm，ISO:100　摄影：赵高翔

□右图F4，1/400s，70mm，ISO:100　摄影：赵高翔

◀**手动曝光**　云雾缭绕会误导相机内置的测光表，导致曝光不足，所以拍摄时要用手动操作的办法加以更改曝光数值

□F8，1/250s，80mm，ISO:100　摄影：卢瑾

晨雾 低低的雾气，增加了景物的纵深感，而未被雾完全笼罩的树木若隐若现在云雾涌动的山坡，受阳光照耀下的部分景物又有很强的立体感。晴朗的天空与近处云雾遮挡产生的暗调产生强烈的对比

□F4，1/400s，70mm，ISO:100 摄影：赵高翔

8.7.2 自然景色中的人造烟雾

在清晨拍摄由水汽产生的烟雾时，人造的炊烟在此时也起到了点睛的作用。由于燃烧木材生成的炊烟较为浓重，反射的太阳光线也很强烈，使得画面光比小、反差低的朦胧雾中产生视觉的趣味中心。并进一步改变图像的明暗反差和色彩饱和。一般来说，在拍摄炊烟时，宜选择逆光或者侧逆光的角度拍摄，使烟雾变成美丽的光雾。大凡此时的背景是一片暗色，可更好地突出了白色烟雾，如果光照强烈，你可以对亮部测光，而让其他景物变为剪影，形成另外一种美妙的效果。

◀ **袅袅炊烟** 太阳光线照射在秋天的红叶上，光彩夺目，山中特有的雾气也消失在暖色的阳光之中，幸好，村中的人造烟雾缓缓掠过

□F13，1/60s，70mm，ISO:105 摄影：袁柳

◀ **烟雾的氛围** 左面两张是在同一地方的不同天气下拍摄的，很显然晴天拍摄的画面虽然曝光准确，但一览无遗的场景缺乏节奏和氛围

□F9，1/125s，45mm，ISO:100

□F10，1/200s，54mm，ISO:100

▶ **灰色的统一** 烟雾使得画面色彩呈现出灰调的统一，中景黄金分割处一位转经信徒适时的出现，使普通画面中增加了许多生动的灵气

□F8，1/500s，620mm，ISO:100

▼ **缭绕的炊烟** 雾气过滤掉不必要的杂乱背景，炊烟强烈的光感增强了景物的影调透视变化，从而使画面的空间感和纵深感的表现更具艺术魅力

□F16，1/125s，62mm，ISO:100

◀▲ **晨光下的炊烟** 初春的阳光匆匆洒在屋檐及烟雾之上，层峦叠嶂的远山发生着戏剧性的变化时，要敏捷地将相机放在自动模式下，并用曝光补偿增减曝光量，用包围摄影的方法连续拍摄，以免机会瞬间即失。因为光线瞬息万变，所以很难有更多的时间做比较慎重的处理。右上图阳光还未出现前景的村落，清冷的画面上缺乏层次感，右下图拍摄时，阳光普照大地，烟雾逐渐散去，神秘感和丰富的影调随即消逝，此时距左图拍摄仅仅过去了7分钟

□F11，1/60s，85mm，ISO:100

▲ 想要拍摄出一张美伦美幻的水乡风景并不需要过于复杂的条件，关键在于选好拍摄角度，同时利用三脚架仔细构图，并避开影响画面的杂乱景物，借助取景框构思画面的最终效果。在这幅作品里，选择了宽幅构图，将月沼周边的民居尽可能容纳到画面之中，傍晚的徽州古村落散发着梦幻一般的色彩，天际漂浮着色彩斑斓的晚霞。由于天空中明亮的云彩和处于阴影中的建筑物亮度反差较大，我们需要将曝光量进行一定程度的减少，以保证将天空中的晚霞和徽州民居的沧桑同时展现在画面之中

□摄影：李小舟

8.8 水中倒影

流动的、无常态的水，包含着很多哲学思想，水中变化莫测的倒影更是很多文人墨客所喜欢。由于各地的天气状况千差万别以及水环境的不同，使我们常常看到湖边、池塘旁、河畔，楼台亭榭，处处都是水趣盎然的涟涟倒影，在波光潋滟、美妙绝伦的水世界，有着现实生活中无法表现的幻像世界。清风徐来、水波粼粼而动，图片中的色彩、构图、影调由此而生。

▼ **水中即景** 安徽宏村的湖水清澈见底，平静的湖面衬托出石阶的古老，民居建筑倒映于湖面，天光水色，融为一体

□F5，1/1250s，17mm，ISO:100

▲ **锦鲤水趣** 在峨眉山万年寺的水塘中，无风的时候,水平如镜

□F3.5，1/125s，48mm，ISO640

▼ **西湖落日** 碧波荡漾的湖水将落日的倒影剪散抛开来，暖调的湖光山色编织出一幅美丽的画卷

□F10，1/200s，50mm，ISO:200

Chapter 09

分类摄影

9.1 儿童摄影

▲ **集市的孩子** 在农村集市中表演秦腔的孩子更乐意配合你友善的镜头

□F5.6，1/125s，24mm，ISO:200 摄影：罗斌

拍摄儿童肖像的基本方法，就是采取一个非正式的拍摄形式。所谓的正式，是选取三脚架在专业灯光房，或者是某种特定要求的场所，构图、光线以至服装道具等，都是事先考虑好的，被摄对象往往是成年人，经过说明后是决不会跑离镜头的范围。但是在拍摄儿童的时候，存在着许多不确定性，所以我们要抛弃三脚架，手持相机拍摄以应对儿童的多变性。拍摄时，建议选用长镜头、高感光度模式和较高的快门速度。

在给孩子拍摄时，需要注意的是多沟通和交流，孩子们自然流露的笑容正是来源自于这种交流后的信任，同时要依照他们的角度蹲下拍照以尽量消除他们的拘束感。总的来说，儿童是较喜欢接受拍照的，他们总是充满好奇，所以最好让他们看看相机的显示屏，了解你在做什么。

▲ **好奇的儿童** 拍摄儿童，有时不用刻意寻找，我们时常是在拍摄其他题材的图片时，他们会由于强烈的好奇，主动冲向你的镜头

□F3.5，1/1000s，26mm，ISO:800

▲ **专注的眼神** 幼儿的眼神总是很专注的，不用到专业的影楼，他日常的神态已经足够吸引我们了

□F5.6，1/250s，50mm，ISO:400 摄影：罗斌

▲ **色彩搭配** 在色彩搭配和光线运用上，拍摄儿童和成人之间没有本质的区别，红色的上衣、可人的面容和金黄的油菜花在此时都被灿烂的阳光映衬得更加动人

□F3.5，1/1000s，26mm，ISO:800 摄影：陈少平

▲ **躲藏起来** 尽管在旅游区的孩子们已经见过了太多的摄影者，但当你将镜头面对他们时，孩子们的第一反应还是躲藏起来。这时候，只要你稍微坚持5分钟，不用你的太多语言，他们的天性会很快忘记你是陌生人

□F2.8，1/100s，55mm，ISO:100

▼ **集体肖像** 较为开朗些的孩子会自发摆出各种姿势，在镜头前尽情地表演

□F3.3，1/200s，28mm，ISO:100

▼ **动感** 这个邻居家的男孩，看到相机，马上在我的周围飞奔起来，为了增加动感，我选用较低的快门速度进行追随拍摄

□F4.5，1/25s，24mm，ISO:800

▲▼ **游戏的孩子** 理想的儿童照片来自于孩子的游戏，他们的注意力有限，很快会忘记你的存在，转而投入自己的游戏，这一刻就是你抓拍的最好时机。但是也有精力极为旺盛的孩子会用很长时间来同你周旋，尽管你说尽好话他也绝不会屈从你的调遣，哪怕只有2秒钟。这时候，你也需要有足够的耐心，在连续同他做些躲藏游戏的同时按动快门，因为孩子往往会在自己特别喜爱的活动中突然透露出最好的表情。图中是在甘南拉卜楞寺遇见的孩子，在拍摄第一张照片时还算沉着，但当发现我在拍摄时，突然间变的兴奋无比

□ F4，1/160s，85mm，ISO:200

▲▼ **自然流露** 不用告诉孩子，他摆出什么特别的姿势表情会更有趣，孩子往往会在消除戒心后自我发挥。在拍摄下面几张图片时，由于面对陌生镜头的恐惧感，所以在动态和表情上显得过于拘泥。这时候我们应具备最重要的职业性格就是耐心，你越是和孩子亲密无间，就越有可能得到他们的支持和合作，拍摄效果也就越好。终于，在观看相机显示屏并经过友好的交流后，孩子们天真快乐的一面很自然地流露在镜头前面，这就是拍摄出充满感动的精彩儿童照片的关键所在。现在需要我们做的就是抱着一颗对于艺术追求的真挚的心，并结合第4章中曾经提到的近距离摄影方式进行拍摄

□ F2.8，1/160s，17mm，ISO:200

9.2 花卉摄影

在摄影艺术中，花卉摄影由于它独特的魅力，已经成为专业摄影中一个重要的门类，就像爱情和生命是文学创作的永恒主题一样，娇艳的花卉也是摄影爱好者永恒的主题。花卉摄影相对于人像、风光等摄影有很多迥异之处，在技法表现上也有很多特殊的要求，比如在构图、用光、视角、色彩表现等都要适合其特殊的要求和效果。同时，因为花卉具有体积娇小的特点，也就需要更多地使用近距离拍摄手段，因此，一个可以进行微距拍摄的镜头是必不可少的。

那么，一幅优秀的花卉图片，应该使用哪些手法进行拍摄呢？成语“因地制宜”在这里就是个最好的回答。正是花有百态摄无常律，在镜头前多样的花朵有着不同的生长环境，也就使得我们面临着不同的拍摄条件。同时，花朵婀娜多姿的身影和变化万千的艳丽色彩，迷幻着我们的双眼。这就要求我们勤观察、多思考，要发现不同花卉的魅力所在，从而为正式拍摄打下良好的基础。未经细心的观察，就难以造就花卉摄影佳作，下面就“虚实对比控制构图、变换视角控制构图、用光线描绘花朵、近距离拍摄花卉”这四个方面进行详尽说明。

▲ **对比**　左图娇艳的花朵与蓝天的对比，使得花朵更显灿烂，较近的拍摄距离拉开了花朵与环境的层次变化；右图建筑物的阴影和花朵的亮黄色形成鲜明的对比

□两图均为 F4.8，1/1000s，35mm，ISO:100

9.2.1 用虚实对比控制构图

花卉拍摄中最重要的就是虚实关系了，它是构图中一个较为特殊的表现手段。图像中对比的语言是画面成功地关键因素，合理地运用虚实对比，可以突出主题并渲染艺术氛围。技法要求实的聚焦必须主体清晰、逼真；而虚焦是要去掉影响主题的不必要的景物。那如何产生虚实对比的艺术效果呢？现在我们可以回忆一下以前学习处理景深通常使用的方法，最近距离拍摄、最大光圈设定和最长焦距镜头这三点都是我们拍摄最小景深所必备的条件，也是花卉画面构图所必备的。

▶ **虚实相间的花朵** 右图用最大的光圈将背景完全模糊，焦点准确地落在花蕊，虚实相间的影调很好的控制了具有强烈色彩对比的构图。如右1图

□F4，1/400s，70mm，ISO: 200

▶ **有体积感的花束** 虚实关系的控制是有度的。针对一束花朵，就不能一味地追求过小的景深，画面构图也可以稍适宽松一些。如右2图

□F8，1/250s，56mm，ISO: 200

▼ **有序的郁金香** 尽量小的景深使得纷纶的场景变得井然有序

□F2.8，1/400s，200mm，ISO: 400

摄影：赵高翔

1

2

9.2.2　变换视角控制构图

变换视角是指拍摄时多尝试相机与花卉两点之间在直线、平视线或垂直线所构成的角度。因为被摄景物都是存在于三维空间中的，所以相机放置的空间位置、角度稍有不同，照片的效果就可能大相径庭。相机空间位置由相机与拍摄对象的距离、拍摄方向、拍摄高度三个因素决定，不同的空间位置决定了多样的花卉表现形式，不同的摄影角度，也会对构图发生很大的影响。故此，拍摄花卉第一步就是选择最佳拍摄视角，所谓“差之毫厘，谬以千里”，在拍摄时要仔细观察景物，并不惜时间与精力进行多种视角的尝试，做到有所突破、有所创新。

◀ **俯身拍摄的野花**　较小的景深有效的虚化了背景杂乱的草丛，俯身拍摄的角度获得前景清晰的焦点。小花的柠檬黄、草甸的翠绿和天空的湖蓝色在此遥相呼应，强烈的顶光造就的影调层次和色彩对比，打破了普通角度观察下的平淡无味,使画面平添许多的视觉乐趣

□F4，1/800s，55mm，ISO:100

▲ **普通视角**　这种视角观察下的花卉尽管显得多样和丰富，但是画面显得凌乱，缺乏主体的表现

▲ **仰视**　拍摄角度过高，花朵之间缺乏联系，层次混乱

▲ **平视**　画面拍摄角度选择为平视，因为缺少天空作为背景，画面单调、缺乏层次，没有对比和反差

9.2.3 用光线描绘花朵

现场光拍摄的光线是复杂多变的，灵活运用好光线，是摄影造型语言中的重要技法之一，它可以突出地表现花卉的色彩、肌理、层次和形态。阳光在一天中的变化是极为丰富的，用自然光拍摄花卉时，日出后两小时内的光照度是较为理想的选择，因为此时花卉吸收了一夜的营养，显得色泽鲜艳，质地娇嫩，而光线也使得花卉色彩清晰、层次分明、影调适中。当然，实际上一天中任何光线下都可以拍出美丽花卉的图片的，这需要你采取多样的手法来应对不同时间的光线。

▶ **柔美的杜鹃花** 虽然身落小溪之中，高山杜鹃还是绽放着自己雪白的身姿，小溪边柔美的光线赋予了她新的生命

□F2.8，1/800s，55mm，ISO: 200

▲ **逆光中的水仙** 中午，一缕冬季温暖的光线洒在书桌的水仙花上，逆光使得花瓣的纹理清晰可见。暗调的背景衬托出谦谦君子般的花容水貌

□F5.6，1/125s，55mm，ISO: 200

▲ **暖调的花蕊** 落日暖色的光线恰巧射在红色的花蕊上，格外娇嫩、迷人

□F7.1，1/250s，85mm，ISO: 200 摄影：刘鹏涛

▲ **阴影处的荷花** 夏天总是烈日当头，拍摄荷花时可以选择暗面，用那种透露出鲜亮的光彩来表现它的清廉和高贵

□F3.2，1/1000s，200mm，ISO: 200 摄影：赵高翔

9.2.4 近距离拍摄花卉的魅力

近距离拍摄，也是花卉摄影的必备技法之一。与花卉保持较近的距离，就能更加细致地观察，也就容易拍出较好的图片。从构图上讲，越近距离拍摄，画面越饱满。从技法上讲，近距离进行拍摄，它能使被摄主体的聚焦距离更近一些，成像更大一些；从影像来说，越近拍摄，画面越具有抽象的艺术语言。

▲ **微距下的花卉** 近距离观察的花朵总是这样的妩媚

□F4.5，1/250s，70mm，ISO: 100

▲ **抽象** 完全抽象的花朵，引起无限的联想

□F2.8，1/125s，90mm，ISO: 100

▼ **暗调的百合** 深邃幽暗的花朵中，有着很多未知的景象需要我们用镜头去探明。这朵百合花中多变的影调似乎正孕育着新的生命

□F8，1/125s，90mm，ISO: 100

9.3 动物摄影

动物摄影是长期以来一直吸引着摄影者的一个较好的题材。拍摄成功的动物照片，除了运气之外，更重要的是对动物习性的了解以及足够的耐心和坚持不懈的精神。随着环境的改善，我们与动物之间有了更频繁、更密切的接触。就算野生动物也能偶尔遇见，但它们对人类也总是抱着小心谨慎的态度。如果你有长焦镜头，这时候可以使你在安全的远距离对被摄体进行拍摄。要注意的是，选用较高的感光度以获得较高的快门速度，并使用较小光圈以产生必要的景深。

对于大多数摄影来说，被当作宠物的猫狗以及其他家畜是最现成的被摄对象了。因为它们对人戒心较少，所以你就能在靠得很近的距离，用较短的镜头进行拍摄。此时，应想办法拍摄表现宠物脸部表情的肖像照。需牢记的是，拍摄动物时更要关注它们的周边环境，有明确环境的动物图片会让我们加深对它们的了解。

警惕的公牛 尽管家畜和我们友好相处了很多年，但是当你面对一头陌生的公牛时，还是要特别的小心谨慎

□F2.8，1/125s，26mm，ISO: 400

▲ **寒鸭戏水** 在西安大唐芙蓉园中觅食的水鸭

□F3.2，1/50s，26mm，ISO: 1600

▼ **草原骏马** 棕色的骏马，见到我的来临，紧张的摆着尾巴

□F9，1/320s，40mm，ISO: 400

喜静的蟾赊　蟾赊为水陆两栖动物，由于白天活动较少，所以在野外难得碰见，好在阴雨天时，它活动较为频繁，我可以一睹尊容。蟾蜍喜静，怕惊扰，当发现我接近它时，就保持静止不动的状态，任凭我使用闪光灯近距离拍摄长达5分钟，当我将相机稍微离远一些，它才抓紧时机连蹦带跳地消失在草丛中

□F4，1/125s，66mm，ISO: 800

◀ **从容的蜥蜴** 热带盛产的野生蜥蜴在我的镜头前并没有表现出太多的惊慌（左图）

□F4，1/320s，85mm，ISO: 400

◀ **发怒的金雕** 虽然卡纳斯的金雕早已经习惯了太多的游人，但面对过于靠近的相机还是竖起了羽毛，以示威严（右图）

□F11，1/125s，34mm，ISO: 200

◀ **胆小的山羊** 两只幼小的山羊无意间闯进画面，由于害怕，它们站在石像头部驻足不前，对于牧羊人的召唤也是置之不理（左图）

□F5.6，1/250s，22mm，ISO: 400

◀ **优美的黑天鹅** 黑天鹅优雅闲趣的身姿以及上天赐与她的颜色简直是迷人极了，以前一直都知道红黑色彩搭配是许多设计师的首选，见到黑天鹅后才知道这是来源于仿生学的基本知识（右图）

□F4，1/20s，85mm，ISO: 400

◀ **喜上屋檐** 在山里，天天都是喜鹊报晓，清脆的歌声与纯净的天空还有洁白的石檐形成极为和谐的画面（左图）

□F4，1/1000s，85mm，ISO:100

◀ **安静的猫咪** 小猫决不会介意相机的存在，所以在拍摄时你可以尽量近的拍摄。但也切不要忘记将玉米作为画面的前景，来提示小猫所处的环境，以增强图片的可读信息（右图）

□F7.6，1/400s，34mm，ISO: 100

9.4 建筑摄影

建筑摄影是属于较为典型的应用类，也是职业摄影中重要的一环。因为建筑摄影在多数情况下要适合广告主、出版界、学术界、建筑师等多方面的要求，因此建筑摄影更多的是倾向于它的实用价值，而较少的抒发个人情趣。这就要求我们尽力用二维空间的照片完美地去传播三维空间中建筑师的心灵和思想，因而建筑摄影家更须具备建筑艺术上一些学识和审美的眼力。

9.4.1 普通调整畸变

由于镜头产生的畸变，拍摄建筑物时都会遇见近大远小的透视问题，为了消除这种变形，无论是使用专业相机、还是普通相机，调整相机的水平及垂直以及保持相机与建筑物的一定距离，可以有效地还原建筑中多变的线条及复杂的构成。

但是这种方法仅仅适合较低的建筑物，如果针对现代城市中的高楼，或在拍摄中由于前景杂物过多和特殊的地理位置而导致无法退后拍摄时，就需要选用专业相机和镜头进行拍摄。

▲ **幽静小巷** 小巷中，垂直线与多种透视线交叉纵横，无声的线条之中透露的是生活的宁静

□F22，1/15s，35mm，ISO:200

▼ **阳光下小屋** 在灿烂的阳光下拍摄建筑，摄影师尽可以将相机调整到全自动的模式，这就让我们有更多的精力来考虑垂直和水平的问题了

□F22，1/125s，24mm，ISO:100 摄影：冯灵艳

9.4.2 专业调整水平及垂直

移轴镜头可以有效地调整较高建筑物的水平及垂直。除此以外，具有4×5in以上的底片或具有更大分辨率的数码后背的大画幅相机，除其特性是具有更大的底片和更为清晰的图像外，它还有一个主要的功能就是拍摄建筑，因为其镜头平面与成像平面的光轴可任意改变位置和角度，从而解决建筑在普通相机前所产生的透视变形问题，因此，大画幅相机能够更好地满足真实还原建筑造型的拍摄效果。此外，大画幅相机可将前景与后景都采用大景深控制，使其保证全部清晰也是建筑摄影中常用的技法。

▲ **建筑物拍摄常见问题** 左图建筑物产生严重的畸变无法达到客户的基本要求。右图大楼虽然没有变形，但由于相机同与被摄景物的视角过小，使得建筑物缺乏了其本身所具有的雄伟气势

◀ **建筑物的气势** 可以保证建筑物垂直的专业相机及镜头，同时可以很好地控制景深。最主要的是，它可以很好地表达建筑物的挺拔的姿态

□F45，1/5s，50mm，ISO:100

9.4.3 近距离透视拍摄

我们前面说了，大凡拍摄建筑物要保证水平及垂直，但是，针对一些特殊的建筑物，也可以尽量靠近并用广角拍摄，用近大远小的透视感来增强它的雄伟气势，而不必拘泥于某些特定的法则，以做到活学活用。

建筑摄影技法

1. 尽量在晴天并有阳光的清晨拍摄，一来可以拍出建筑物的体积感，二来可以避免过多的人物出现影响画面效果。

2. 在绝大多数的情况之下，尽量使用较小光圈以确保建筑前后景物同样的清晰；选用稳固的三脚架和快门线来保证高素质的画面。

3. 在镜头前添加偏光滤镜，可以加深天空的颜色。

4. 如果画面中天空所占比率极大，而建筑物本身颜色深度与天空相差不大时，可向天空测光。

▲ **碉楼** 经历数百年的碉楼，虽已经失去了自己的实用功能，却保留了沧桑的痕迹

□F6.3，1/160s，24mm，ISO:100

▲ **近距离拍摄** 近距离拍摄更加显示出建筑物巍然屹立的视觉效果

□F16，1/200s，17mm，ISO:200

◀ **恢宏的建筑** 建筑物高大的屋脊和仿唐式简洁的斗拱，枋柱以及椽子的线条张显出建筑物的力量美感，夸张透视的线条形成独特的构图语言

□F4.5，1/50s，18mm，ISO: 1600

9.4.4 环绕同一建筑物拍摄

无论是任何一个被拍摄的建筑主体，永远不要满足用一个角度和一种光线进行拍摄。在不同的季节和用多种视角观察一下的景物，就会发掘一种别样的气氛和另类的情调。

▲ **春天的樱花** 樱花下映衬的教学楼

□F11，1/125s，23mm，ISO:100 摄影：罗斌

拍摄此类图片所需要的建筑物本身不需要很华丽，也不需要它具有何种纪念意义，它只要是你能够经常见到的一栋普通的建筑即可，你所需要做的就是配合建筑物的环境营造多样的氛围。

▲ **利用水景** 喷水池在早上显得格外宁静，朝霞一缕阳光射在建筑物上，暖暖的

□F6.3，1/100s，45mm，ISO:100

▲ **冬日雪景** 阴霾的雪景将所有色彩统一为蓝灰色，建筑物完全融入在环境之中

□F10，1/125s，35mm，ISO:100

▲ **关注前景** 要善用有特色的前景，初春绽放的黄色花朵，让整个画面产生一种舒爽清新的空间感

摄影：罗斌

摄影：罗斌

摄影：罗斌

摄影：张少乾

摄影：罗斌

9.4.5 建筑细部拍摄

多数的建筑物，由于不同的功能性，都具有在不同角度、不同表面、不同视点，给我们展现不同姿态的特点。当你仔细观察被拍摄的建筑物时，就会发现建筑物本身无论雄伟、高耸，还是流畅、优雅，或者自然、协调的信息，最终都被建筑物所呈现出来的细节特性所传达。因此，在拍摄时，除了要用相机表现建筑独到的艺术境界外,很重要的一个方面就是关注其细节及技术设计所体现的严谨和精致。

◀ **门锁系列** 门锁并非迷人的工艺品，但是配合阳光所带来的暖色和它本身所呈现的方式，画面蕴藏着另外一种力量，那些有趣的裂纹还有几易其位的门鼻都充满了饱经风霜的意味

摄影：屠玲颖

▼ **藏寨白石** 四川西部嘉绒藏族每座建筑物的顶部四角必有用白色刷抹的石质物，顶部供奉一块白石，每当春祈、秋报，或者年节祭祖时，村民都要对白石祭祖。一来通过模仿雪山造型，希望得到山神的庇护，二来象征安宁和纯净，并渴望可以依此而通灵天地，保佑平安

◀ **澳门酒店** 澳门的酒店多以赌博为业，因此建筑内部装饰到处弥漫的是洛可可式的纤巧烦琐与华贵的矫饰。虽然酒店内部的光线对于普通照明已经非常充裕，但是在拍摄时，我还是不得不将感光度尽可能调高一些，以获得相对较高的快门速度

□左图：F4.5，1/40s，17mm，ISO:800

□下图：F4，1/60s，55mm，ISO:1600

▲ **香妃墓柱式**　香妃墓坐落在喀什东郊的阿帕霍加墓内，拍摄之前了解到香妃墓柱式在建筑史上是一个独特的符号。经导游指点，在建筑群中的高清真寺、加满清真寺和讲经堂找到了这些装饰精美的柱式。这些汲取了东西方装饰艺术精华所在的柱式装饰纹样，是根据维吾尔民族生活、生产的需要而制作的，其中纹样装饰具有很强的象征意义

□以上五图均为：F8，1/250s，23mm，ISO:400

▲ **飞虹塔**　位于山西省洪洞县广胜寺的飞虹塔，是一座始建于汉重修于明正德十四年的奇伟精致的琉璃塔，琉璃塔除表面镶嵌着形式多样的艺术形象外，其内部也是穷极工巧、绝不雷同。在拍摄外部结构时，由于塔身较高，无法近距离拍摄细节。但是当进入塔身就会发现那些威武雄壮的力士、云烟萦绕的楼阁等浮雕悬塑，离相机近在咫尺。一尊尊毫丝不苟、美仑美奂的塑像似乎在向你诉说着古老的故事

□以上三图均为：F3.2，1/15s，35mm，ISO:800

9.5 静物摄影

摄影最常说的就是“瞬间”，讲的是在某个时刻来临之时的快速反应。但是，拍摄静物更多是需要一份观察的耐心以及对画面构图和用光的理解，并凭借静物去传达对造型、色彩、影调、质感和肌理的想象。静物可以是经过精心布置的一个或一组实物，也可以是自然存在于你周围的物体。它们共同的特点是无生命的，所以你要对它们重新组合并利用光线和构图赋予静物生命。静物的生命体现是我们在有意无意地安排一个或一群物体，并将它们组成宜人的画面。静物的拍摄实际上不是技术本身，重要的是寻找和发现静物，这些物体可能散落在世界各个无声的角落，找到它，并赋予它新的阐释，是我们此节的任务。

▲ **烛光** 彩色玻璃杯中隐隐的烛光

□F20，1/125s，34mm，ISO:100 摄影：刘东惠

▲ **低调** 古老的家具及日常用具在昏暗的室内，彼此的高度、表面色彩、质感性质基本相同，配合曝光不足1.5挡，各个物体相融成吸引人的低调画面

□F5.6，1/10s，28mm，ISO:200

▲ **发现静物** 外出拍摄时，静物不是摆出来的，而是需要我们处处留心，去寻找、发现静物

□F6.3，1/50s，52mm，ISO:3200

▶ **出门见喜** 这四个最平常见到的字，道出了平常百姓对生活真挚的追求。幽暗小巷中一束光线照射在墙头的残花，和谐的色彩使这些景物紧密结合在一起，构成一幅迷人的画面

□F3，1/160s，28mm，ISO:400

□摄影：王楠

▲ **手工作坊** 曾被美国《国家地理》等著名杂志采访的喀什手工古陶瓷作坊，颇有罗马风格的新旧陶器在不经意的摆放中，看起来就像是一幅自然的画作。这种静物画面被称之为自然静物，存在于你的周围，需要你仔细认真地观察生活并解读它

□ F4.5，1/80s，40mm，ISO:1600

◀ **棕色记忆** 旧货市场随手购来的乾隆通宝，朋友书柜中偶得的医书，曾伴随奶奶多年的油灯以及闲来收集干枯的树叶，在棕黄色调的灯光下散发着无法抵御的诱惑。拍摄时，仅需要一盏普通的台灯，摆放在较低的位置以造成全侧光效果，被拉长的物体投影增强了画面怀旧的氛围

□ F11，6s，60mm，ISO:200

▲ **变异**　并列重复的鸡蛋在基本的单元、形象、大小、色彩和方向上都是相同的，这是一种最常见的表现手法。静物中的形象只要多次的展现，就可以给人们深刻的印象，造成有规律性的节奏感，使画面统一，而变异就是在相同的单位形中构成独立形态的方法。上图画面中蜡烛和蛋黄都起到了在画面中点睛的作用

□以上两图均为F22，1/125s，50mm，ISO:100　摄影：陈薇

▲ **白瓷箭竹**　这是一张瓷器的宣传图片，画面中，明度色彩完全接近的瓷器和背景形成了高调的统一，草绿色的、错落有序的箭竹不但起到点缀的作用，更重要的是提高了画面中瓷器的品位和档次，饱满的构图造就了瓷器稳重大方的视觉印象

□F11，1/125s，48mm，ISO:100　摄影：李小舟

▲ **色彩**　生活中有很多美丽的色彩，我们需要做的就是如何将五彩的颜色有序地组织到一起。一般来说，色彩渐变是最出效果的，这种色彩排列的方式是多种多样，我们可以通过多种的渐变模式来创建出奇妙的色彩效果

□F22，1/125s，50mm，ISO:100　摄影：李青

▲ **化妆品**　艳丽的色彩突出画面的主题

□F8，1/125s，85mm，ISO:100

▲ **组合**　重新的组合焕发着别样的生命

□F18，1/125s，85mm，ISO:100　摄影：张延青

9.6 专题系列摄影

专题系列摄影，是指所拍摄的图片具有一定的思想性、文化性，影像的构图、色彩等表面形式语言与内在思想有着必然的联系，并且在拍摄的手法上具有很强的系列性，虽然每张图片的视觉信息之间没有必然的联系，但是由于长时间关注一个固定的事件或景物，使得某种情绪得以贯穿始末。

▲ **落日**　下午6点左右的阳光照射在学校的机房玻璃上

□F5.6，1/125s，45mm，ISO:100

▲ **构成**　黄山光明顶的宾馆

□F4，1/400s，45mm，ISO:100

▲ **斜线**　傍晚的阳光将人影拉成很长的斜线，映衬在废弃的学校操场上

□F11，1/15s，17mm，ISO:100

9.6.1 我和影子

这套图片的拍摄历时两年，总拍摄量多达500余张。从图片中可以看出，一个许久、无人破解的梦幻始终围绕着摄影者，自我的孤独伴随着左右。图像中的影子在某种程度上代表了作者飘忽不定并思绪了许久的故事，最终，多种禁锢的内心一并放飞为图像中多种姿态的瞬间表示。巧妙的构图手法将画里画外两个人物完美的结合在一起，使观者在此时的心情与作者一同到达彼岸。

▲ **对比**　机场的玻璃反射出奇妙的影子与大面积空白形成鲜明的对比

□F3.5，1/500s，55mm，ISO:100

□摄影：李小舟

9.6.2 米亚罗街

在号称全国最大红叶区——米亚罗的旅游中，除了满尽山野的秋色以外，作者将目光移向了平实单纯的小镇街道。在街道中，亮黄色的油漆和淡黄色的墙面贯穿着整个画面，门窗的二维构成和干净的画面，向我们表明了作者在拍摄时对生活认真品读的知觉。她认为：在我们每一次的旅行中，面对美丽的画面，每个人都想在这个时间 、这个地点用相机定格在这一瞬间。相机——一个冷冰冰的、只是用于记录的东西，但是每个记录者却总是会有一颗滚烫的心在随着那些画面的思绪而跳动着，这些很容易被人们忽视的场景，需要记录者的细心观察。壮观的景色固然美不胜收，但小景同样别有一番滋味。在图片上，和谐的色调构成了一幅幅令人赏心悦目的画面，简单的景色同样令人心动。世界处处都有美丽的景色，只要我们用一颗美好的心去细心体会、去发现它的不同。

□摄影：彭敏

9.6.3 印　象

作者在用了半年的时间拍摄的《印象》系列，在作品的前期拍摄及后期的调整中，始终以黑白两色来观察世界，他认为：摄影术诞生之时就以黑白为其表现方式，并在整个摄影发展史中占据着重要的地位。所以期望这组黑白摄影以其独特的魅力得到观者的认可。在电脑后期调整中，作者充分利用数码技术，将黑白影像的数码处理和打印介质进行了重点调整，最终使用了较高的工艺制作出高品质的黑白照片。

作者说到：在我的作品中，依据对传统黑白摄影的认知和了解，用数码相机拍摄，电脑后期合成调色技术来制作完成，仿传统的蓝晒工艺效果的图片，探讨古典工艺与现代技术的融合的多种可能性。

□摄影：龚凯

9.6.4 天 空

无论是风暴来临的狂躁还是晴空万里的宁静，在摄影的影像语言中，她们同样都是美丽的。抬头望去，一望无际的天空转瞬更换着多样的情调，变化多端的云彩可以很好地陪衬景物，也可以作为主体去表现。在晴天，云层较薄时，我们可以将相机放在自动模式，你只需要选取构图和按动快门即可，如果天空布满浓厚的云层或者日出日落时，可以用点测光模式测量你认为需要重点表现云层的亮灰面，也可以用包围重点测光模式设定曝光不足1～2挡，总之，在瞬息万变的天空中要根据不同的情况，灵活测光。

9.7 纪实摄影

“纪实”（Document）这个字来源于拉丁文Docere(教育)。在摄影领域，第一个使用“纪实”这个词的是20世纪初法国伟大的纪实摄影家尤金•阿切特。他在巴黎住所的暗房门上挂了一块手写的牌子“documents pourartistes”，意思是“为艺术家所做的纪实”。纪实的确切含义至今为止是众说纷纭，中国著名摄影家胡武功认为英文摄影一词源于希腊语的“以光线绘画”，其中包含艺术创造的成分，而照相一词的“照”字，就是拍照，“相”是结果。他在2008年第2期的《照相》杂志中谈到：“照相就是追求和记录物体的真实形态”，因为纪实摄影强调的就是求真，故此他将“把纪实摄影改称为照相纪实”，并从根源上解决了人们对于纪实摄影理解的偏差。

纽约现代艺术博物馆创始人，艺术史学家博蒙特•纽豪尔1938年曾经指出：纪实摄影与其说是一种目的，不如说是以“严肃的社会学目的”为目的的手段。纪实摄影家“首先是……一个观察家，他的照片中注入自己对照相机前的事物的理解和看法。……但他拍摄时并非无动于衷……他会把对问题所触觉到的情感置于他的摄影研究中，因为他认识到这是教育他所面临的公众的有效办法。难道这不就是纪实（Document）一词的根本意义？”。

可见纪实摄影首先是具备真实性，但这种真实是通过摄影家观察生活，理解事物后所得来的。同时，纪实摄影者的眼光是具有前瞻性的，在他们的图片中常常关注的是一些生活中最为普通也是最为平常的一些事情，这些事情要么在社会前进的脚步中被人们在经意与不经意间遗忘，要么是现在进行时社会关注的热点，或者是公众还未发现和虽然已经得知而漠然处之的问题，总之，这些事情都是具有普遍意义的。时代/生活丛书《纪实摄影》中写道：镜头前面的景物是真实的，但摄影家运用他的照相机使景物表现出另一种真实、一种更深刻也许更重要的真实——他可以做出评论。如果说摄影的第一属性是表现现实世界真相的能力，那么，他的第二属性就是传达摄影家评论这种真相的能力。故此摄影家在运用这种具有教育公众的功能的纪实摄影时，首先要提高自己对于事物的观察和分析能力，此外“摄影家的能力是把日常生活中稍纵即逝的平凡事物转化为不朽的视觉图像”。

美国摄影评论家亚瑟•罗思坦在《纪实摄影》一书中对现代纪实摄影的先驱者、20世纪初法国摄影家欧仁•阿特热的纪实摄影总结了以下六条基本特征，我们在拍摄之中可以作为参考。

纪实摄影的基本特征可以概括为：

1. 纪实是证明或是证据。照片的现场目击特质使它成为佐证或支持某种处境或条件的绝佳基础。

2. 一种不受视觉美学的混淆，避掉人为操控，直接、单纯、写实主义的技法。

3. 寻找平凡、寻常事物的重要性，是一种对存在状态的有效呈现。

4. 对社会各阶层的社会议题与成因的关心。

5. 纪实摄影的一项独特本事是具有影响民众和事件的能力，积累视觉信息以达成有力的陈述是纪实摄影的资产之一，是足以感动大众并且影响他们采取积极行动的摄影。

▲夜市小歌手　□摄影：胡武功

▲ 爬城墙的孩子（1996年）

流　年

这个主体的名字让我想了很久。面对这些照片，我首先想到，流失的年份，大都在少儿时代。那是一个无意识或半意识的年代，不能自主也无法自主。那时日子都是在不知不觉中偷偷溜走的，抓住了它，才有了细品的味道。无论拍者还是被拍者，抑或是观者，书中影像的味道既是甜的，也是涩的；既不是甜的，也不是涩的，个中三味，只有自己清楚。但有一点应是共识的：它们都是已经流走的年华。

流年，除去记忆的成分，还含有童年的意思。我们每人都有自己的童年，但是所有童年又无不是时代、文化和人性的孕物。

▲ 爬墙头的农家娃（2009年）　□摄影并文：胡武功

我喜欢这些影像，因为确实无法从社会学或道德伦理学角度清楚地诠释它们的全部含义，当然仅从影像美学角度欣赏，也很难全面把握照片自身发出的声音。因为这是生活，这是生活的切片。我们应该感谢生活，虔诚地敬畏生活。它给了我们童年，也给了我们记忆。难怪圣人站在河边感叹：“逝者如斯夫！”

1．渴（2002年）□摄影：胡武功
2．照镜子的女孩 （2007年）□摄影：胡武功
3．嬉闹的哥俩 （2009年）□摄影：胡武功
4．伙伴 （2009年）□摄影：胡武功

专题报道与图片故事

成组纪实类图片报道可以粗略分为专题报道和图片故事两类，这两种拍摄方法都是一种采用两张以上的图片阐述事件的报道方式，所不同的是，专题报道的图片相互之间可以不具有连续性，他们都是通过不同的视角和侧面来表现同一个主题；而图片故事是用一系列图片来说明一件事情发生的起因、过程以及结果，图片之间具有相关性，这种成组的图片往往缺一不可。

美国《生活》杂志对于一个具体的任务，编辑要求摄影师的图片具备以下8个方面的要求：

1. 全景或者对主题带有介绍性的照片，通常是广角或以高角度观察全景的照片。

2. 中景，对一些人或对一些活动的描写。

3. 近景，把镜头集中到专题中的某一个元素，例如人物的手或者建筑物的细节。

4. 肖像，人物表情丰富处于情感高潮的面部特写，或者人物处在其生存环境中的，具有代表性照片。

5. 关系照片，表现人物交流的照片，反映他们之间的关系。

6. 典型的瞬间，对这个专题有概括意义照片，包含许多专题的关键要素，通常也被称之决定性瞬间。

7. 过程照片，包括开始经过结束，前后的比较，使专题具有一种发展运动的感觉。

8. 结论性的照片，或称之结尾，将故事引向结尾。

▲ **剃头担子** 作者在选题时将镜头对准了我们的身边那些手艺劳动者，他期望用摄影记录这些以惊人速度消失的传统手工职业的劳动者。作者认为：时代在发展，社会在进步，头顶上的美学被时尚的人们发挥到了极致。当我们坐在发廊嗅着本季的发型流行时尚，仅有的手艺人在城中村找到了自己的一片天空。在希望传统的剃头担子不要被时代大潮击得粉碎的同时，我们唯一能做的就是：我们记录，我们关注

□摄影：张铭博

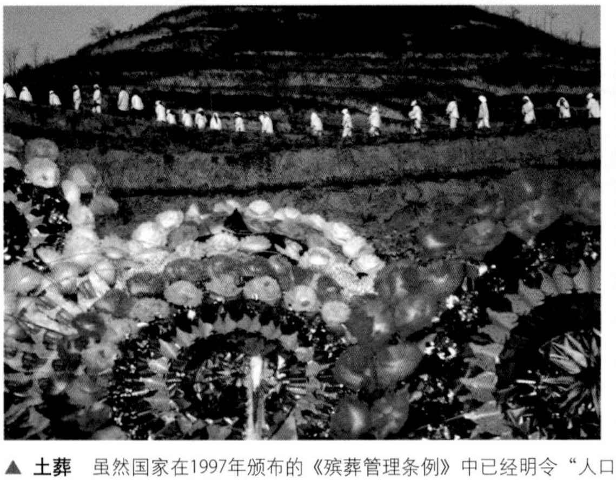

▲ **土葬** 虽然国家在1997年颁布的《殡葬管理条例》中已经明令“人口稠密、耕地较少、交通方便的地区，应当实行火葬”，但实际上在农村大家主要还是习惯沿袭旧法进行土葬。作者在自己的图片说明中写到：我不喜欢太过消极的东西，所以我将它作为一种带有一定形式感的民族文化来拍摄。我试图在画面中摒弃土葬中的一切悲情，而在画面的趣味及形式感中取得一些自己的感受，在一些矛盾中找出一些其他的内容，就像我们很多时候无法逃避一些事情，即使它是消极的，我们也应该以自己的方式来应对它

□摄影：任建斌

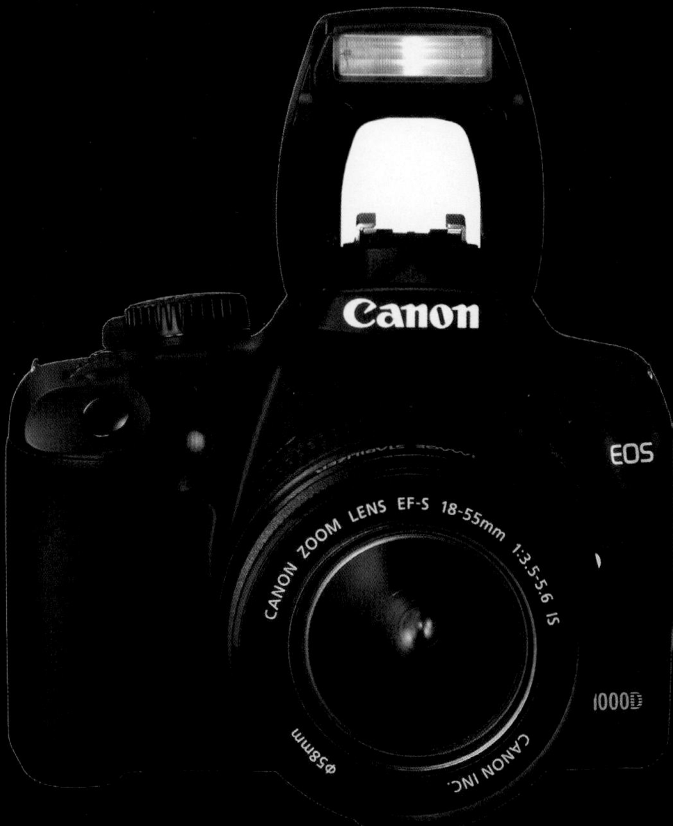

Chapter 10

数码单反相机的外围设备

- 闪光灯
- 脚架与云台
- 摄影包
- 存储系统
- 滤　镜
- 其他设备
- 数码单反相机的维护与保养

10.1 闪光灯

在光照充足的时候，光线条件可以满足相机曝光需要，但是在光线不足或光线反差太大的时候，就需要相应的设备辅助解决这个问题。闪光灯是最为方便的选择，同时闪光的使用也给我们的图片带来了意想不到的效果。闪光灯是我们最为常用的设备之一，闪光灯全称应该为“电子闪光灯”，它是通过电容器存储高压电，脉冲触发使闪光管放电，瞬间闪光照亮被摄物体。电子闪光灯通常的色温约为5500K，接近白天阳光下的色温，发光性质属于冷光型。

作为常用附件之一的闪光灯依据其作用和性能通常有以下几个类型。

10.1.1 相机机载闪光灯

定位消费级、入门级和准专业级的数码单反相机，机载闪光灯是不可或缺的，当然它们同时也可外接专用闪光灯。机载闪光灯虽然方便但由于相机上留给它的位置太少因而性能有限。首先，机载闪光灯的强度上，一般的机载闪光灯的有效照射距离只有大约3～4m。其次，机载闪光灯是固定在相机顶上的，高度和照射方向都不可改变，在使用上会受到限制，相机装上较大的镜头都有可能遮挡闪光灯的光线。

▲ **相机机载闪光灯** 除去专业级数码单反相机外，大多数数码单反相机都有机载闪光灯，虽然性能有限，但使用得当也会有不错的表现

10.1.2 外置专用闪光灯

外置闪光灯也称为热靴式电子闪光灯。这类闪光灯是安装在相机热靴上使用的，闪光灯的金属触点与相机热靴的触点接触后，按动快门闪光灯就可以工作。它的外形和重量比便携式电子闪光灯还要小很多，是由数节干电池（或者锂电池）作为供给电源。每个相机厂家都会为下属品牌的相机配备相应闪光灯和附件，外置专用闪光灯也有大小之分，但无论大小，专用闪光的性能都超过了相机机载闪光灯。首先，专用闪光灯的照射强度远远超过了机载闪光灯，照射距离都在10m以上甚至更远，输出光量还可以进行精细地调节。其次，专用闪光灯都有扩散片、反光片、柔光罩等附件，同时灯头也可以进行多角度的转动、俯仰，可以利用墙面、天花板等进行反射闪光以获得柔和的光线效果。再次，专用闪光灯还有许多强大的功能设置，如多种闪光模式调节、依据镜头自动变焦调节闪光灯头位置、闪光效果预览、脱机闪光等。

▲ 操控灵活、性能优良的外置专用闪光灯

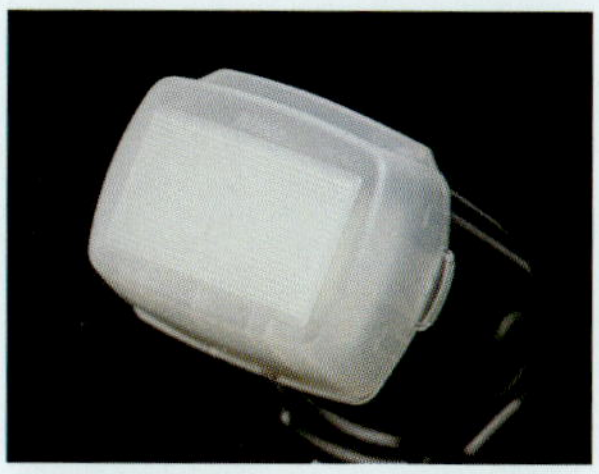

▲**闪光灯柔光罩** 也叫闪光灯散射罩，它可以将闪光灯打出来的光线变得柔和，使照片看起来更加自然

▲**广角扩散板** 也有人叫它扩散片。主要功能就是要让光线透过扩散涂层产生漫射，让光的分布均匀化

▲**彩色广角扩散片** 可以使图片具有意想不到的神秘色彩

▲**尕海** 落日余晖下，尕海在晚风中泛起一阵阵涟漪，金黄色笼罩着岸边的野草，天蓝蓝，水更蓝，草原在此刻显得更加静谧

□F11, 1/15s, 24mm, ISO:200 摄影：罗斌

▲**水岸** 太阳已隐匿于山的那一面，大地复归幽暗，一束微弱的闪光使岸边野花的惊艳乍现，凭添了大地的生机

□F16, 1/15s, 24mm, ISO:200 摄影：罗斌

◀ **草原的傍晚** 落日的余晖惠及远方的浮云，使大地变得幽暗，机顶闪光灯强烈的光线刻画出秋色草原中近景的详细身影，乱草在光线下显现出丰富的韵律和节奏感，平凡的大地瞬间变得生机无限

□F5.6, 1/60s, 24mm, ISO:200 摄影：罗斌

10.1.3 特殊闪光灯

环形闪光灯

环形闪光灯，顾名思义，灯管近似圆环形，灯头套装在相机镜头上。环形闪光灯主要用于微距摄影，可以使被摄体受光均匀，不会产生明显的投影效果。

▲ 环形闪光灯

水下闪光灯

水下闪光灯具有良好的密封性能，可以保证在一定深度的水中工作不会发生渗漏。

▲ 水下闪光灯

闪光灯遥控器

闪光灯遥控器能遥控激发闪光灯，使机顶闪光灯离开相机进行闪光，并且可以同时控制多个闪光灯。不同的相机厂商都会生产这样的遥控器配合自己的闪光灯使用，但与其他品牌不兼容。

▲ **闪光灯遥控器** 遥控两盏闪光灯的无线遥控器

闪光灯连线

可以使闪光灯离开机顶一定距离进行操控，便于灵活控制光线的方向进行拍摄，有的可以同时使用机顶的外置闪光灯，而有的连线则只能连接一支闪光灯。

▲ **机顶闪光灯连线** 可以使闪光灯脱离相机顶端进行多角度的闪光拍摄，提高了闪光摄影的灵活性

外拍灯、通用型无线引闪器

为了满足外景拍摄大功率闪光的使用而产生的带有直流电源的闪光灯，闪光灯附有便于携带的大容量电瓶，充电后可进行多次闪光拍摄。

通用型无线引闪器用于外拍灯或影室闪光灯的引闪，通常由两个部分组成，一部分为插接在闪光灯上的接收装置，另一部分为安装与相机热靴位置的引闪装置。

▲ **外拍闪光灯** 户外人像摄影的必备工具，与自然光源结合使用可以得到超乎寻常的光影效果

10.2 脚架与云台

当光线较暗时，需要较慢的快门速度来完成曝光，或者需要长时间曝光达到某种特殊的画面效果时，这时手持相机会因人的呼吸等因素导致相机晃动，画面模糊。使用稳定的三脚架是一个扬长避短的好办法。三脚架的优点是在长时间曝光时保证画面的清晰度，同时还可利用长时间曝光得到特殊的画面效果，但缺点是你必须忍受携带它所带来的负担，即使它很轻，但是它体积不小。如果实在难以忍受三脚架所带来的负担，考虑到便携性能，你可以选择使用独脚架，独脚架携带方便，操控灵活，但是它的稳定性不能和三脚架相比。

市场上的三脚架可谓琳琅满目，大大小小有多种规格，选择三脚架时，要考虑以下几个因素：

10.2.1 稳定性和承重

稳定性是衡量三脚架性能的绝对标准，能承载重量的多少也是三脚架的重要指标之一。不同的数码单反相机在重量上往往相差几倍，所以不同的相机对承载自己的三脚架要求也不同。一般三脚架越大能承载的重量也越大，根据承重多少的不同，不同品牌的三脚架也有不同的型号之分。

GITZO 型号	材质	中轴形式	节数	最大管径 cm	最小管径 cm	升中轴最大高度 cm	不升中轴最大高度 cm	最小高度 cm	收缩高度 cm	自重 kg	最大负重 kg
GT3531S	碳纤维	无中轴	3				129	10	61	1.7	18

▲ **承重参数** 捷信三脚架关于三脚架承重的参数图示（见红线框内）

GITZO 型号	材质	中轴形式	节数	最大管径 cm	最小管径 cm	升中轴最大高度 cm	不升中轴最大高度 cm	最小高度 cm	收缩高度 cm	自重 kg	最大负重 kg
GT3531S	碳纤维	无中轴	3				129	10	61	1.7	18

▲ **高度参数** 捷信三脚架参数表中关于三脚架使用高度的图示（见红线框内）

10.2.2 高　度

三脚架的高度指的是它的使用高度和收缩高度。收缩高度指的是三脚架完全收起来时的高度，这个高度决定着三脚架是否方便携带。而使用高度则是指三脚架完全打开时的高度，脚架的高度决定着你的拍摄高度，往往能在接近于地面的低角度或者打开后具有一定俯视的高角度的三脚架是比较理想的选择。

▲ **三脚架** 三脚架的高度调节图示

10.2.3 伸缩节数

三脚架的伸缩节数通常为3～4节，也有2～5节的，三脚架的节数直接影响它的承重性能和携带性能。

节数少的三脚架整体性强、稳定性好，但每节的长度会增长，收缩高度也会增长，影响携带性能。节数多的三脚架收缩高度较短，便于携带，但因为分节太多，整体性有所下降，相对稳定性也不及节数少的三脚架。另外节数少的三脚架操作上要比节数多的三脚架方便许多。

▲ 5节三脚架

10.2.4 云 台

三脚架用来支撑相机，而相机在三脚架上拍摄时的角度和位置则由云台来决定，云台安置于三脚架上方的云台座上，有球形云台和三维云台、悬臂云台等主要几种。

球形云台

相机的位置调整依靠的是一个万向的金属球，甚至一个旋钮就可以将方向锁定，调整到任意拍摄角度。使用起来方便灵活，另外，球形云台没有转向把手，体积较小，便于携带。

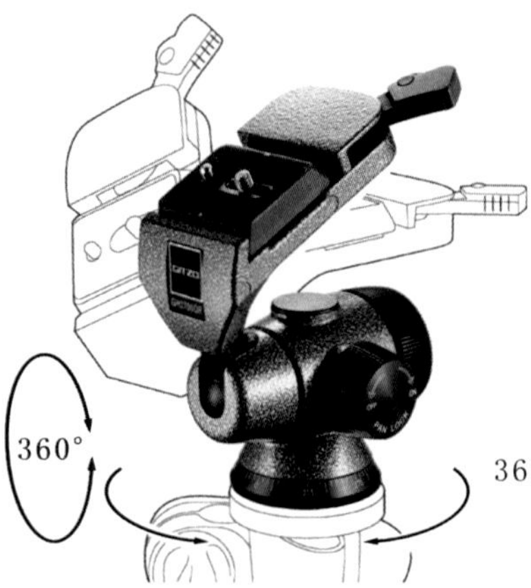

▲ **球形云台** 把云台安置在一个半球形、球形防护罩中，除了防止灰尘干扰图像外，还有隐蔽、美观、快速的特点

三维云台

也叫三向云台，由2～3个旋钮或把手来控制相机的方位，每个旋钮各司其职。大多三维云台都有水平旋转和垂直调整的刻度，便于在拍摄建筑或风光照片时调整地平线水平或建筑物垂直线条。

三维云台的缺点是体积较大，一般都有长长的把手，不便于携带。再者，两三个旋钮在调整时稍显繁琐。

此外还有悬臂云台，为使用长焦镜头设计的三脚架云台。其万向节式设计，可以让你靠近它的重心转动镜头，从而轻易操控体积大的长焦镜头。

▲ **三维云台** 精细调整拍摄角度，是室内摄影和建筑摄影的好帮手

云台的承重

不同型号的三脚架承重能力不同，不同规格的云台承重能力也是不同的，如果云台上的相机重量超过了自身承重能力的范围，就会导致云台不能锁紧，稳定性不足的情况。

▲ **云台及快装板** 固定云台板的云台和独立的云台快装板

云台快装板

云台与相机连接的平台部分，有的云台是固定的，而部分云台则由一个独立的部分——快装板（也叫云台板）来连接相机与云台。快装板的使用目的就是为了便捷，一个云台可以配备多个快装板，分别安装于不同的相机或镜头上，这样使用时就不用再反复拆卸快装板了。需要注意的是，即使是同一品牌的云台，型号不同，快装板的规格也可能不同，在通用性上应当注意。

▲ **不同规格的云台快装板** 不同品牌、不同型号的云台快装板的形状规格不同，购买时应注意通用性

三脚架、云台的材质

三脚架的材质一般为铝合金和碳纤维合成材料，也有木质结构。云台一般为铝合金或镁合金。

铝合金三脚架耐用、结实，稳定性高，经济实惠，但是分量较重，如果外出携带负担较重。碳纤维三脚架分量比铝合金三脚架轻许多，外出携带负担会减轻许多，但稳定性相对铝合金三脚架略差一些，在拍摄时经常需要挂上重的物体提高稳定性。另外就是价格比较昂贵，同样规格的碳纤维三脚架价格常常是铝合金三脚架的两倍甚至更高。

三脚架的其他附件

三脚架还有脚管套、脚钉及微距云台等附件，这些附件的作用各自不同，对我们的摄影帮助很大。

▲ **脚管套、脚钉** 即使在冬天拍摄，有了脚管套也不用在接触冰冷的三脚架。在酷热的夏天则起到防滑的作用。脚钉则增强三脚架的抓地能力，适合在松软或光滑的地面固定三脚架

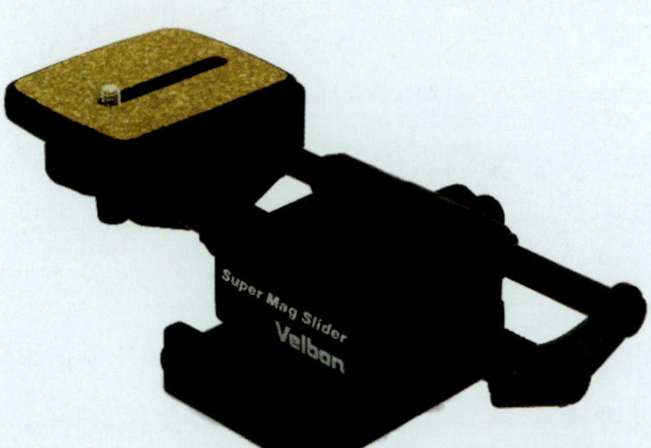

▲ **微距云台** 微距摄影拍摄的画面范围都较小，相机稍微移动都会导致构图出现较大的偏差，带有微调轨道云台则可以通过云台精细的调整画面的构图

10.3 摄影包

摄影包是相机携带的主要工具，好的摄影包不仅对相机有较好的防护作用，而且还有携带方便、舒适的特点。根据需要不同可选择不同容量和携带方式的摄影包，常见的摄影包有以下几种。

10.3.1 便携包

可以装入一个机身一枚镜头和充电器、存储卡、数据线等必要的附件，携带方便，既可单肩背也可当腰包，是喜欢“一镜走天下”的摄影者和旅游爱好者的最佳选择。

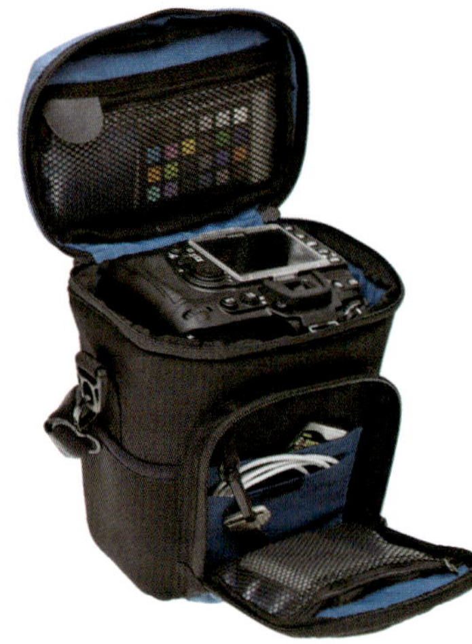

▲**便携包** 经济而又方便的选择

10.3.2 单肩包

最为常见的摄影包，可以调整包内的布局。除肩带外大多还带有腰带。单肩包在放入一个机身一枚镜头之余，还可以再装入一或两枚镜头和闪光灯等必要的器材。它的缺点也是由单肩而引起的，长时间的单肩负重，容易产生肩膀酸痛等不适的感觉，甚至长年累月使用较重单肩包的摄影者，还会出现左右肩膀高低不同的现象，这大概也算是一种职业病。

▲**单肩包** 专业摄影师的必备附件

10.3.3 双肩包

双肩摄影包类似于旅游用的背包，负重力量均衡，适合长时间背负。是容量最大的摄影包，同时也是携带能力最好、重量最重的摄影包，不过，到了这个级别的摄影者，应该已经不在意它的重量了。

双肩背摄影包一般都可携带两个以上的机身和两三枚以上的镜头以及笔记本电脑、三脚架等必要的附件。其不足之处是双肩包因为是背负于身后，取相机时必须先将包卸下，使用起来较为麻烦。另外，因为背负于身后，安全防护性能也较差，需要使用者注意。

▲ **双肩包** 功能齐全的专业选择

10.4 存储系统

相机常用的存储卡有CF卡、SD卡、索尼记忆棒。不同的相机往往采用不同的存储卡，专业、准专业相机大都采用CF卡，而消费机型和入门机型大都采用SD卡。

10.4.1 CF卡

CF卡全称Compact Flash Card，译为汉语就是“标准闪存卡”。CF卡采用闪存（flash）技术，是一种稳定的存储解决方案，不需要电池来维持其中存储的数据。对所保存的数据来说，CF卡比传统的磁盘驱动器安全性和保护性都更高；比传统的磁盘驱动器及III型PC卡的可靠性高5～10倍，且CF卡的用电量仅为小型磁盘驱动器的5%。CF卡使用3.3～5V之间的电压工作（包括3.3V或5V）。这些优异的条件使得大多数数码相机选择CF卡作为其首选存储介质。由于CF卡性能的限制，它的工作温度一般是0～40℃。因此在寒冷的环境中，数码相机在工作中很容易出现问题。

CF卡的速度

CF卡的速度指的是读写“倍数”，也就是CF卡每秒的读写能力，通常用“数字X”表示，倍速的换算如下：

1X=150KB/s；40X=6MB/s；133X=20MB/s；66X=40MB/s；300X=45MB/s

这也就是说，倍数越高的CF卡读写速度越快，拍摄时存储速度也就快，随着相机的像素越来越高，文件量越来越大，高速存储卡的产生也是必然的趋势。

▲ 高速CF卡　存储数度达到52.5MB/sCF卡

10.4.2 SD卡与SDHC卡

SD卡全称Security Digital Card, SDHC是High Capacity SD Memory Card的缩写，即“高容量SD存储卡”。SD的优点第一是体积小，大小犹如一张邮票，重量也只有2g，但却拥有高存储容量、快速数据传输率、极大的移动灵活性以及很好的安全性。第二是不易损坏， SD卡在24×32×2.1mm的体积内结合了SanDisk快闪记忆卡控制与MLC（Multilevel Cell）技术和Toshiba（东芝）0.16u及0.13u的NAND技术，通过9针的接口界面与专门的驱动器相连接，不需要额外的电源来保持它与存储的信息。而且它是一体化固体介质，没有任何移动部分，所以不用担心机械运动的损坏。

SD卡的速度等级划分用CLASS表示，目前市场上常见的有：CLASS 2、CLASS 4、CLASS 6，数字级别越高表示读写速度越快。

▲ SDHC卡　速度为CLASS 4的SDHC卡(红框表示处)

10.4.3 索尼记忆棒

记忆棒全称Memory Stick，它是由日本索尼（SONY）公司研发的移动存储媒体，在索尼的所有影音产品上都可以兼容，有极高的通用性。记忆棒的优势在于：

1. 其小巧的尺寸同样适应小型便携产品的发展。

2. 高可靠性，因为采用了无移动空间的电晶体结构，所以记忆棒的设计可抗震动及摇动；更少的连接插脚，具有更高的可靠性。

3. 自洁式性能设计，由于导向式插槽是倾斜的，因此当记忆棒被插入插槽时，灰尘会被自动清除。独特的导向式插槽防止使用者接触到连接插脚，因而避免灰尘或静电损坏芯片。

4. 预防删除，通过记忆棒背面的预防删除开关，使用者可以避免意外地丢失重要内容和数据。

▲ **记忆棒** 新一代的索尼记忆棒

10.4.4 读卡器

数码单反相机都配有数据线，以便将相机中的照片传输到电脑上，要是单独使用存储卡来转存照片还必须带上相机和数据线，这样就麻烦了许多，而读卡器为我们提供了更大的方便。读卡器都带有USB连线或与其一体的接口，以方便与电脑连接。

读卡器有单一和多合一读卡器，前者只有一个卡槽，只能读一种规格的卡，而后者则同时拥有几个卡槽，可同时兼容CF、SD、MMC等多种规格的存储卡。读卡器的USB（Universal Serial Bus）接口有USB 1.1和USB 2.0两个规范，主要的差别是指传输数据速度的不同，USB 1.1是目前较为普遍的USB规范，其高速方式的传输速率为12MB/s，低速方式的传输速率为1.5MB/s。USB 2.0的传输速率则达到了480MB/s。

◀ **单一读卡器** 轻巧便携的单一读卡器，插上卡后还可以当作移动存储器

▲ **多合一读卡器** 功能强大的多合一读卡器，我们常用的存储卡都可以通过不同的插槽读取

10.4.5 数码伴侣

数码伴侣其实就是大容量便携式的数码照片存储器，并且在存储的过程中无需电脑支持，可以直接与存储卡接驳，进行数据的传输与存储。是由一个由高速大容量移动硬盘+多种读卡器的合二为一的数码储存装置。现在有很多的数码伴侣同时还具备了多媒体播放器等娱乐功能。

▲**常见数码伴侣** 一般的数码伴侣都会具备存储状态、存储进度显示等功能

数码伴侣的作用是转存到存储卡上的数据。能读多少种存储卡是选购数码伴侣的关键，存储卡的种类很多，所以数码伴侣的兼容性越大，使用范围也就越广了。最好是不要只局限于数码相机，只要是存储卡都能用来备份数据。

▲**具备回放功能的数码伴侣** 能读取并回放所拍摄的数码照片

选择一款合适的数码伴侣，要考虑它的容量、读写速度、抗震性能以及电池的续航能力。当然，拥有强大的多媒体功能会成为我们在拍摄之余作为休闲娱乐的好伴侣。

数码伴侣的选购原则如下：

1. 要结实，更要耐用。作为专业摄影人士必不可少工具，结构牢固、适合户外作业、操作简便、耐用等功能显得尤为重要。好的数码伴侣必须有合理的结构设计和良好的外壳材料，同时密封性较好，具备良好的防震、防水、甚至防摔性能。另外，便于操作的按键、简捷的菜单也会给使用者带来很大的方便。

2. 保证数据的稳定性。丢失数据是许多数码伴侣最让人头疼的事情，好的数码伴侣要坚决杜绝此类事情的发生。

3. 更好的显示屏。好的显示屏能很好地进行色彩还原。便于观察图片效果和细节层次，同时不受可视角度与强光影响，反应快、分辨率高、更省电。

4. 支持RAW格式文件。专业数码单反相机常常需要将成像文件存储为RAW格式，以保证图像文件的质量。数码伴侣能否支持RAW文件浏览是数码伴侣的一项重要性能指标。

▲**高性能数码伴侣** 具备高速传输、硬盘健康诊断技术、解码RAW格式中CCD和CMOS数据，并坚固耐用的高性能数码伴侣

10.5 滤 镜

对于职业户外摄影师来说，滤镜就跟相机和镜头一样重要。有了滤镜，就可以轻易地获得一些有价值的照片，并使照片显得色彩浓烈或更有情趣和激情。另外，由于胶片和数码感应器所能够记录的亮度范围远远低于人眼，滤镜还可以使相机的记录更忠实于人眼所看到的景物。

日常拍摄中最常用的滤镜是UV滤镜，UV镜也叫做紫外线滤光镜，通常为无色透明的，它的主要功能是用于吸收波长在400nm以下的紫外线，而对其他可见、不可见光线均无过滤作用，因此多数摄影者将UV镜一直安装在镜头上同时起到保护镜头镜片的作用。UV镜通常适用于海边、山地、雪原和空旷地带等环境下的拍摄，能减弱因紫外线引起的蓝色调。同时对于数码相机来说，还可以排除紫外线对CCD的干扰，有助于提高清晰度和色彩还原的效果。

另外常用的滤镜就是偏光镜（也叫偏振镜），偏光镜有线偏光镜和圆偏光镜之分，它们都可以满足基本的要求。传统的老式手动相机可以使用线偏光镜，自动聚焦的相机和数码相机则只能使用圆偏光镜。在现实生活的很多场景下，物体表面上有很多的亮斑和杂光，我们称之为偏振光，此时运用偏振镜可以很容易消除这些在影像上所形成的偏振光，并真实记录下物体原本的色调和影调，并再现其质感。例如，当拍摄玻璃器皿、瓷器、汽车喷漆表面、打蜡的地板、塑料，有海面和湖面的风光，以及翻拍有玻璃镜框的美术作品和摄影作品、资料时，摄影者可以利用偏振镜并恰当调节其方位，以适当降低，甚至完全消除所摄画面中的亮斑、耀斑，从而挽回该处所损失的细节、层次和色彩。

在使用偏光镜时，最简便的方法是将偏光镜旋上镜头，通过取景器观看并同时旋转偏光镜直到获得满意的结果为止，如没有明显效果，则说明偏光镜不适用拍摄的光线环境。因为偏光镜只在光的方向和偏光镜的轴成90° 角时起作用。如果光线直接来源于你的背后或者你正在直接拍摄光源（如日落），偏光镜将不会有任何作用。但如果光线来自左侧或右侧，或者直接来自头顶（如中午的日光，阴云天气），滤镜将魔术般地去除反光、压暗蓝天，并使色彩饱和度增加。

除以上两种常用滤镜外，还有减光镜、渐变滤镜、红外滤镜等不同功能的滤镜，它们都有着不同的功能，但使用的频率都较低，本书就不一一介绍了。

▲ **滤镜支架与转接环** 滤镜支架通常有2～3种尺寸规格，与常用镜头口径相同，大尺寸的支架可以通过转接环安装在较小口径的镜头上

▲ **渐变滤镜片** 这类镜片要以滤镜支架配合才能使用，通常在画面上半部分为天空时使用，不同颜色的渐变滤镜片可以使天空改变成相应的颜色

▲ **红外滤镜** 安装在数码相机的镜头上，可以拍摄到红外效果的照片

▲ **滤镜支架** 支架的优点是一个支架可以安装多个滤镜，并通过转接环安装在不同口径的镜头上

▲**红外滤镜效果** 加装红外滤镜后，图片可以显出梦幻般的场景，尤其是拍摄绿色的树木，看起来就像是腊月的雾凇

一般数码相机的CCD或者CMOS本身感光组件就具有红外线接收能力，能感应较短波长的近红外线780～1200nm，因为近红外线会影响正常影像的色彩与清晰度，所以多数相机厂商都会在感光组件前方加装一组低通透滤镜（Infrared Cut Filter，ICF）来阻挡红外线进入，但这个滤镜一般无法100%拦截红外线光线渗透，正是这小小的空隙，无疑给红外线摄影创造了绝佳机会。利用ICF滤镜的不彻底性，加装红外滤镜过滤掉可见光，只让红外线进入镜头，经过较长的曝光时间，就可以利用这微弱的红外线来进行拍摄了。

进行红外摄影要必须记住的是：一定得使用三脚架，因为曝光时间通常都很长，手持肯定不会获得好的拍摄结果。

▲富士胶片2007年在美国发布了一款针对警察系统的红外相机FinePix IS-1，其可以对400～900nm范围的光线进行感光。尤其是可以拍摄普通数码相机无法拍摄的650nm以上的红外线

10.6 其他设备

10.6.1 快门线

快门线的主要作用是防止相机震动和使用B门进行长时间曝光。按下快门的瞬间相机容易轻微的震动、歪斜，特别是在快门速度较慢的情况下拍摄时。快门线就是一种可以控制相机拍照而防止相机震动的有益设备。另外，使用B门进行长时间曝光拍摄时，快门线可将相机快门锁定，直到拍摄结束。

数码单反相机的快门线主要有以下两种：

电子式快门线：现在的数码单反相机都有快门线接口，快门线直接与机身连接，有些型号的电子快门线甚至还有电子计时、曝光时间设定、间隔拍摄时间设定等功能。

◀ **专业的电子快门线** 具备计时、间隔拍摄、焦点选择等丰富功能的电子快门线

遥控器：遥控器其实就是没有连线的电子快门线，其功能与电子快门线相同。市场上有些型号的相机采用的是遥控器方式，有些型号则采用的是“遥控——接收器”。相比电子快门线而言，使用遥控器时拍摄者可离相机的距离可稍微远一些。

快门线的使用可以帮我们减轻拍摄时按快门所带来的震动，但是当我们为了防止震动而双手离开相机时，就必须要把它放到三脚架上。所以快门线的使用，尽量要配合三脚架了，否则它的作用也就没多大意义了。

◀ **快门遥控器** 遥控器的使用有遥控距离和遥控角度的要求，很好地了解这些对使用会有帮助

10.6.2 数码单反相机手柄

专业级以外的数码单反相机都没有竖拍快门，在拍摄时就有许多不便，习惯于竖拍的摄影者可考虑选择竖拍手柄。

竖拍手柄除有快门按钮外，还有一个小的多重选择键以及对焦按键、指令拨盘，以增加竖拍时的操控性能。同时，竖拍手柄还是一个外接的电池仓，即可使用原厂专用电池，还可使用普通的五号充电电池，提供更大的电量储备，延长相机的拍摄时间。

▲ **手柄电池夹** 方便多种电池选择的手柄电池夹

10.7 数码单反相机的维护与保养

数码单反相机属于精密数码设备，需要正确地使用并精心保养和维护，这样才能延长它的使用寿命。要想相机能够保持更好的工作状态，就需要在日常给它细心的呵护。

10.7.1 日常使用注意事项

防尘防湿

在拍摄过程中，如果暂时不用，应盖好镜头盖；长时间不用时，应将相机放入专用箱内，特别是在潮湿和多尘的环境中拍摄时，应尽量减少外界灰尘和湿气对相机的污染。如果周围环境湿度较大，特别是通风不良或湿度超过60%，很容易导致相机的电路故障，也容易使镜头发霉。在雾中、雨中或海边拍摄时，切勿让相机受潮，避免受雨水淋或海水溅射，否则将引起故障。在这样的环境中拍摄时，可加装防水罩套住相机，拍完尽快放入专用箱内。

远离磁场和电场

数码单反相机的关键部件如感光元件和传感器等对强磁场和电场都很敏感，强磁场和电场会使这些部件的功能不能正常发挥。

勿摄强光

数码单反相机采用CCD或CMOS固体成像器材，对于强光和高温的耐力比较强，但是即使是这样，它受强光的能力还是有限的。为保证拍摄质量和成像器件不受到损伤，不要直接拍摄太阳或者强烈的灯光。否则，可能会损害图像传感器和导致拍摄者眼睛灼伤。

防震

数码单反相机采用高精密的电子元件和光学系统，无论操作还是运输，都要避免强烈震动和碰撞。

冬季使用注意事项

在冬季低温严寒的室外环境进行拍摄时，如果不采取一些必要的措施，可能会对相机造成损坏。因此，应该尽量减少暴露在严寒空气中的时间。从室外进入室内，不要立即取出相机，一定要让相机在包中经过一段适应期，方可取出。不然可能会因为温差过大而使相机的机身和镜头内外凝成水珠，当出现这种情况时，相机很可能会出现故障。此时，应立即将相机放到干燥的环境中，待水珠完全消除后，方何使用。为了避免结露，解决的办法是在进入室内前把相机和镜头放置在密封的塑料袋中，让热空气凝在塑料袋上，待相机与室内温度一致时再取出。

北方的冬季非常干燥，静电很严重，有时瞬间释放的静电会对相机的电子系统造 成损坏，建议在接触相机之前，先触摸其他金属物体释放静电。

夏季使用注意事项

数码单反相机应避免在太热或太冷的地方操作，适宜的工作温度为－10～45℃。夏季天气炎热，室外温度高，在室外拍摄过程中要注意降温。高温环境里拍摄时间不能太长，要间歇地将相机拿到通风阴凉的地方降温。

切勿将相机放置于温度超过60℃之处，如不能放在阳光下的车内或直射阳光下。

▲**相机盔甲** 一些附件厂商设计生产的用来保护相机和镜头的橡胶外套，较大的提升了相机的防震、防摔和防水能力。但它的缺点是会带来相机重量的增加和操作手感的不同

10.7.2 清洁机身

数码单反相机是一种精密的光学和电子设备，不但价格昂贵，而且容易受到损伤，在平时要注意保养。每次使用以后，都应该清理和擦拭机身、镜头以及液晶屏幕，以免日积月累导至镜头表面损伤、按键失灵等。

▲ **清洁气吹** 用于清洁表面灰尘

清洁机身

首先，应该避免机身碰伤划伤。在雨雪天气拍摄容易弄湿相机的外壳，而这些水中都夹杂着许多沙土，在擦拭过程中极易对外壳造成损坏。

在清洁外壳时，不能使用酒精或其他化学清洁剂清洗，否则会令外壳变色或受损。可用吹气球去除表面灰尘后再用干净的软布擦拭。对于顽固的污点，用湿布擦拭后，再用干布擦干。

清洁感光元件

数码单反相机由于在更换镜头时，内部结构裸露在外，因此光学传感器沾染灰尘是几乎无法避免的。而许多厂商也把自带除尘系统作为新款数码单反相机的卖点。如果相机本身没有自动除尘功能，则可以使用CCD专用清洁工具。

CCD专用清洁工具由一根清洁棒和具有很强吸附能力的清洁头组成。数码单反的CCD或CMOS上方都覆盖着光学低通滤波器，沾染灰尘需要清洁的也是它，当清洁头与CCD前面的低通滤镜接触时就可带走各种污物。清洁头形状也是为了有效清理死角而设计，它可以触及低通滤镜的各个角落。

清洁棒的顶部采用了正方形设计橡胶块儿，材质十分柔软，不但不会刮坏低通滤波器表面，还能有效地清理CCD上的灰尘。它自身可产生静电吸附尘粒，从而有效地防止清洁过程中的二次污染。如果没有这种特殊的工具，也可以将相机设定为“B门”，当CCD显露出来后，用气吹来清理。

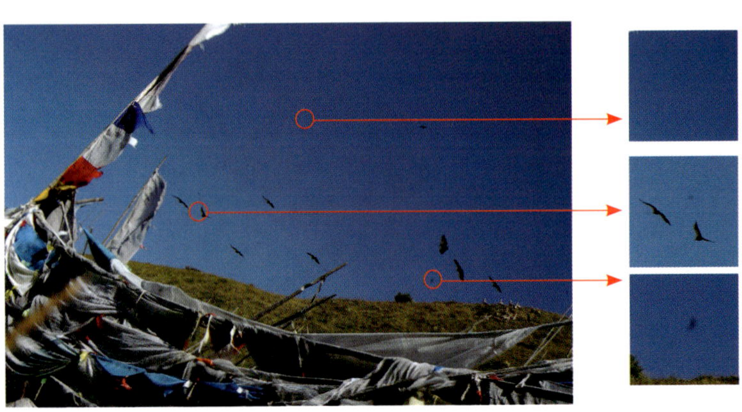

◀ **手动除尘** 数字相机的CCD上常残留些灰尘和脏点，除非你的相机具备自动清洁功能，否则必须常用清洁棒或者气吹手动清理

10.7.3 电池的使用与保存

数码单反相机主要是使用锂离子电池提供电力。相机使用的锂离子电池价格不菲，合理使用和保护电池也是相机使用过程中十分重要的一环。

电池充电

对于新购买的相机，给电池第一次充电时必须有足够长的充电时间。一般而言，锂电池的充电时间要在6小时以上，如果充电时间不足，电池的使用时间则会变短。一块新的电池要经过3～5次充/放电的过程，电池的蓄放能力才能发挥到最佳状态。电池还有余电时，尽量在完全放电后再充电，以确保电池寿命。

▲ **充电**　电池要充足电

电池的使用

电池在使用过程中要避免出现过放电情况。一次消耗电能超过限度，即使再充电，其容量也不能完全恢复，对于电池是一种损伤。由于过放电会导致电池充电效率降低，容量减小，因此数码单反相机均设有电力警告功能。出现电力警告标志后，应及时更换电池并进行充电，尽量不要让电池电量耗尽而使相机自动关机。

▲ **取出电池**　常时间不使用时要取出电池

电池的保存

如果长时间不使用相机，必须将电池从相机或充电器中取出，存放在干燥、阴凉的环境中。要尽量避免将电池与一般的金属物品放在一起，防止出现电池短路的情况发生。电池不使用时，应加上保护盖妥善保存。

清洁电池

如果电池两端接触点以及电池盖内部存在污渍，很容易造成电池的电量流失。为了避免这种情况发生，电池两端的接触点和电池盖的内部要保持清洁。在使用电池前，可以使用干布擦拭电池的接触点，尽量让接触点保持干净。切勿使用酒精或者其他清洁剂清洗电池或充电器。

▲ **保护电池**　电池可存放在专用的保护罩中

10.7.4 数码单反相机镜头的清洁

镜头的好坏直接决定相机成像质量，如果不注意保养和维护镜头，会导致工作质量的下降，包括影像质量降低等问题。因此，拍摄之后要及时盖上镜头盖，镜头盖是防尘最实用的工具，它可以有效的保护镜头。

镜头是一块高质量的光学玻璃，表面有非常薄的多层保护涂层，要避免油污以及手指触摸的污染。在清洁镜头时，千万不要用纸巾擦拭，最好使用镜头纸或者麂皮。有时相机使用了较长时间，镜头变得比较脏，单靠镜头纸擦拭已经达不到要求了，这时就需要对镜头进行清洗。

清洗时，先用软刷和吹气球除去镜头上的灰尘颗粒，然后再在镜头纸上滴上一滴镜头专用清洗液，在镜头上由中心向外轻轻擦拭，擦干净后再用干净的镜头纸擦干。在擦拭的过程中千万不要用力挤压镜头，以免损伤镜头表面涂层。除了利用镜头纸和镜头布以外还可以使用镜头笔来清洁镜头。使用镜头笔进行清洗，同样需要从镜头中间向外轻轻擦拭。

由于镜头很容易直接接触到灰尘、水滴或手指印，造成镜面磨损，影响相机成像质量。因此，在镜头的外面加装一片UV镜，可以保护镜头不直接受到污染或损伤。

麂皮

镜头纸

▲ **气吹清洁镜头** 吹气球使用时不要正对镜头，应距离镜头稍远，和镜头呈一定夹角，边吹气便边晃动气吹，使气流均匀地掠过镜头表面

▲ **镜头布和镜头纸擦拭镜头** 镜头布和镜头纸使用时，应平整的折叠成多层，保证布或纸上没有杂质，然后用力均匀地以螺旋形轨迹在镜头表面擦过

Chapter 11 数字图像的色彩管理

- 色彩管理的概念
- 数码相机的色彩管理
- 显示器的色彩管理
- 打印设备的色彩管理

11.1 色彩管理的概念

在数码摄影已经普及的今天，我们回望即将告别的胶片时代，无论是专业摄影师还是普通大众，想让自己照片的色彩在拍摄、调整到洗印，都能保持高度的统一性，是件比较困难的事情。因为我们的图片始终控制在扩印店的工作人员手中，他们的工作经验、技术能力将直接影响到图片的最终效果。即便有了底片扫描设备，可以将胶片经过扫描转换为数字文件在电脑上进行调整，但想保持色彩上的一致仍然需要付出很大的精力。

▲ **底片扫描仪** 通过色彩管理可以将传统底片经过扫描后与原片的色彩保持一致

数字时代的来临使得我们在使用相机时，省去了漫长的等待和繁琐的冲印过程，即拍即看，并且可以将拍摄的数字图像通过图像处理软件进行后期加工处理，以弥补前期拍摄的不足。当我们对数字图像掌控能力越来越高的同时，我们对拍摄、放印过程中色彩统一性的要求也就越来越高，对于摄影师来说，保证色彩的统一性和准确性成为一个新的课题——色彩管理。

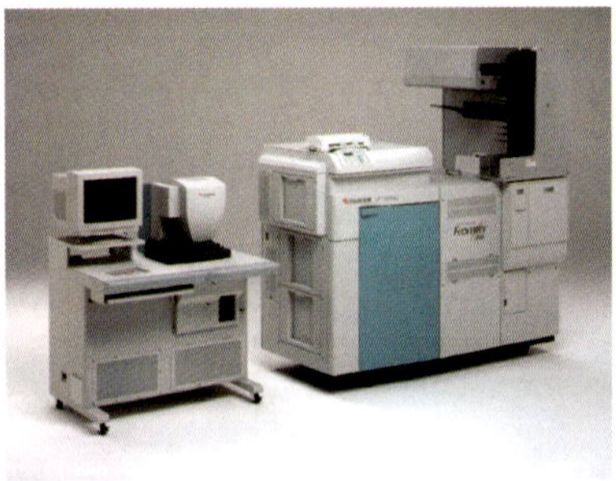

▲ **彩色扩印机** 照片洗印店通过色彩管理可以使洗印的照片色彩保持统一，提高工作效率

色彩管理，它是基于各种数码设备之间的一种色彩准则，即是控制输入、显示、处理和输出设备的色彩准确性和一致性。虽然在胶片时代几大胶片生产厂商（如柯达、富士、爱克发等）都有自己的色彩控制技术，但国际上并没有形成统一的色彩交流标准，色彩控制技术都处在各自为政的封闭环境中发展。由此，各个厂商产生了鲜明的色彩风格。摄影师除了有对相机和胶片的选择权外，对色彩的控制力是非常有限的，很大程度上需要对不同品牌胶片、相纸的色彩表现风格做深入的了解。随着数码技术的发展，显示器、数码相机、扫描仪、彩色打印机等设备广泛运用，数码影像的传播方式更加丰富多彩，色彩管理技术与标准从此成为众多厂商关注的焦点。1993年，由Adobe、AGFA、Kodak、Apple、MircoSoft 等8家国际著名的厂商牵头成立了International Color Consortium组织（国际色彩联盟，简称ICC）。ICC组织提供了一个跨平台的、开放式的色彩管理框架和规范。所有设备及软件厂商只要遵循这个规范就可以进行颜色的交流和传递，尽可能地保证色彩交流和记录的准确性和一致性。

▲ International Color Consortium（国际色彩联盟）

▲ **所看即所得** 通过色彩管理可以将实物、数码相机、显示器、打印机的色彩保持一致，实现所看即所得

11.2 数码相机的色彩管理

色彩管理应该贯穿于摄影的每一个阶段，多数人拿着相机拍摄时很少关注相机本身的色彩模式，以至于拍摄出来的图片与实际景物相去甚远，要想拍出优秀的专业图片，摄影师首先要学会对自己所使用的相机进行正确的色彩管理设置，这样便于与后期图像处理、输出保持色彩的一致性。

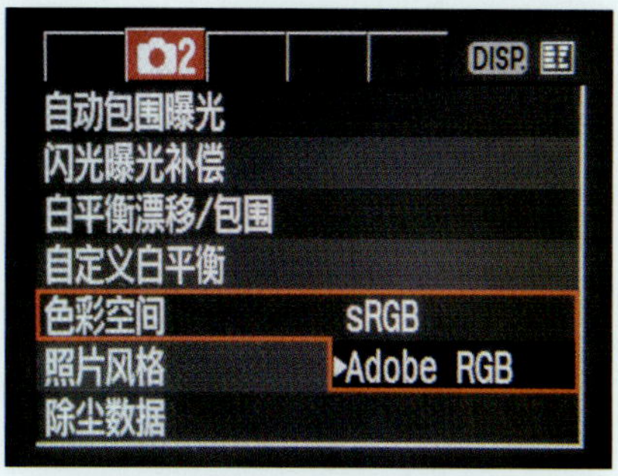

▲ 佳能EOS 400D数码单反相机菜单内的色彩空间调整选项

11.2.1 设置数码相机的色彩空间

目前在市场上见到的数码单反相机以及高端民用数码相机在相机的菜单内都可以设置色彩空间（Color Space），一般配置有sRGB和Adobe RGB两种色彩空间。

▲ 尼康D300数码单反相机的色彩空间设置选项

“色彩空间”一词源于英语Color Space，也称作“色域”。是指各种色彩的集合。色彩的种类越多，色彩空间越大，能够表现的色彩范围（即色域）越广。对于具体的图像和设备而言，其色彩空间就是它所能表现的色彩总和。

sRGB（standard Red Green Blue）色彩空间是美国的惠普公司和微软公司于1997年共同开发的标准色彩空间，之后被许多软件、硬件厂商所采用，逐步成为众多扫描仪、家用打印机和软件的默认色彩空间。

Adobe RGB（Adobe Red Green Blue）色彩空间是由美国以开发Photoshop软件而闻名的 Adobe公司于1998年推出的色彩空间标准。

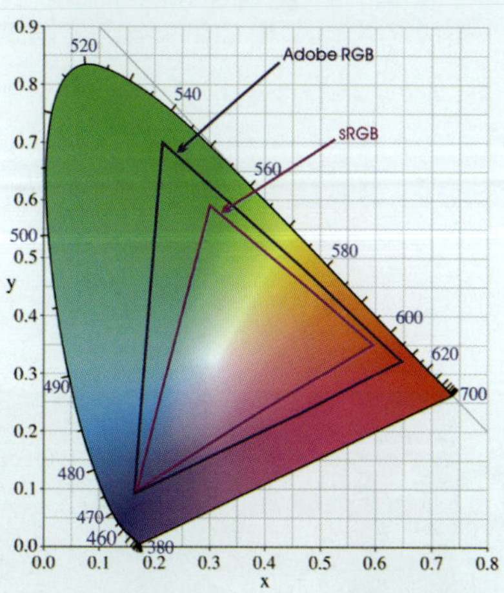

▶ **sRGB、Adobe RGB色域图** sRGB与Adobe RGB相比，sRGB有较好的兼容性，数码彩色照片扩印机、数码投影仪、电脑显示屏等设备采用的都是sRGB的色彩空间。Adobe RGB拥有更宽广的色彩空间和良好的色彩层次表现，在图像处理和编辑方面有更大的自由度。其次，Adobe RGB还包含了sRGB所没有完全覆盖的CMYK色彩空间。这使得Adobe RGB色彩空间在印刷等领域具有更明显的优势。通过左图对Adobe RGB和sRGB色彩空间的比较，我们能够清楚地看到，Adobe RGB色彩空间明显优于采用sRGB的色彩空间，对于后期需要高精度的输出打印来说，选择Adobe RGB更为理想

在Photoshop软件中也需要设置色彩空间，与数码相机的色彩空间匹配，详见12.1章节

◀ **高端相机** 数码单反相机以及高端民用数码相机一般都配置有sRGB与Adobe RGB两种色彩空间，针对不同的使用人群，可以灵活选择

▶ **低端相机** 家用数码相机一般默认为sRGB，菜单内没有设置色彩空间的调整选项

11.2.2 正确设置数码相机的白平衡

通过对色彩空间的认识，可以设置数码相机的色彩空间，以满足我们后期图像处理、输出的需要。但是准确、丰富的色彩呈现同时建立在拍摄阶段数码相机曝光量、白平衡的准确把握，这样我们才能拥有高质量的色彩管理。

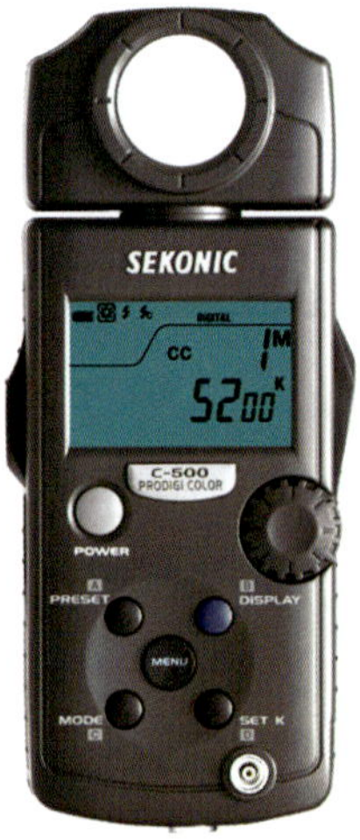

◀**世光SEKONIC测光、色温表** 既可以用来测定拍摄现场的光线，也可以测定拍摄现场的色温

使用色温表

在前面的章节，我们已经了解了什么是相机的白平衡，以及如何正确设置白平衡。在一般的拍摄过程中我们可以选择数码相机的自动白平衡或根据不同色温的光线来选择对应的白平衡。但对于某些对颜色还原要求极高的商业摄影，我们就要依赖专业仪器和工具了。最常见的有测光表、色温表，以及带有色温、照度测量功能的测光表，这些高端设备不仅可以提供曝光参数，还可以测量环境的色温。

自定义白平衡

由于色温表的价格较为昂贵，不适合普通用户，因此我们可以使用相机本身的自定义白平衡设置。

首先，在数码相机的菜单中我们选择自定义白平衡或预设白平衡（由于相机品牌不同，称呼会有所区别），然后按照相机的提示对白平衡卡进行测量，如果没有白平衡卡，可以用一张干净平整的白纸代替。测量结束后，相机就能得到在当前拍摄环境下的标准白平衡。需要注意的是，一旦拍摄环境或光线发生变化，必须重新设定白平衡。

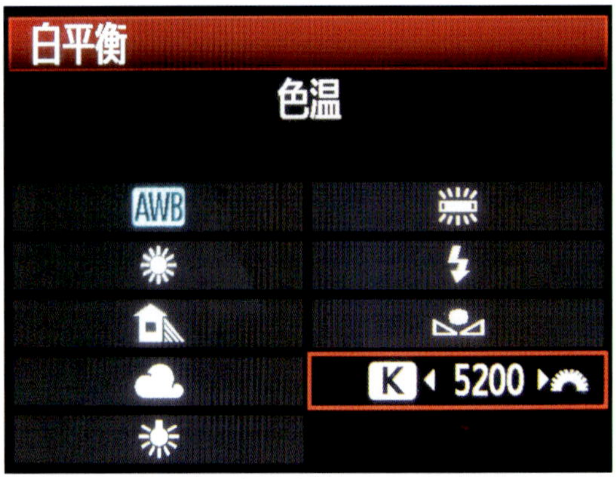

▲**设置白平衡** 在数码单反相机的白平衡（WB）选项中，我们可以按照色温表的测量结果来细致地设定色温，以便于更加准确地还原色彩

▲尼康数码相机菜单内的预设白平衡

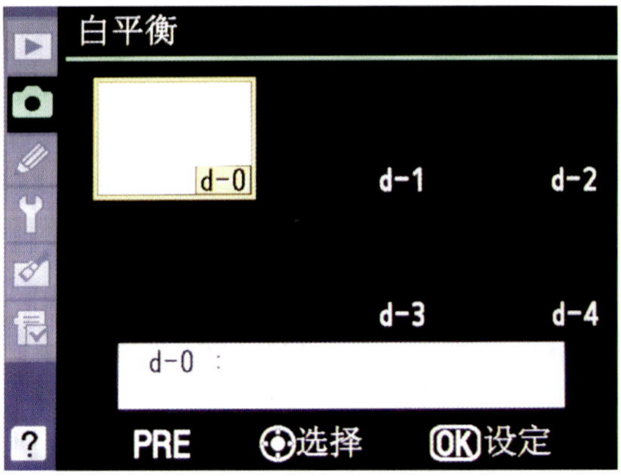

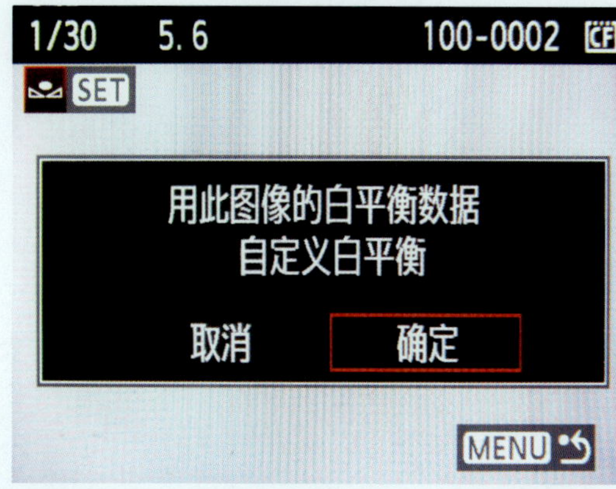

▲ 佳能数码相机菜单内的自定义白平衡

使用色卡

通过自定义白平衡的设定后，可以得到与拍摄现场光源完全匹配的白平衡，然后我们可以将色卡与所要拍摄的对象摆放在一起进行拍摄（常见的有灰卡、白卡以及24色色卡），并且与色卡进行对比，观察拍摄图像的白平衡是否准确，并检测图像的反差和层次是否合适。

▲ **相机设置白平衡** 在使用自定义或预设白平衡时，一定要将相机所提示的测量区域对准白平衡卡或白纸，而不能对准带有色彩的物体进行测量，否则所设定的白平衡会有很大的偏差，而直接影响到所拍摄图像颜色的准确性

▲ **三阶灰卡测定白平衡** 白平衡卡用于对数码相机进行自定义白平衡校正。三阶灰卡包含黑、白、灰三个色块，既可用于自定义白平衡，也可用于检验中性色的还原，还可以用于定义黑白场，调整图像的反差和层次

▲ **色卡测定白平衡** ColorChecker SG色卡包括了24色色卡的全部颜色，还增加了许多肤色、色相轮上的各种饱和色，以及用于检测光照均匀性的黑、白、灰色块，在摄影棚或可操控的摄影光照条件下，可以更好地记录和还原被摄物体的颜色

▲ **商业摄影** 对品质要求极高的商业摄影，我们尤其应该注意白平衡的正确设定，这样不仅可以提高拍摄效率，还可以减少后期图像处理的工作量

□F5.6，1/60s，50mm，ISO:100 摄影：郝丹丹

11.3 显示器的色彩管理

我们在对自己所使用的数码相机进行色彩管理后，下一步就是要对数字输出设备进行色彩管理。在这里我们主要谈谈与我们密切相关的显示器、打印机的色彩管理方式。

数码摄影的优势在于后期借助电脑运行图像处理软件进行图像处理，所以摄影对电脑的依赖程度已越来越明显，显示器无疑成为摄影在后期处理阶段的一个重要工具。目前市场上液晶显示器（LCD）凭借体积轻薄、显示质量高、耗电量低、无电磁辐射、不闪烁等优势已经逐渐取代了CRT 显示器成为主流，虽然在显示效果上略有所区别，但是两者的色彩校正色过程都是非常类似的。

▲ 专业液晶LCD显示器

显示器虽然在出厂时已经对色彩进行了校正，对于一般用户来说可以按照出厂设置来使用，但是对于经常进行图像处理以及打印输出的用户来说，显示器的显示效果将直接影响到图像的输出效果，所以出厂设置难以满足专业化的要求。其次，显示器的内部构件也会因时间而发生衰减，色彩和亮度会发生变化。再次，显示器显示色彩的最终效果，还受到显卡、操作系统、电脑硬件、软件的影响，其中任何一个因素都会导致显示色彩的变化。因此，显示器校色就是对整个显示系统，针对工作流程的特定要求而进行的颜色校正。

▲ 专业CRT显示器

显示器的校正主要是将关键参数调节到某一标准或达到特定的要求，为不同显示系统之间达到相同的显示效果创造条件。例如显示分辨率、色彩位深、白点色温（或色度）、白点亮度、黑场亮度、Gamma 值等（详见下表）。

显示器校色的主要内容	
显示器白点色温	D65、D50或模拟看片台的光源色温
显示器白点亮度	80～120cd/m^{2}或参考看片台标准光源的亮度
Gamma 值	2.2
显示器黑场亮度	可实现最小匹配参考亮度
环境光	5000～6500k
环境光亮度（图像编辑区域）	64～32Lux或更低
环境光亮度（校样区域）	1500～2500Lux
周围环境	中性表面色，反射率低于60%
维护	定期检查所有的设备变化，并重新校正

11.3.1 使用Adobe Gamma校准显示器

使用Adobe Gamma是校准显示器的一种比较简单的方式，是一种附带免费的显示器校正程序，但是此程序相对简单，如果对于显示效果要求极高的用户应该参照下一章节使用专业色彩管理系统。该软件可在网络上下载安装。

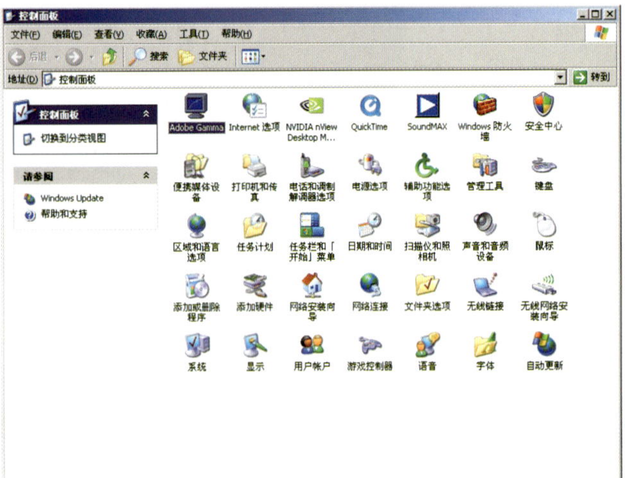

第1步

打开电脑，在Windows XP系统下，在开始菜单中选择设置→控制面板，双击Adobe Gamma图标。

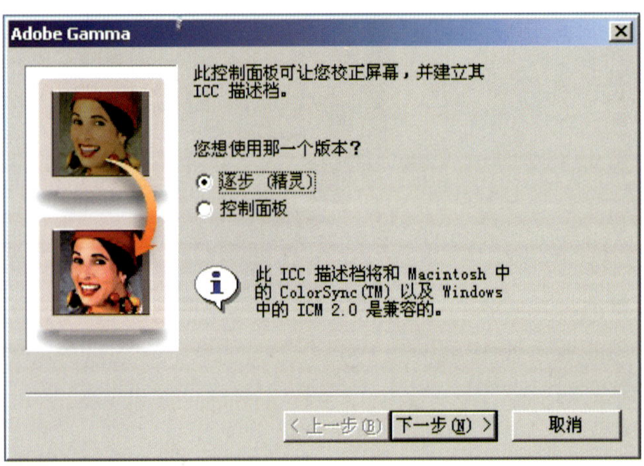

第2步

这时弹出Adobe Gamma对话框，选择逐步（精灵）单选按钮，之后的每个步骤都会有详细的校正配置文件提示。

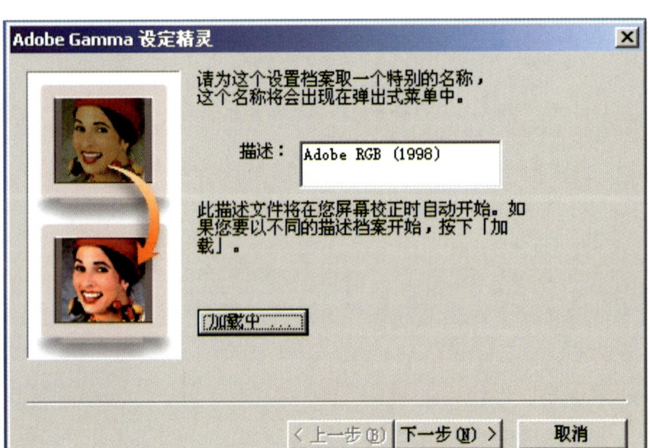

第3步

单击下一步按钮，将提示您命名所创建的配置文件。如看到有显示器名称命名的配置文件，则可以单击它。单击加载中按钮，会进入到系统内的ICC配置文件，单击打开载入配置文件，在这里我们选择Adobe RGB（1998）。

第4步

在这个步骤中，我们主要设置屏幕的亮度。首先将屏幕的对比度调整到最高，然后根据提示来调整屏幕的亮度。

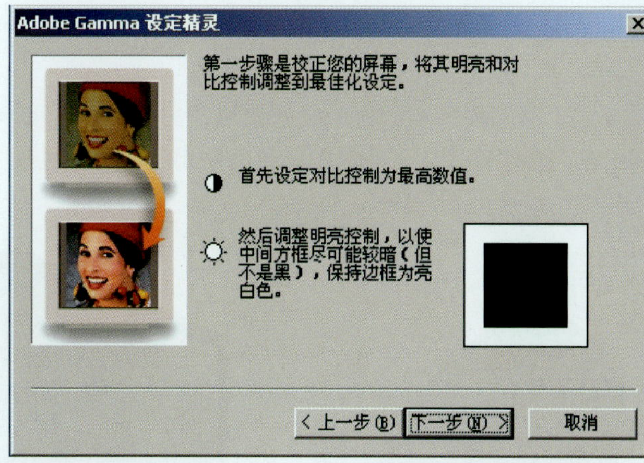

第5步

这个步骤是校正屏幕色彩的基本方法，取消仅检视单一伽玛选项，右图中可以看到红、绿、蓝三个色块，分别改变三个颜色下滑块的伽玛值来调整颜色效果，当色块内框和外框的亮度基本保持一致时，也就是说每个色块的内外框颜色融合为一片，此时为最佳。当然这样调整带有一定的主观性，因为不同的人在不同的光线下观察到的颜色是有差别的，所以专业的色彩管理避免使用这种方法。

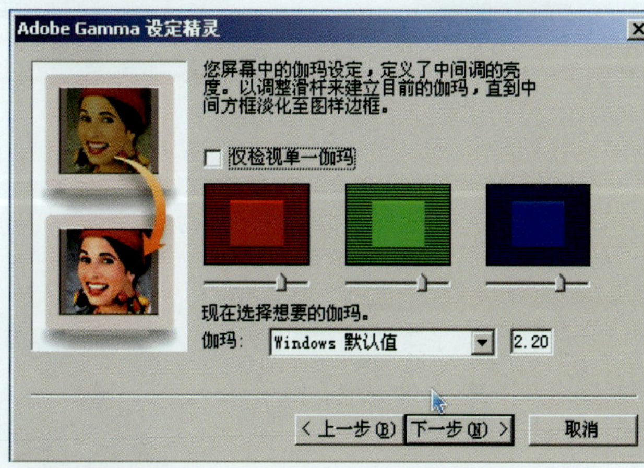

第6步

通过每个步骤的校正后，直到校准处理完为止。之后软件会提供校准之前校准之后效果的对比，最后在提示下保存配置文件后，屏幕校准工作就完成了。

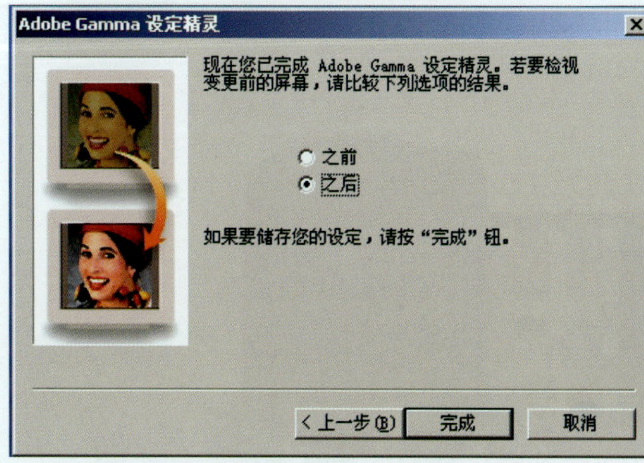

11.3.2 专业色彩管理系统

显示器的校色要达到一定的精度，必须借助专业色彩管理系统来实现，主要是依靠屏幕校色仪结合色彩管理软件来完成的。目前常用的屏幕校色仪主要分为单纯的色度计和分光光度仪两种。

▲ GretagMacbeth公司的屏幕校正色度计eye one display 2

色度计 色度计大多采用三滤色片式感光器，价格较为低廉。但只能用于显示器校色，并且由于没有自身校正的机制，当滤色片随使用时间的延长发生老化变色时，仪器对颜色的识别也会逐渐产生偏差。但其相对低廉的价格和较高的性价比，容易被广大摄影爱好者接受。

分光光度仪 精度较高的屏幕校色仪是分光光度仪，这种仪器采用分光的原理，可以采集颜色的整个光谱数据，从而达到更高的精准度。同时分光光度仪都配有自身校正标准白板，使仪器在长时间的使用周期中，保持稳定的精度。除了可以校正屏幕的颜色之外，这类分光光度仪还可以测量环境光源、闪光灯的亮度、色温以及显色指数。

▲ GretagMacbeth公司的分光光度校色仪

◀ 分光光度仪与色度计相比，使用功能更全面，不仅可以对显示器进行色彩校正，并且可以对打印输出设备、投影仪、扫描仪等进行色彩管理，从而完成全面的色彩管理过程，保证色彩的统一性，但是价格比色度计要昂贵许多

11.3.3 使用分光光度仪校正显示器

使用专业色彩管理系统是显示器颜色校正的首选方法，在校准过程中，通过分光光度仪测量显示器的实际情况来创建精确的配置文件。现在使用GretagMacbeth公司的eye one来校正显示器。

第1步

首先从专业色彩管理系统所带的光盘上安装Eye One Match 3软件。第一次启动该软件后，单击Check for Updates（检查更新）按钮，以检查是否有新的版本。安装最新版本后，把Eye One插入到电脑的USB端口，然后重起该软件。下面选择需要制作配置文件的设备，在这里选择显示器。此外还要选择Easy（简单模式）或Advanced（高级模式）。

第2步

选择模式后，单击右下角的右三角箭头按钮。之后选择显示器的类型：LCD（液晶显示器）、CRT（显像管显示器）或Laptop（笔记本电脑）。在这里选择CRT显示器，再次单击右三角箭头按钮。

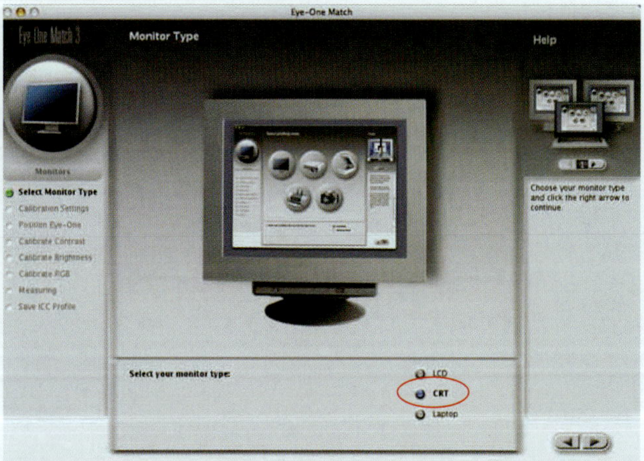

第3步

下面正确安装Eye One。按照步骤提示，将上半部分与下半部分进行安装。注意在安装时两部分一定要完全贴合。然后按启动键启动Eye One。

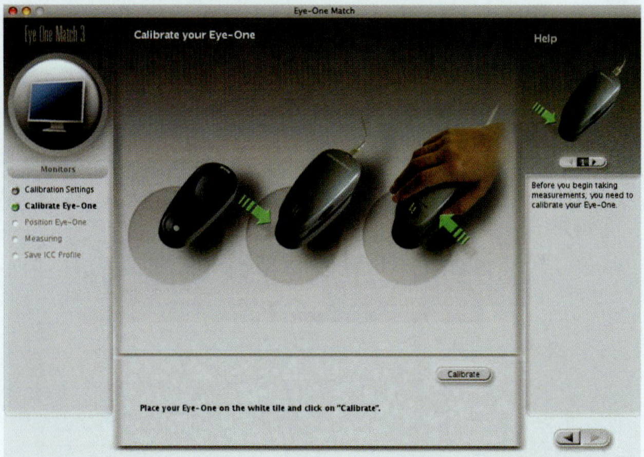

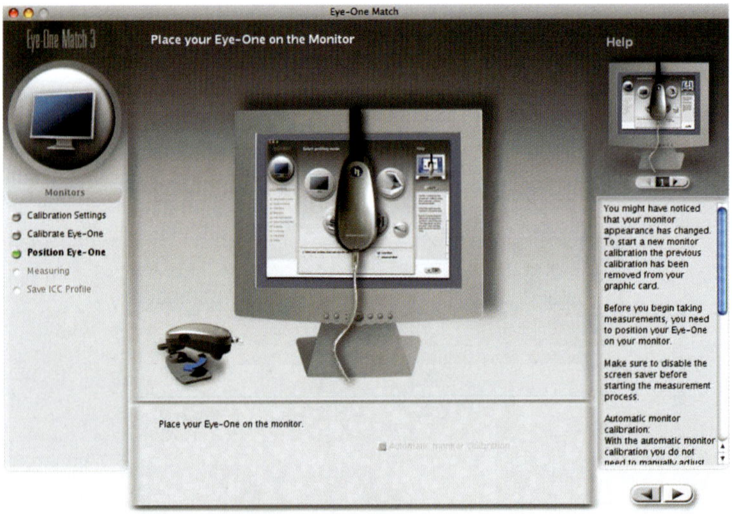

第4步

下面把Eye One放置到显示器上，将Eye One的传感器部分与显示器贴紧，用Eye One后面的绳带固定在显示器后面，使Eye One平直的放置在显示器表面。把Eye One定位在屏幕中央，通过底部的吸盘与屏幕吸附，避免脱落。然后单击右三角箭头按钮继续。

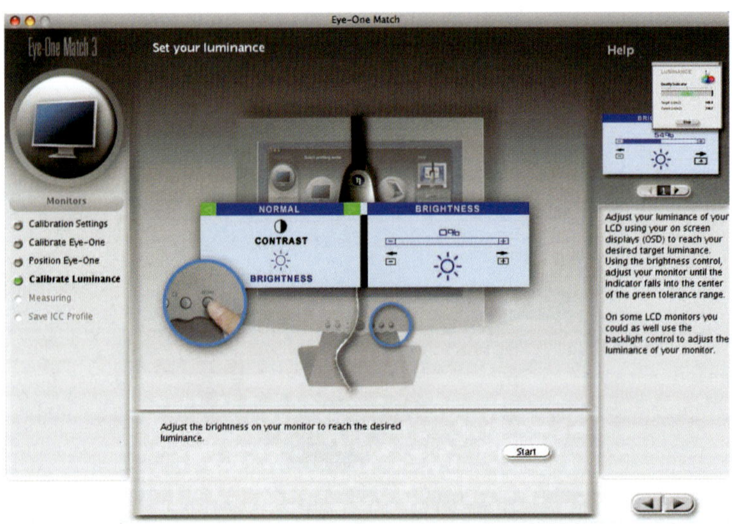

第5步

在这个步骤中，我们按照界面中的提示，调整显示器的亮度和反差。之后的步骤显示界面中会出现各种颜色的色块，Eye One将对这些颜色进行测试，来产生此显示器的色彩配置文件。然后单击右三角箭头按钮继续。

第6步

在最后的步骤中，我们可以通过单击底部的Start按钮来观察校准前校准后的效果，通常这种前后效果是很明显的。在界面底部看到经过校正针对所用的显示器产生的后缀是icc的色彩配置文件，但后单击Finsh Calibration按钮，结束校正过程。

11.4 打印设备的色彩管理

目前打印的方式越来越被大众广泛接受了，因为其色域、动态范围、介质的适应性都超越了冲扩，层次和分辨率也达到了可以与冲扩相媲美的程度。通常打印机厂商都对其原厂墨水和常用纸张做了较好的色彩管理和参数配置，只要选对相应参数设置都可以得到较好的输出效果。但是当使用了较长的时间后，一旦打印头的状态发生了较大的变化，或是使用一些成本更低的代用耗材，输出色彩就会发生很大变化，影响到影像的品质。在使用一些特殊的介质如宣纸、绢、美术纸、油画布等，为了达到最佳的输出效果，仅仅通过驱动打印是不够的，需要为这种介质测量自定义的ICC配置文件，最常用也是最便捷的校色方法是通用色彩管理工具来测量每种类型纸张的ICC配置文件，然后在打印时选择该配置文件。

ICC配置文件描述了打印机的颜色特性，打印机在该介质上的色域表现。打印图像的时候，选择此配置文件，软件会根据配置文件对图像进行色域映射和数据转换，从而达到更好的颜色表现。输出设备的ICC配置文件还有另外的作用，由于它包含了打印机的颜色特性，因此在打印前可以用于输出颜色的模拟和预计。

▲通过喷墨打印机打印色标，这时打印机所打印的图像没有经过软件的色彩管理。

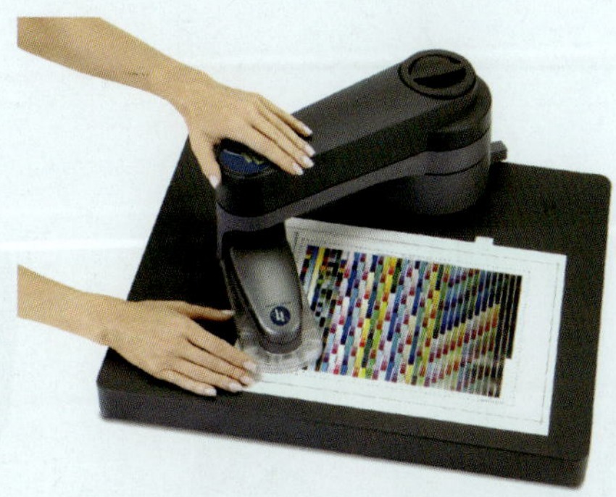

▲打印出色标后，用分光光度仪测量颜色数据后，通过色彩管理软件计算并创建出打印机的ICC配置文件

第1步

在打印对话框中，在颜色处理下拉列表中选择无色彩管理选项，然后单击打印按钮开始打印。

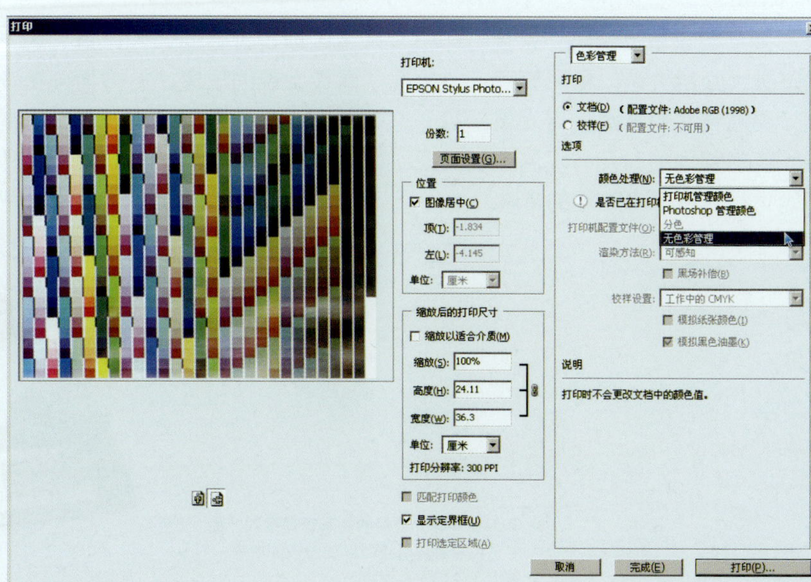

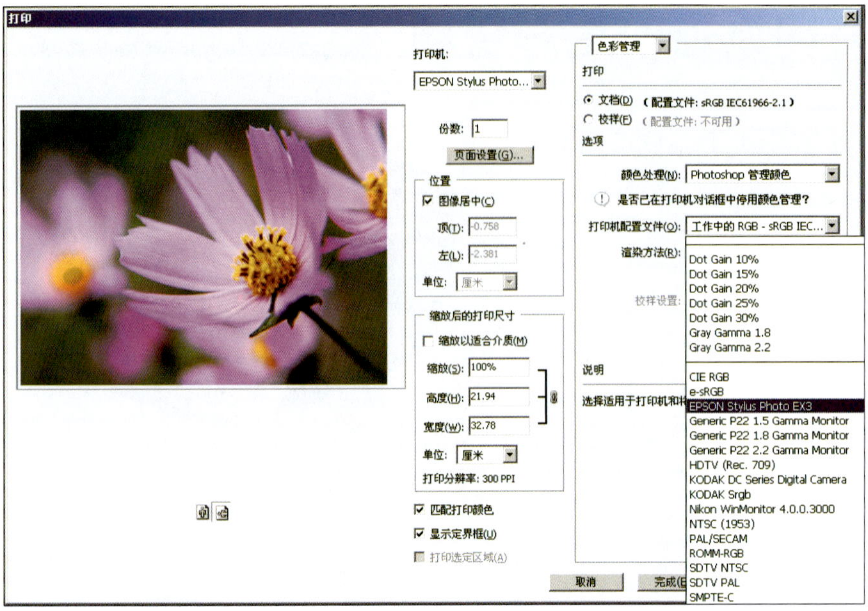

第2步

通过色彩管理软件创建出打印机的ICC配置文件后，在打印过程中就可以选择该配置文件打印图像。

▲ 使用专业色彩管理系统对显示器的校准、创建打印机的配置文件后，就实现了色彩管理，保持图像输出色调的统一性

随着数码单反相机、家用打印机越来越多地走进普通人的家庭，色彩问题也被大众所关注。色彩管理行业出现了两极发展的现象，一方面向更高品质、更高精度的高端应用发展；另一方面向大众化、通用性广泛应用方向发展。色彩管理的普及与发展不仅实现了所见即所得，也对打印、扩印、印刷等输出行业将产生深远的影响。

▶ **GretagMacbeth公司的色彩管理系列产品** 使用专业色彩管理系统可以使图像的拍摄、显示、输出在色彩方面保持统一

Chapter 12 数字图像的后期处理

12.1 设置Photoshop的色彩空间

我们在上一章已经提到关于色彩空间的概念以及使用数码相机时色彩空间的设置。在一般数码单反相机的菜单内，我们可以根据需要设置sRGB和Adobe RGB两种色彩空间（也称色域）。我们使用Photoshop进行图像处理前，同样要根据需要来选择色彩空间，Photoshop色彩空间的设置与数码相机一样，软件本身默认的色彩空间是sRGB，主要针对于一般用户，如果需要设置为Adobe RGB，可以在菜单内进行设置。

第1步

首先我们打开Photoshop软件，在Photoshop的菜单栏中我们单击编辑，在编辑的下拉菜单内选择颜色设置。

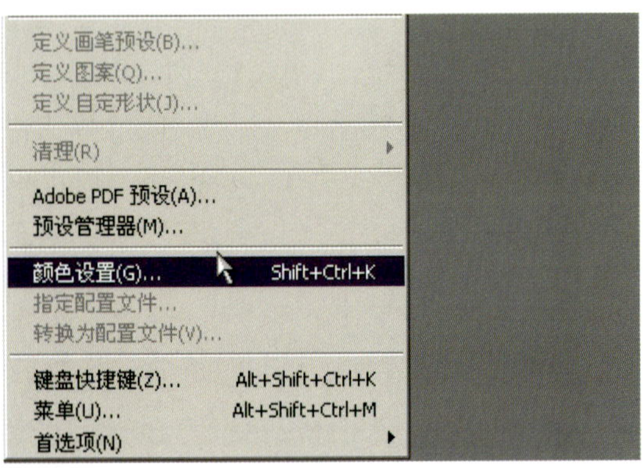

第2步

这时会弹出颜色设置对话框，在设置选项内默认为日本常规用途2。在工作空间栏的RGB选项内我们可以看到软件默认的色彩空间是sRGB IEC61966-2.1。在说明栏中我们可以看到这样的提示：sRGB IEC61966-2.1：反映一般PC屏幕的特性，此标准已经受到硬件及软件制造商的认可，并成为许多扫描仪、低端打印机及软件应用程序的预设色域。这是适合网页使用的理想色域，但不建议印前制作使用（原因在于色域受到限制）。

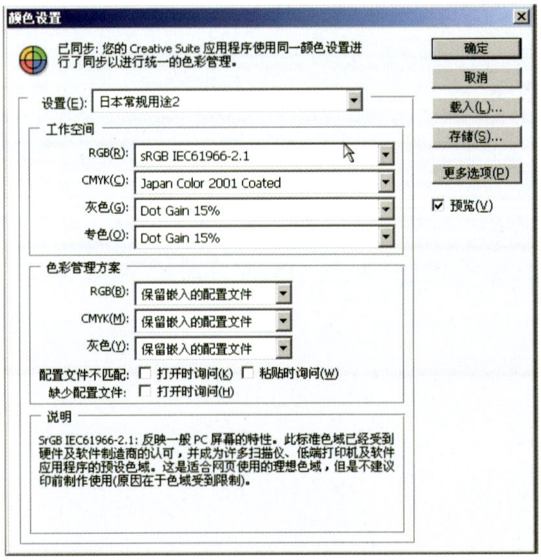

第3步

下面在设置选项中选择日本印前2，这种设置非常适合喷墨打印机，因为它配置有Adobe RGB（1998）色彩空间，比sRGB的色彩空间更宽。

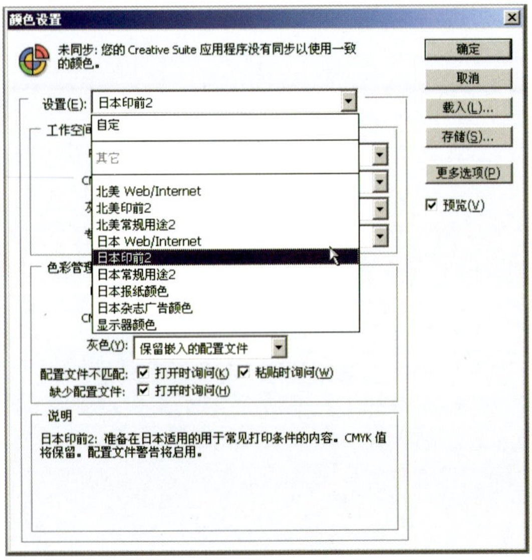

第4步

我们可以看到在RGB选项内已经显示为Adobe RGB（1998）的色彩空间，在下方的说明栏内我们看到的提示有所变化：Adobe RGB（1998）：提供相当大色域（范围）的RGB颜色，非常适于文档转换为CMYK模式。如果从事涉及颜色范围很广的印刷工作，可以使用这种模式。

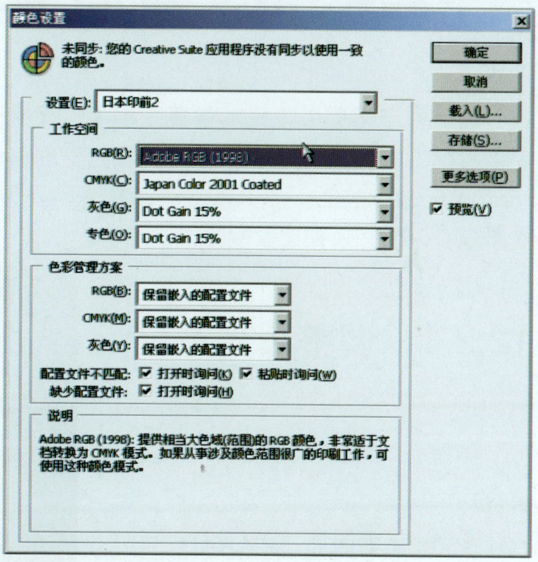

第5步

如果我们的数码相机设置为Adobe RGB（1998）下拍摄，与Photoshop的配置相同，软件不会出现警告。如果数码相机设置为sRGB的色彩空间，与Photoshop的色彩空间不匹配，会弹出警告对话框，提示色彩空间不匹配，建议选择第二个选项——将文档的颜色转换到工作空间。

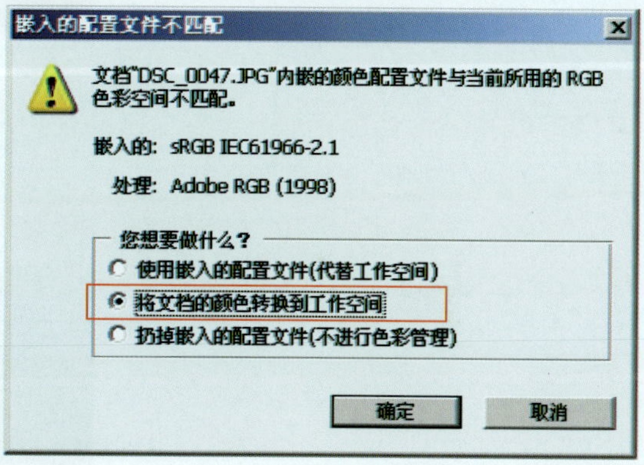

第6步

我们也可以让Photoshop在色彩空间不匹配的时候自动进行转换。重新打开色彩设置对话框，在色彩管理方案选项的RGB下拉列表中选择为转换工作中的RGB,可以关闭打开时询问复选框。现在打开sRGB照片时，Photoshop会自动匹配工作空间。

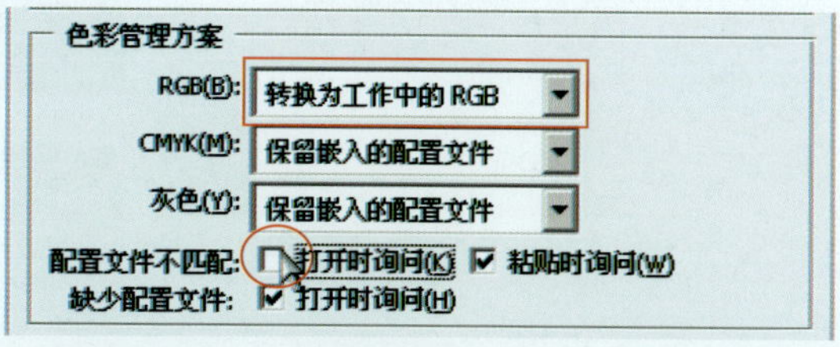

第7步

某些图像在Photoshop打开时没有任何配置文件，这时会弹出指定配置文件菜单对话框。单击配置文件按钮，从下拉菜单中选择Adobe RGB（1998），单击确定按钮即可。

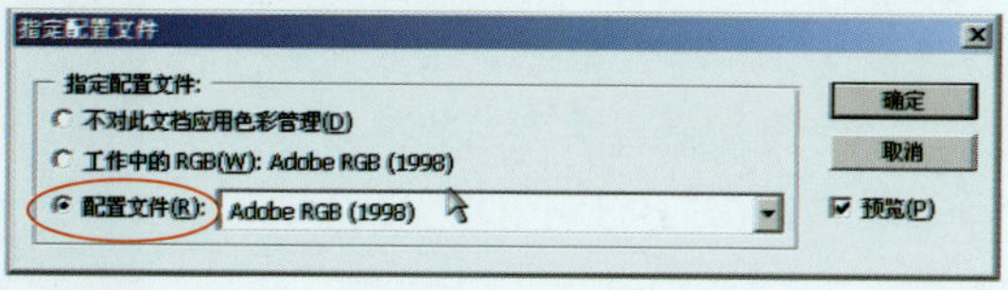

12.2 校正曝光

曝光对于摄影来说极其重要，拍摄时曝光量的控制直接影响到照片的最终效果，但即便是专业摄影师，在拍摄过程中也会遇到曝光不准确的问题。如果在拍摄时选择用RAW格式，便可以在Photoshop软件的Camera Raw功能调整曝光，如果在拍摄时选择的是JPEG格式，我们就可以通过以下简单实用的方法来调整曝光。

12.2.1 调整曝光不足

第1步

打开曝光不足的图像，首先复制背景图层，可以将背景图层拖放到图层面板底部的创建新图层图标上，或直接以快捷键【Ctrl+J】来执行。

第2步

在新建的图层上，把图层面板顶部的图层混和模式从正常改为滤色，就会使照片整体变亮。

第3步

如果照片仍然太暗，可以继续执行快捷键【Ctrl+J】，复制这个滤色图层，会使照片更加明亮，如果效果仍不理想，我们可以按此方法继续执行。

第4步

在这个例子中，添加了4个滤色图层后，天空的部分有些过亮，因此，可以通过降低这个图层的不透明度，对亮度进行微调，直至产生最佳效果。

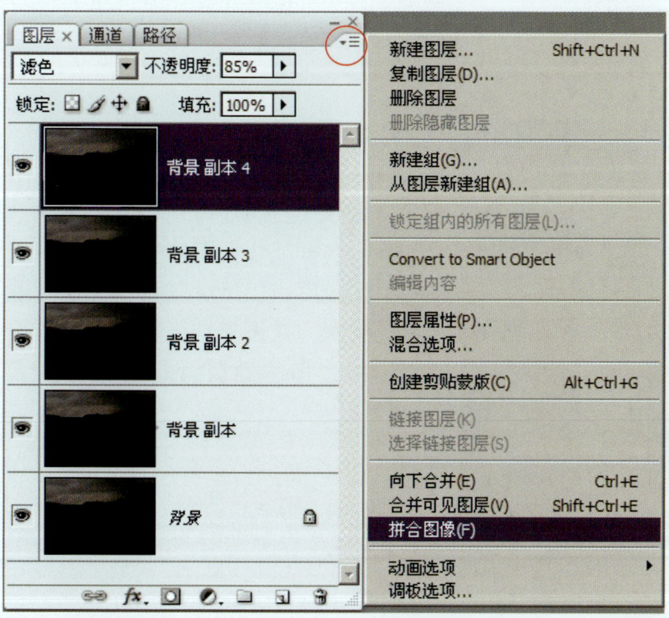

第5步

调整至照片曝光正常后，从图层面板右上角的图层菜单中选择拼合图像选项，整个调整结束。

▲ 处理前

▲ 处理后（使用多个混和模式图层）

12.2.2 调整曝光过度

第1步

在拍摄这张图像时，由于曝光失误，导致整个图像曝光过度。对于调整曝光过度照片的方法与调整曝光不足图像的方法大致相同。首先通过快捷键【Ctrl+J】来执行复制背景图层，这与前面的操作完全相同。

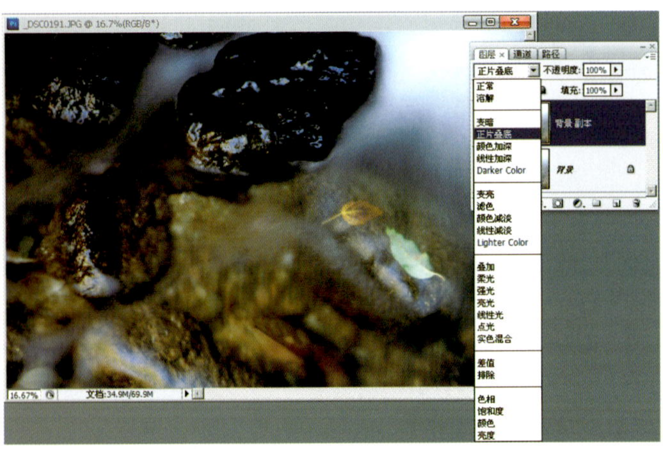

第2步

调整曝光过度唯一的区别是在图层混和模式选项内选择正片叠底选项，这样就会使图像变暗。复制图像完成后，仍然可以用不透明度进行微调。在调整结束后，从图层面板右上角的图层菜单中选择拼合图像。

▲ 处理前

▲ 处理后（使用两个混和模式图层）

12.2.3 暗部中的主体处理

在逆光拍摄的情况下，有时会导致相机按照较亮的光线曝光，使前面的主体在画面里显得较暗，在这里，我们将学习如何用Photoshop 中的阴影/高光功能来改善这样的情况。

第1步

打开需要调整的照片，左边的这幅图片拍摄于傍晚，在拍摄时为了突出天空的云彩减少了曝光，因此画面下半部分的建筑有些曝光不足，需要将此部分的亮度提高，这就要利用到阴影/高光功能来调整，它位于图像菜单下的调整子菜单。

第2步

单击阴影/高光选项，弹出阴影/高光对话框，阴影选项中的数量滑块默认为50%，从整体效果来看，50%的默认设置有些过亮，我们可拖动数量滑块向左移动，如果调整后没有达到我们的要求，可以单击显示其他选项复选框。

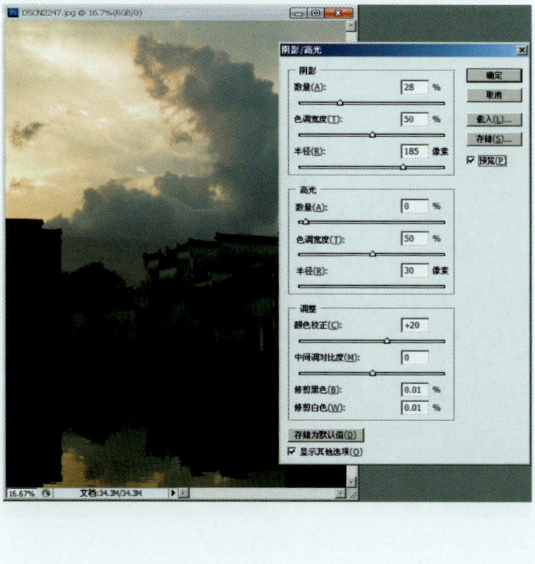

第3步

首先，调整阴影部分选项的数值。在这个例子中，把阴影数量调整到25%～35%之间（最终数量取决于照片的具体情况），然后把阴影半径拖到160～190之间，会使效果更平滑。

提示

我们也可以改变阴影数量的默认值，将滑块拖到合适的数量后，单击该对话框左下角的储存为默认值按钮即可。

第4步

通过调整，阴影区域已经有了很大的改善，下面可以处理高光区域了。一般情况下我们只需要调整阴影或高光中的任一项，因为拍摄出的照片很少需要这两种区域都作调整。在这个例子中对于高光区域不需要做太多调整，把高光数量调整到5，半径调整到100即可（当然这两个数值只针对于这张照片），最后单击确定按钮。

第5步

最后，可以单击调整→色阶菜单项，打开色阶对话框，也可以直接用快捷键【Ctrl+L】实现，利用色阶增加照片的对比度以及颜色的饱和度。用鼠标选中右侧高光滑块向左拖动，使高光变亮（也可以使用左侧的阴影滑块使阴影变黑，在此例中不需要此操作），最后单击确定按钮，得到最终图像。

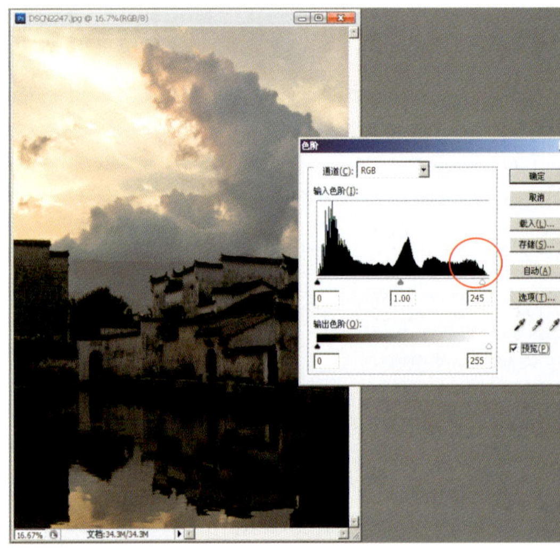

▲ 处理前

▲ 处理后（用阴影/高光调整阴影区域）

12.3 降低数字图像噪点

在室内或夜晚等低照度环境下以及使用高感光度拍摄，数字图像上经常会出现噪点。噪点也称为噪声，主要是指CCD或CMOS将光线作为接收信号并输出的过程中所产生图像中的粗糙部分，也指图像中不该出现的外来像素。这些噪点在图像上表现为一些红、绿、蓝色的杂点，直接影响到图片质量，在Photoshop中可以减少这些噪点，具体处理步骤如下。

第1步

打开有明显噪点的图像，先做色调或亮度的调整（如曲线、色阶等）。执行这些操作也会使图像增加噪点。右图是在傍晚拍摄的，图像中的噪点较明显，特别是天空部分，通过放大图像，便于更清楚地观察噪点。

第2步

通过滤镜菜单，选择杂色菜单内的减少杂色选项。弹出减少杂色对话框后，单击窗口下方的+号按钮，放大噪点明显的区域。

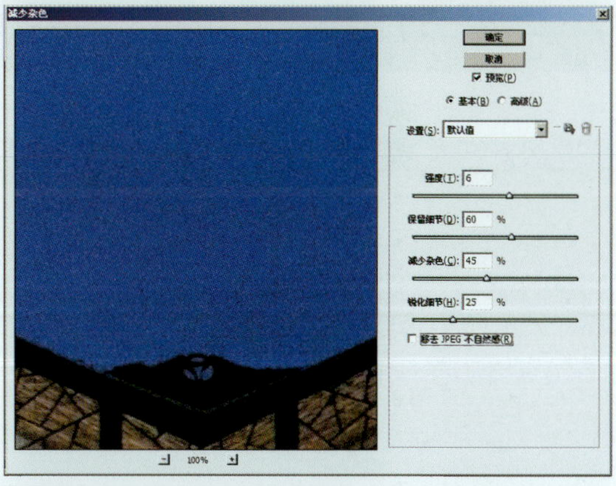

第3步

在强度选项中，可以将数值调整到7～8，在保存细节选项中，可以将滑块设置为40～50%，在减少杂色选项中可以设置为60～70%（可根据噪点的严重程度来设定），在锐化细节选项中，可以将数值保持在15～20%，然后单击确定按钮。

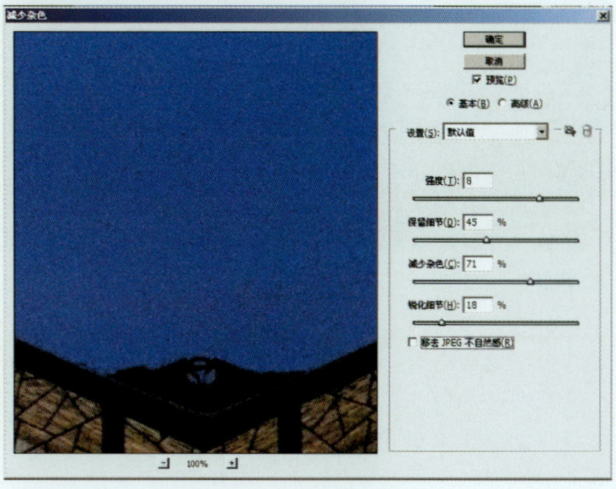

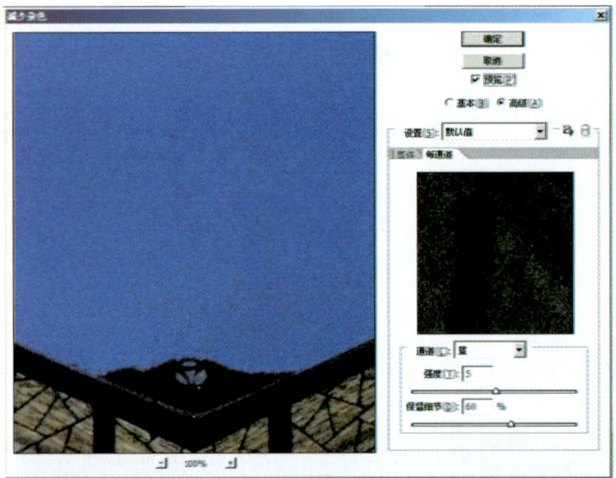

提示

我们也可以单击高级选项内的每通道选项卡，之后从通道下拉菜单针对某通道进行单独减少噪点。

▲ 处理前

▲ 处理后（使用减少杂色滤镜后）

12.4 消除“红眼”

在某些光线不充足的环境下拍摄，需要使用闪光灯来打亮被摄体。有时我们使用家用数码相机拍摄人物，会出现“红眼”现象。虽然现在数码相机的闪光灯具有防红眼功能，但是也无法完全避免，下面介绍的这种方法可以快速消除红眼。

第1步

打开需要修复的图像。这张照片是使用家用数码相机拍摄的，有明显的“红眼”现象。

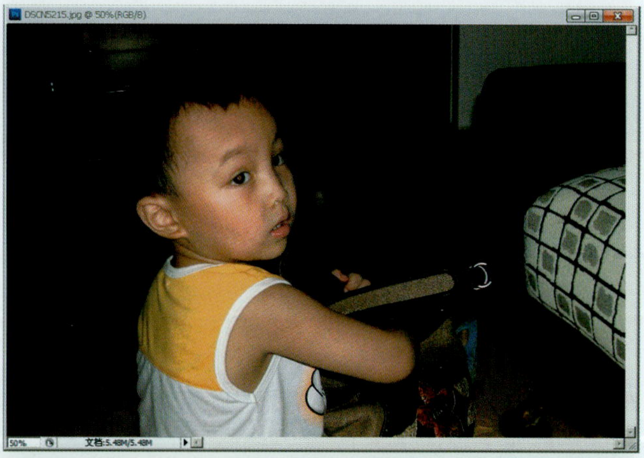

第2步

按【Z】键或在工具箱选择缩放工具，在眼睛周围托出一个矩形，放大眼睛部分。

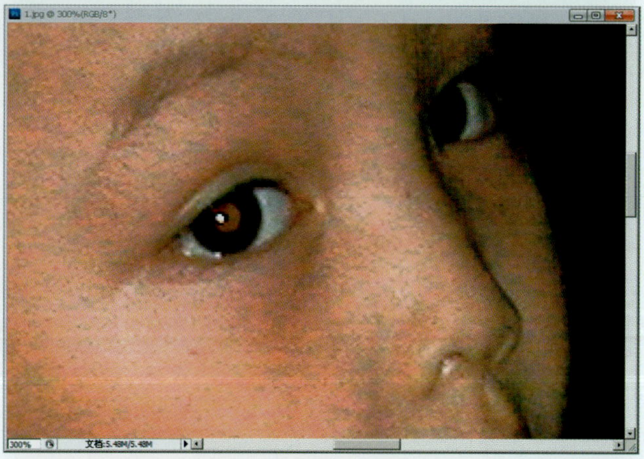

第3步

现在在工具箱内选择红眼工具，它位于修复画笔工笔的下拉工具栏内，也可以通过快捷键【Shift+J】实现。

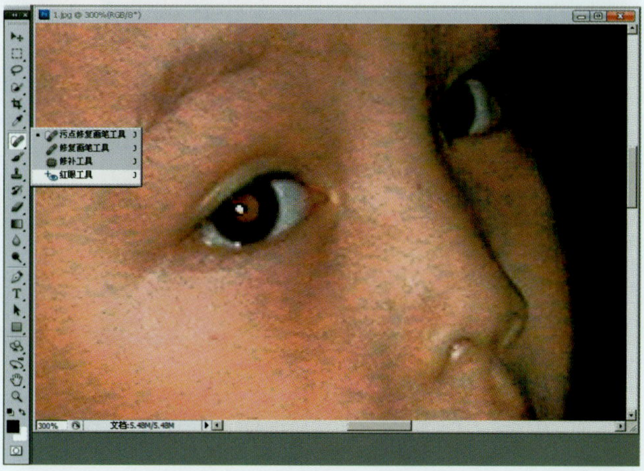

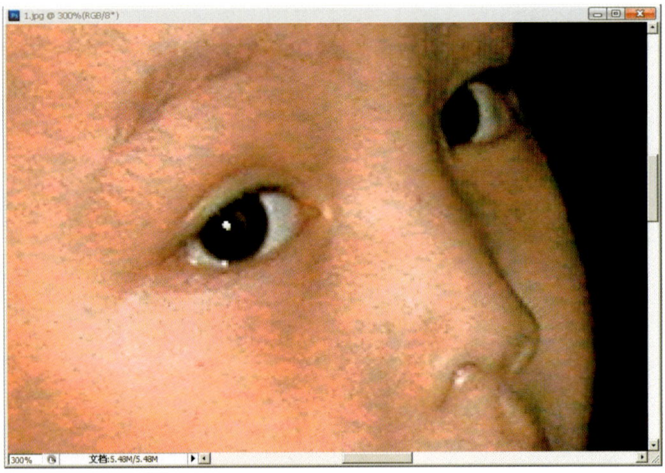

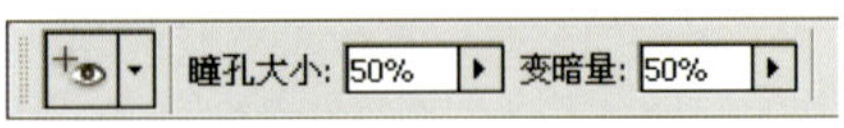

第4步

在选择该工具后，只需要在眼睛内的红色部分单击一次，红色就会消失，如果遇到较严重的红眼，单击一次无法全部消除，可以通过两个控制选项调整红眼工具的性能。分别是瞳孔大小和变暗量，这两个控制位于菜单栏下的工具选项栏中。

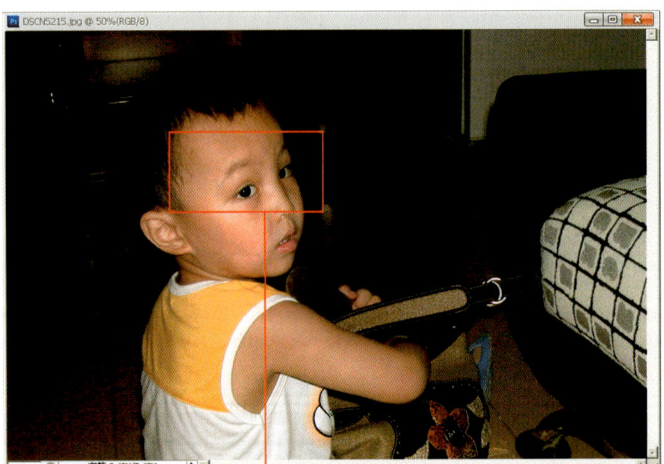

第5步

可以把瞳孔大小看作魔棒工具中的容差设置：数值越高，所选的颜色越多，如果第一次单击时没有选择所有的红色，可以增加瞳孔大小。变暗量决定替换颜色的暗度，默认值为50%，数值越大，替换颜色越深。

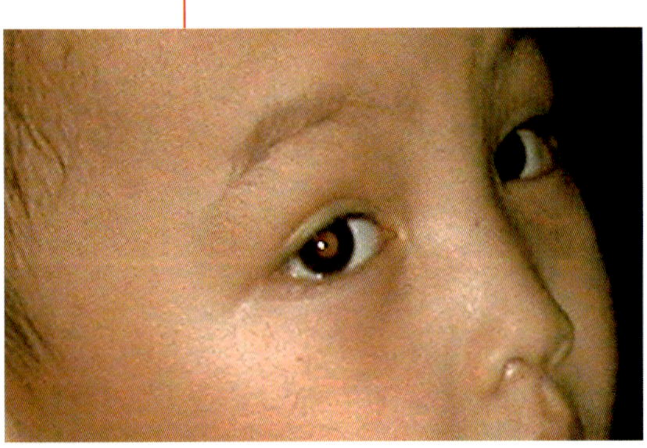

▲ 处理前

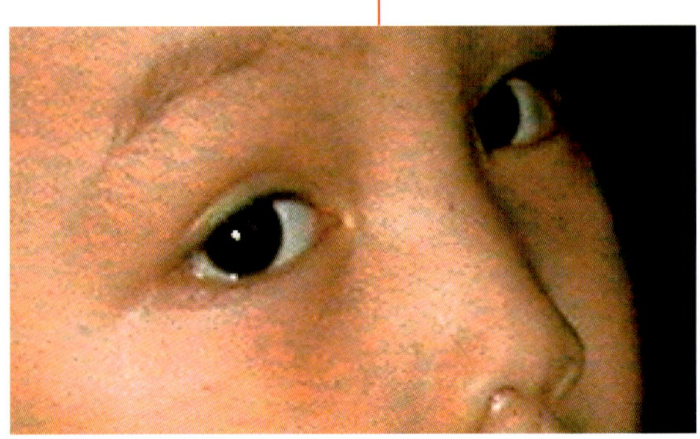

▲ 处理后（使用红眼工具处理）

12.5 修复镜头扭曲问题

在平时的拍摄中，经常需要使用广角镜头。在通过广角镜头拍摄的照片中，有时物体会出现扭曲、畸变，使物体失真，下面来学习一种快速校正镜头扭曲的方法。

12.5.1 校正透视

第1步

打开需要修复的图像，这张照片在拍摄时使用广角镜头，由于角度较低，所以建筑物有明显的向上透视汇聚变形现象。

第2步

进入滤镜菜单，从扭曲的子菜单中选择镜头校正。在弹出的对话框内找到变换部分，把垂直透视滑块向左拖动，可以看到建筑物在逐渐垂直，可以通过网格线来参考建筑物。

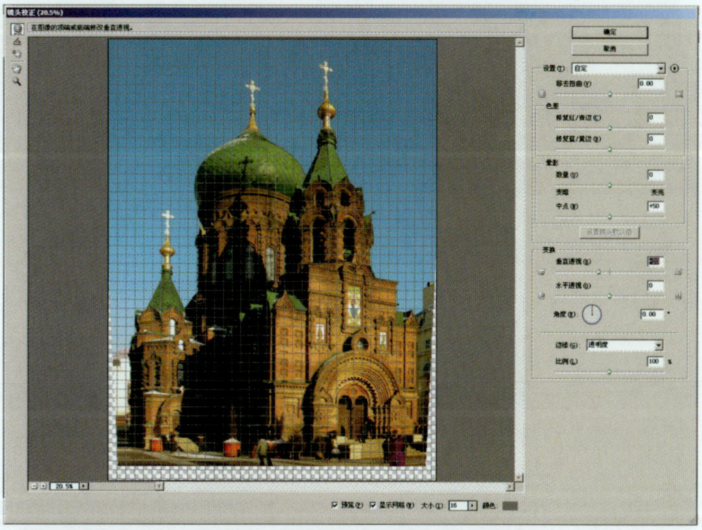

第3步

调整后变换部分会露出图像透明底色部分，在底部边缘的下拉菜单中选择边缘扩展，就会扩展照片的边缘区域，覆盖住间隙，然后单击确定应用滤镜。如果边缘区域不太自然，可以使用仿制图章工具或修复画笔工具处理即可。

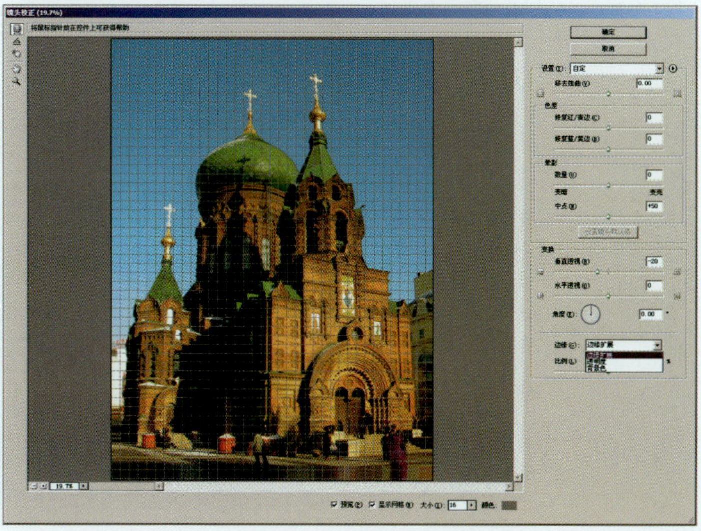

▲ 处理前

▲ 处理后（透视汇聚被校正）

12.5.2 校正桶形畸变

使用广角镜头拍摄，会使图像中出现桶形畸变。焦距越短，桶形畸变会越严重，随着焦距增长，畸变会减弱。桶形畸变会使图像四周的直线部分会明显向内弯曲，使照片失真。

第1步

左边这张图像是使用广角镜头拍摄的，由于畸变的影响，图像中的地平线部分出现了明显的弯曲。再次打开镜头校正滤镜。

第2步

在弹出的镜头校正对话框中，选择移去扭曲选项，用鼠标按住滑块向右拖动，可以看到图像中地平线部分的弯曲有了明显改善。

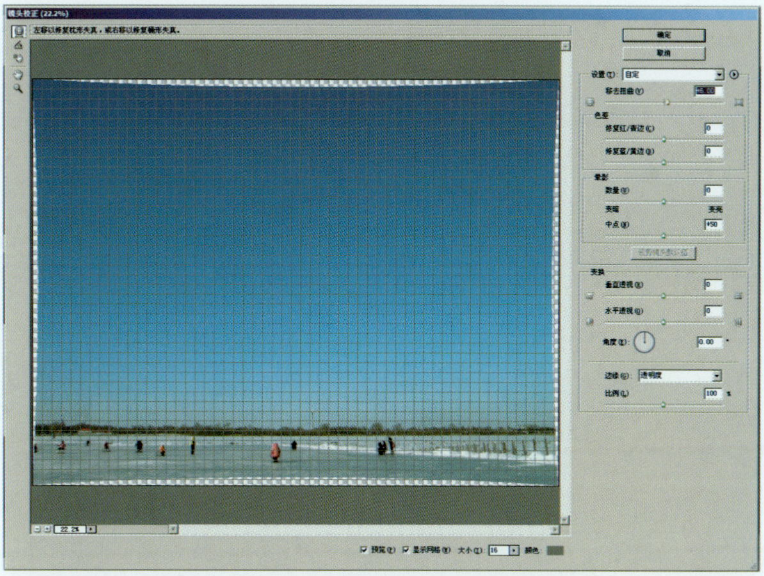

第3步

调整后图像四周会露出图像透明底色部分，依然在底部边缘的下拉菜单中选择边缘扩展，就会扩展照片的边缘区域，覆盖住间隙，然后单击确定应用滤镜。最后使用仿制图章工具或修复画笔工具对图像边缘进行处理。

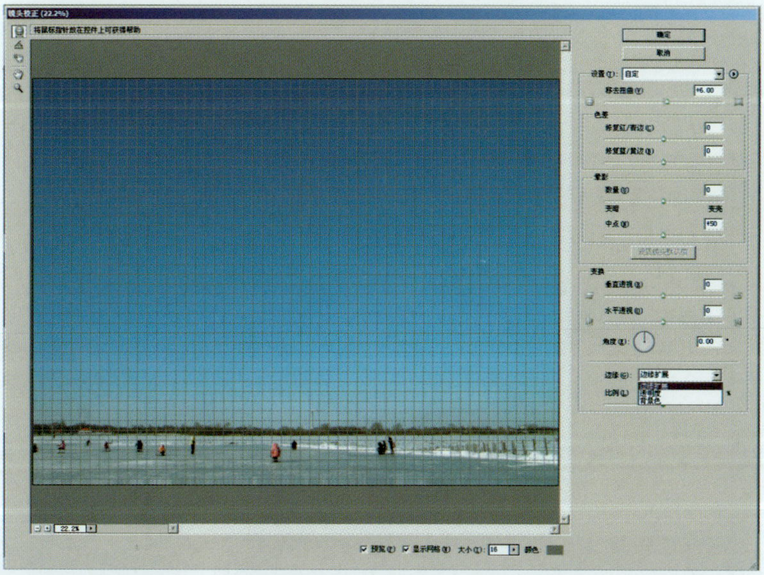

▲ 处理前

▲ 处理后（地平线的畸变被校正）

12.5.3 校正镜头暗角

在某些情况下，由于镜头本身所存在的问题，有时会在图像四周产生暗角，影响图像的整个效果，下面的这种方法可以校正图像的暗角。

第1步

打开四周有暗角的图像。这幅图像在拍摄时画面四周产生了暗角，由于拍摄的是较亮的雪景，使画面的暗角更加明显。进入滤镜菜单，选择扭曲子菜单下的镜头校正选项。

第2步

在弹出的镜头校正对话框中，在对话框的晕影部分，向右拖动数量滑块到数值15，向左拖动中点滑块到数值20，这时可以看到图像的暗角已经被校正，单击确定按钮应用滤镜。

▲ 处理前

▲ 处理后（镜头暗角被校正）

12.6 创建黑白图像

我们经常会使用数码相机所拍摄的图像在Photoshop中转换成黑白图像，最常用的方法就是在图像菜单的调整子菜单中，选择去色，或在图像菜单的模式子菜单中选择灰度命令。通过这两种方法可以快速得到黑白效果，但黑白图像的效果较为单一，在这里我们介绍几种可以产生更好的黑白效果的方法。

12.6.1 使用明度通道

第1步

打开需要调整成黑白效果的图像。这幅图像是在光线充足的情况下拍摄的，图像的明暗分布均匀，比较适合转换成黑白图像。

第2步

选择图像菜单，从模式子菜单中选择Lab颜色，此时照片从RGB颜色模式转换为Lab颜色模式，但从照片上我们无法看出区别。

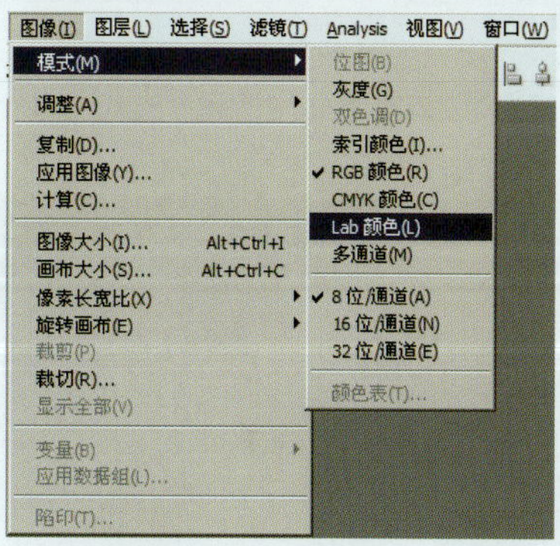

第3步

选择通道面板，可以发现照片不再由红、绿、蓝通道组成，明度通道已经从颜色数据中分离出来，现在的颜色数据位于“a”和“b”两个通道内。明度通道具有大量的高光细节，非常适合转换黑白照片。

▲ 常规RGB图像

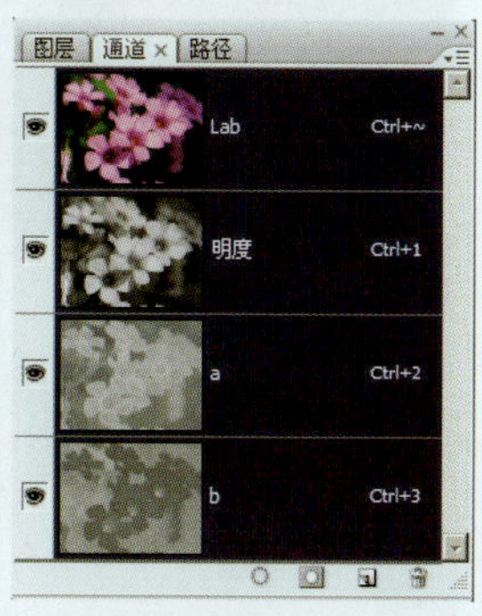

▲ 转换成Lab图像

第4步

在Lab模式下，明度通道具有大量的高光细节，适合转换黑白图像。单击通道面板中的明度通道，我们可以看到图像变成了黑白效果，但有些过亮。

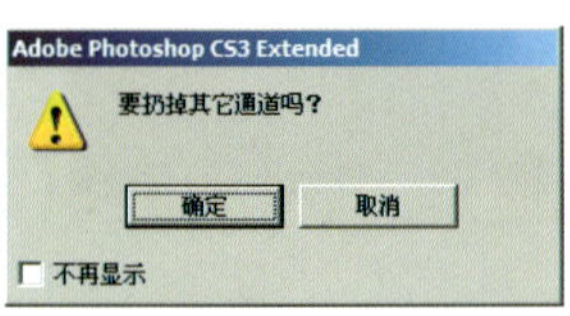

第5步

现在进入图像菜单，从模式子菜单中选择灰度后，会弹出一个对话框，询问我们是否要扔掉其他通道，单击确定后，再查看通道面板，会发现通道面板内只有灰色通道。

第6步

现在观察黑白照片，如果图像过亮或过暗，请进入图层面板，单击背景图层后按【Ctrl+J】键创建背景图层副本，根据图像的实际情况，如果图像过亮，就在图层的混合模式修改为正片叠底；如果过暗，就选择为滤色。在这个例子中，我们选择正片叠底。

第7步

在这一步骤中，我们要把照片调整到最理想的黑白色调，在图层面板中选择不透明度选项，拖动滑块，直到出现满意的黑白效果为止，在这个例子中，将不透明度调整到65%。与直接将图像模式转为灰度的图像相比，明度通道方法为我们提供的控制和深度更多。

▲ 标准灰度转换效果

▲ 明度通道转换效果

12.6.2 使用通道混合器创建黑白图像

使用通道混合器创建黑白图像是比较常用的一种方法，它可以混合3个RGB通道，来创建自定义的灰度图像。

第1步

打开需要调整成黑白效果的彩色图像，在图层面板底部单击创建新的填充或调整图层选项，在弹出的菜单中选择通道混合器选项。也可以从图像菜单的调整子菜单中选择通道混合器选项。

第2步

在默认情况下，通道混合器选项设置为彩色RGB通道，创建黑白图像时，必须打开位于对话框底部的单色复选框。选择单色后，图像变为黑白色调。之后可以通过3个颜色滑块以一定的百分比组合每个通道，创建黑白照片。

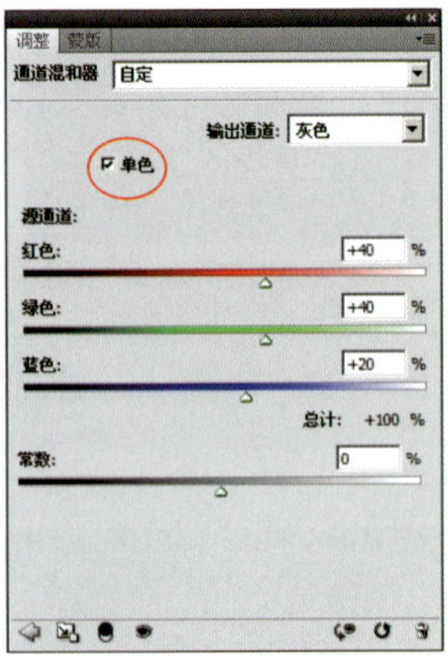

第3步

曾经有人提出过三种颜色的数量的百分比之和不能超过100%，在这里我们可以不去理会这个规则，可以自由调整这些数值，以达到我们需要的效果。调整结束后，单击确定按钮。

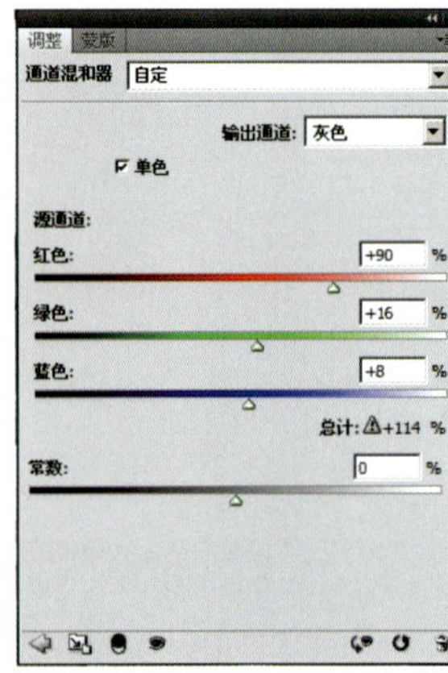

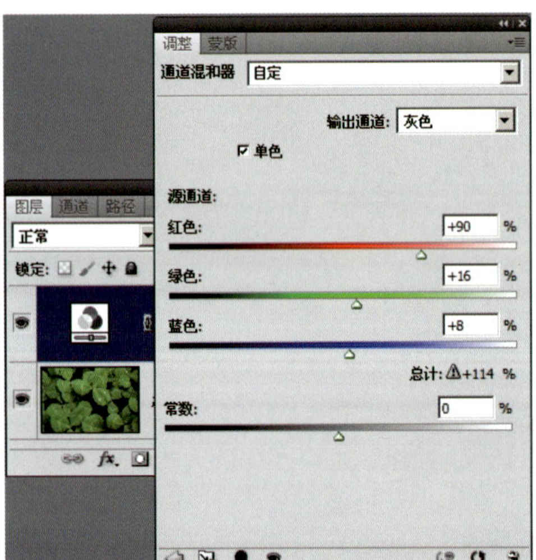

第4步

在这个例子中我们可以拖动滑块降低红色来增加绿色和蓝色。最后单击确定按钮，就能得到最终的黑白图像。如果对于黑白图像效果进行调整，双击图层面板中的通道混合器缩览图（图层蒙版的左边），这样即可以打开通道混合器，显示最后的设置。

▲标准灰度转换效果

▲使用通道混合器转换效果

12.6.3 Photoshop CS5中的黑白转换器

在Photoshop CS5中添加了一种创建黑白照片的新的方法，这种方法与以往的方法有所不同，它增加了一些可调整洋红、黄色、青色的滑块来细微调整黑白效果。

第1步

打开需要调整成黑白效果的图像，从图层面板底部创建新的填充或调整图层菜单中选择黑白。

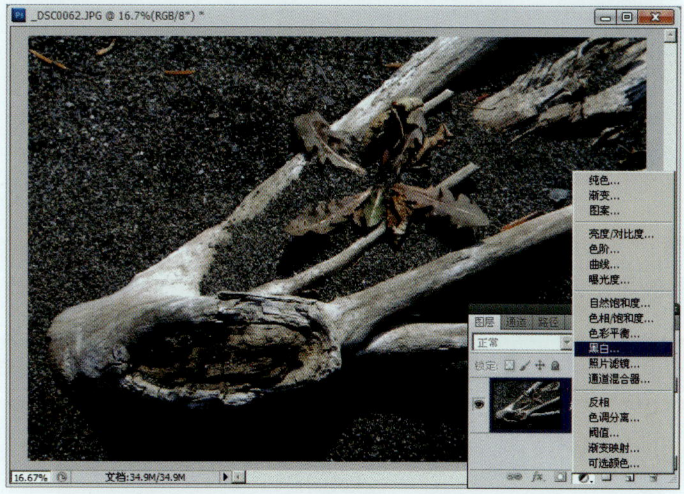

第2步

在弹出的调整对话框中可以看到红色和黄色、绿色和青色、蓝色和洋红它们的百分比之和都是100%，这样适合于亮度不变的照片，如果要产生影调丰富的高对比度黑白效果，这些颜色的数量之和会超过100%。

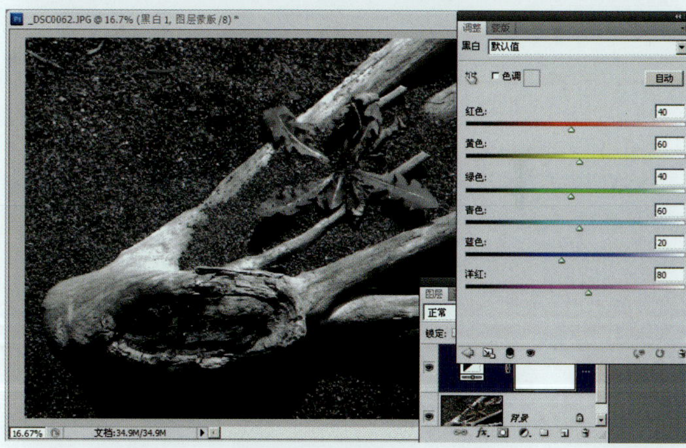

第3步

在面板上部的黑白预设下拉菜单中有一些预设效果，我们可以逐个试验，看看效果是否能达到我们的需要，如果预设效果不理想，就放弃这些预设效果，在这个例子中，选择高对比度红色滤镜。

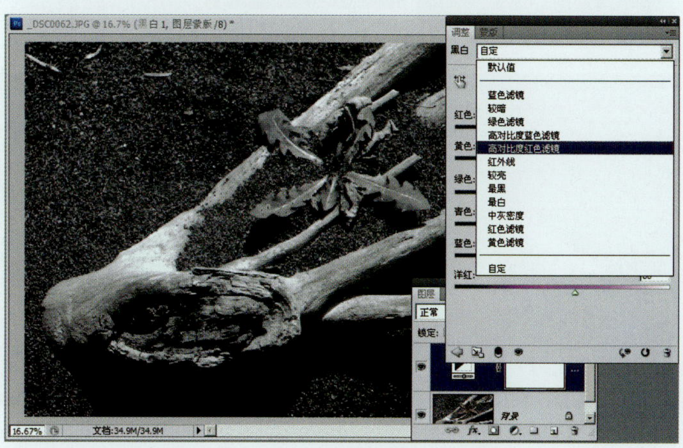

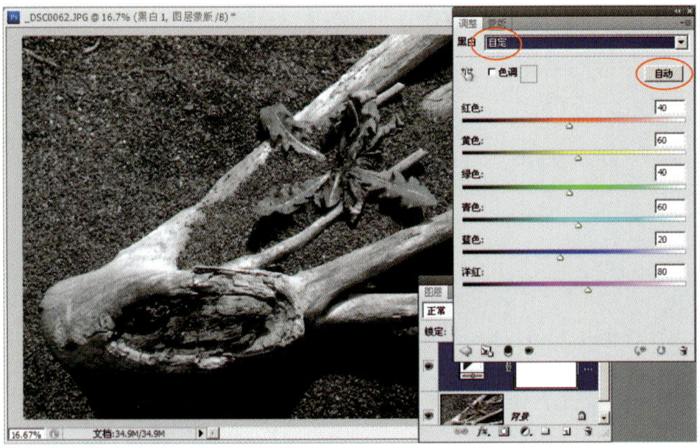

第4步

尝试预设效果后，一定要在黑白预设选项中选择自定，然后，单击自动按钮，作为创建黑白图像的起点。

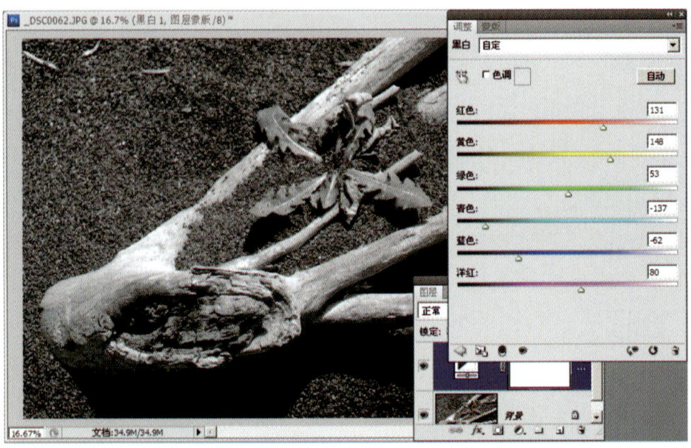

第5步

由于照片的颜色不同，我们也难以判断哪个颜色滑块影响哪个区域，比较简单的方法是将滑块拖向最左端或最右端，这样我们就可以清楚地观察到哪些区域被调整了，然后再进行细微调整即可。

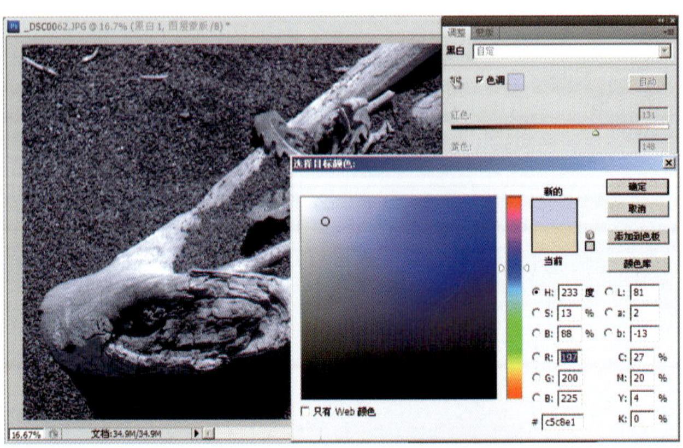

第6步

黑白转换器的另一个特点就是可以制作双色调效果。只要打开色调复选框，就可以调整照片的颜色。如果不需要双色调效果，取消色调复选框即可。最后单击确定按钮完成调整。

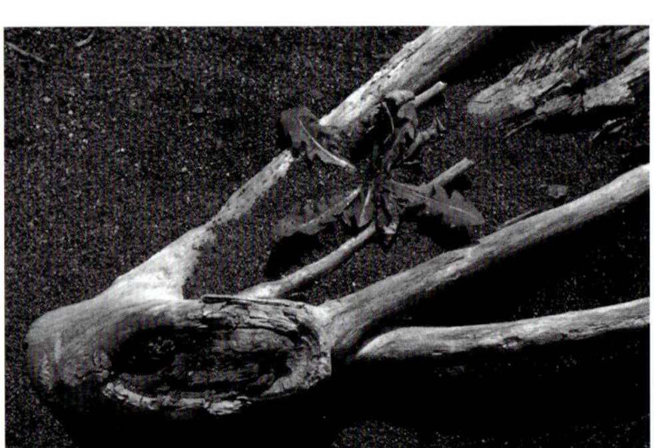

▲标准灰度转换效果

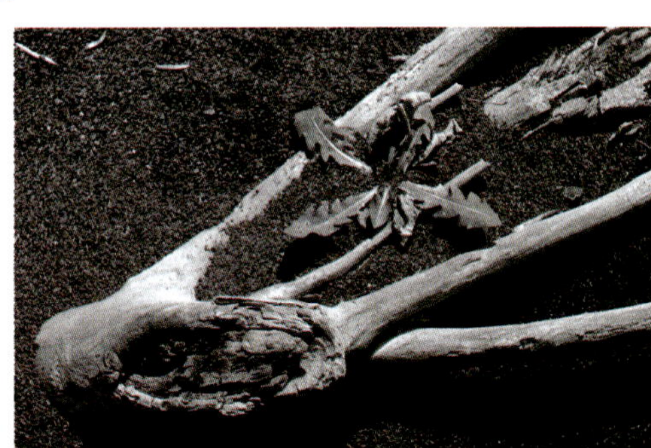

▲使用黑白转换器转换效果

12.6.4 高对比度黑白技术

这是一种简单、快捷、可靠的创建黑白图像的方法，而且能通过简单的方式得到不同的黑白效果。

第1步

打开需要调整成黑白效果的彩色图像，首先按快捷键【D】键或在工具箱内单击默认前景色和背景色按钮，把前景色设置为黑色。然后在图层面板底部的创建新的填充或调整图层菜单中选择渐变映射选项。

第2步

渐变映射对话框弹出后，单击确定按钮。这时已经产生了不错的黑白效果，但是并没有达到我们的要求。

第3步

在图层面板内双击渐变映射缩览图，弹出渐变映射对话框。然后直接在灰度渐变上单击一次，弹出渐变编辑器对话框。在灰度渐变条下方中间部分单击一次，向渐变添加色标。

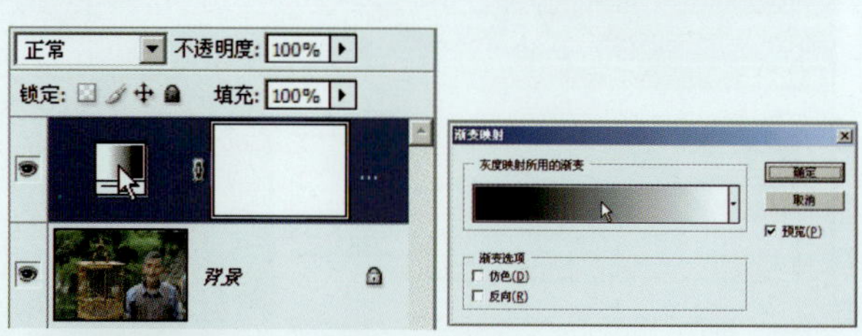

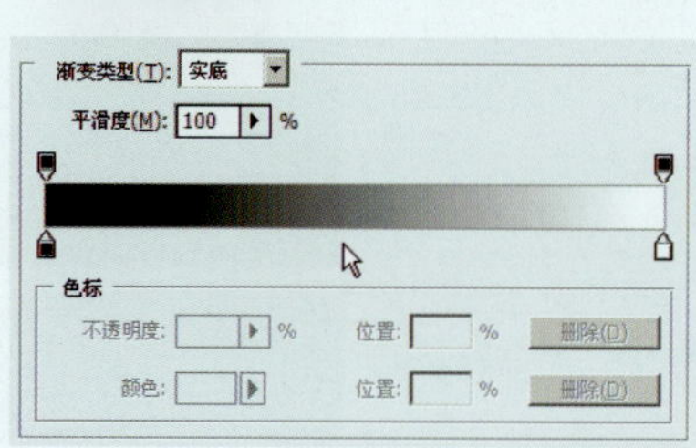

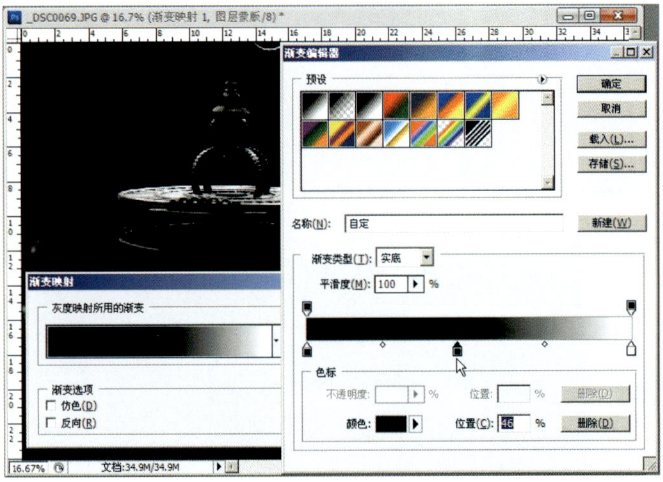

第4步

单击一次后，可以看到刚才单击的位置多了一个色标，色标为黑色，图像变成很暗得效果，可以不用理会。然后双击新添加的色标。

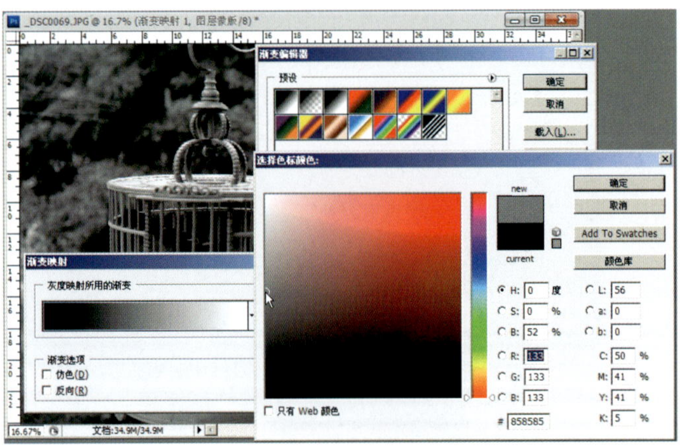

第5步

双击色标后，弹出选择色标颜色对话框，在拾色器左侧延边沿上下拖动，选取一种灰色。然后，观察照片效果。在这个例子中，照片的中间层次看起来较丰富。之后，单击确定按钮，关闭选择色标颜色对话框，但不要关闭渐变编辑器对话框，我们还可以做其他调整。如果照片效果已经达到要求，便可以省略后面的步骤。

第6步

一旦回到渐变编辑器，刚才添加的色标变为灰色，可以拖动中间的灰色色标，调整图像色调。左边的黑色色标可以调整暗部的深度，右边的白色色标可以调整亮部的亮度，与色阶的调整方法较为近似。之后单击两次确定，调整完成。

第7步

下面两个步骤是在前面提到的两种变化。进入图层面板，把渐变映射调整图层的不透明度降低到80%。我们可以看到照片变成了低饱和度的效果，这是我们提到的第一种效果。现在把不透明度调整回100%，进行第二种变化。

第8步

进入图层面板，单击背景图层，可以看到它依然是彩色的，如果去掉背景图层的颜色，就能得到不同的效果。按快捷键【Ctrl+Shift+U】执行去色命令，也可以在图像菜单下的调整子菜单选择去色选项。这个步骤，可以使照片产生不同的效果。在这两种方法中可以选择一种适合的效果，如果不喜欢，可以执行快捷键【Ctrl+Z】撤销它。

▲ 标准灰度转换效果

▲ 使用高对比度黑白技术转换效果

12.7 锐化技术

使用数码单反相机拍摄的图像在锐度方面有些不足，或者在拍摄过程中产生虚焦，以及在图像后期的调整过程中有时也会损失锐度，所以在大多数情况下要对数字图像进行不同程度的锐化，以保持图像的清晰度。下面由浅入深介绍几种锐化技术。

12.7.1 基本锐化

下面介绍几种简单快捷的锐化方法，通过这几种方法可以在很短的时间内，提高照片的清晰度。

▲ 处理前

▲ 使用USM锐化效果

第1步

打开需要锐化的图像，因为要在锐化的过程中需要观察图像的细节，所以我们要对图像的局部进行放大。可以按快捷键【Z】并单击鼠标左键，或者按住【Ctrl】键后，按【+】键来进行图像局部放大。由于此例中的图像尺寸较大，所以我们把显式比例控制在50%即可。

第2步

以50%的显示比例观察后，进入到滤镜菜单中的锐化子菜单，可以看到在锐化菜单中有USM锐化、进一步锐化、锐化、锐化边缘、智能锐化5个选项，在本节中我们介绍的几种快捷锐化方法都使用USM锐化选项。

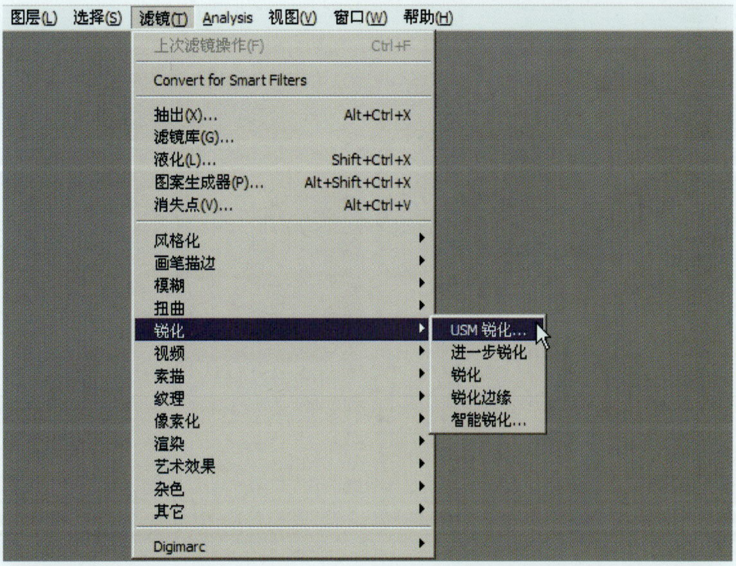

第3步

在弹出的USM锐化对话框中有3个滑块。数量滑块决定图像中锐化量的多少；半径滑块决定锐化从边缘开始向外影响多少像素；阈值滑块决定锐化效果强弱，数值越大，效果越弱；数值越小，效果越强。在这个例子中，把数量设置为125%，半径设置为1，阈值设置为3，然后单击确定按钮，把锐化效果应用到整幅图像。

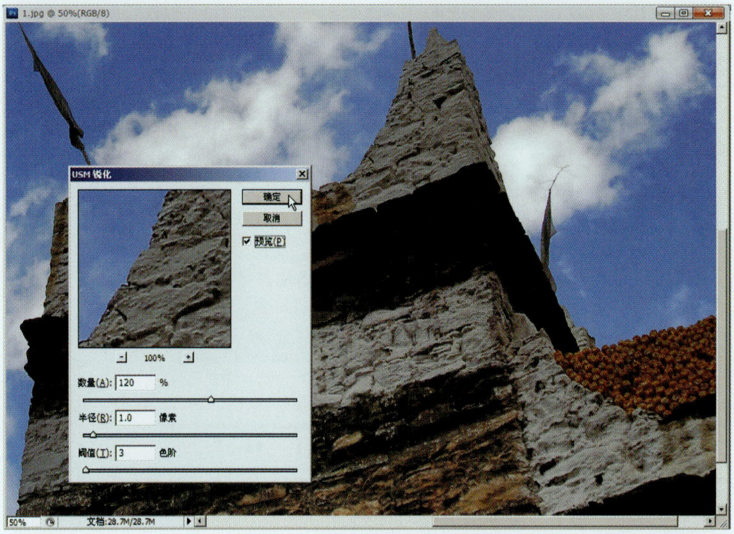

锐化柔和的主体

在我们拍摄的图像中，不同的被摄物需要的锐化程度有所不同。对于比较柔和的主体(如花朵、小动物、彩虹等)，可以使用USM锐化的以下设置：数量150%、半径1、阈值10。通过这些数值，可以实现很细微的锐化效果，非常适合花朵这类被摄体的锐化。

人像锐化

如果锐化近景人像，可以尝试使用USM锐化的以下设置：数量75%、半径2、阈值3，这也是一组能够产生细微锐化效果的数值，这种效果不会使眼睛过于突出。

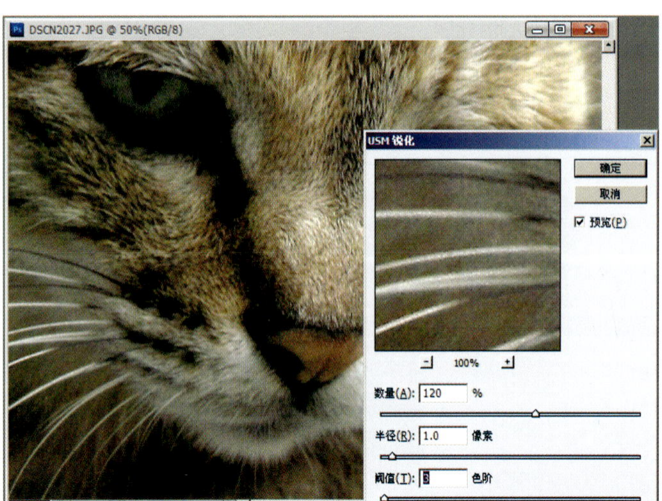

中等锐化效果

中等锐化效果适合于各种产品照片、室外照片以及风景照片，需要较明显的锐化效果时，可以使用下面这组设置。USM锐化：数量120%、半径1、阈值3，从图像中的猫胡须可以看到锐化效果。

极限锐化效果

一般在两种情况下使用这组设置。一种情况是图像严重失焦，另一种情况是要表现物体的清晰纹理（如岩石、金属、树木等）。USM锐化：数量65%、半径4、阈值3，在这幅图像中锐化可以产生更多的岩石细节。

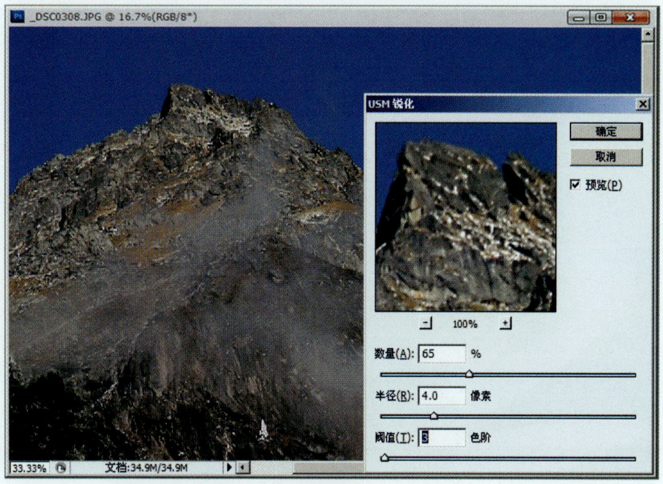

通用锐化效果

如果有些数码图像所拍摄的对象不需要在某些方面需要特殊注意，便可以使用这组设置，USM锐化：数量85%、半径1、阈值4。它适合于大多数图片，效果细微。如果在应用一次后，觉得锐化度不够，可以再应用一次。

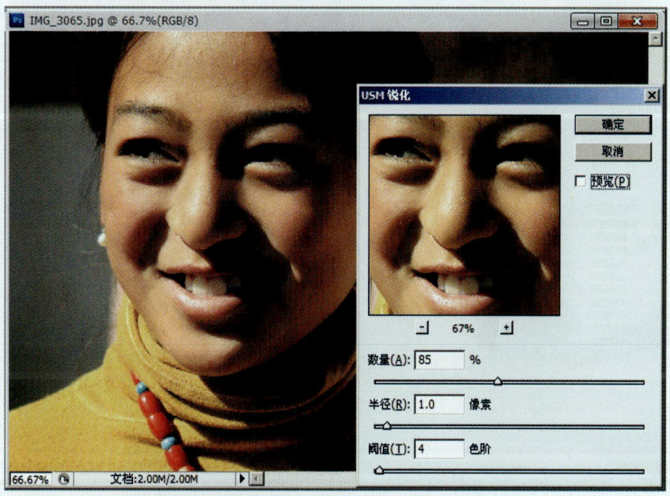

Web图像锐化

有时我们需要将图片用于网页或者上传，需要把300dpi的图像分辨率降低到72dpi，同时，照片的锐度会有所降低，我们可以使用以下设置：USM锐化：数量200%、半径0.3、阈值0。使用这种方法（数量400%），可以挽救一些虚焦严重的图像。

12.7.2 Lab锐化

Lab颜色锐化技术可以作为对数字图像最常用的一种锐化技术，用这种方法可以避免在锐化时产生过多的斑点和杂色，所以在使用的时候可以对图像进行更多的锐化量。

第1步

打开需要使用Lab颜色锐化的RGB图像，进入通道面板，可以看到RGB照片的通道由红、绿、蓝3个通道组成，每个通道的缩览图都显示为黑白图像，而这3个通道中的数据组合起来就形成了RGB图像。

第2步

进入图像菜单，从模式子菜单中选择Lab颜色。这时，在通道面板中，可以发现图像效果虽然没有发生变化，但是通道已经改变。现在的通道由明度通道（照片的亮度和细节）、a通道和b通道（保存色彩数据通道）3个通道组成。

第3步

单击通道面板中的明度通道，从a和b两个颜色通道中分离出来，这时的图像变成了较亮的黑白效果，但它并不是真正意义上的黑白图像，只是将图像的亮度从色彩信息中分离。

第4步

进入滤镜菜单，在锐化子菜单中选择USM锐化选项，将锐化应用到黑白效果的明度通道。使用USM锐化的锐化设置可以参考12.7章节，不同的被摄物在设置上会有所区别。在这个例子中，设置USM锐化为：数量85%、半径1、阈值4，然后单击确定按钮，应用锐化。

第5步

在这个锐化方法中，锐化的只是明度通道，并没有锐化颜色信息，所以可以避免出现过多的斑点和杂色。为了得到更清晰的效果，可以按快捷键【Ctrl+F】再次应用锐化。根据不同的图像来决定锐化的次数，在这个例子中，使用两次锐化。然后，进入图像菜单，从模式子菜单中选择RGB颜色，把图像转换回RGB颜色模式，整个调整过程结束。

▲ 处理前

▲ 使用Lab锐化效果后

12.7.3 两度锐化

这种锐化方式与一般的锐化有所不同，一般适合于要突出图像中大量的纹理，或者清晰的边缘，可以得到比较明显的效果，但一般植物、小动物的图像不适合使用这种方法。

第1步

打开需要锐化的RGB图像，右边这幅图像拍摄的是羌族民居的石墙，主要突出石墙的纹理。通过两度锐化技术，可以使石墙的纹理更加明显、突出。

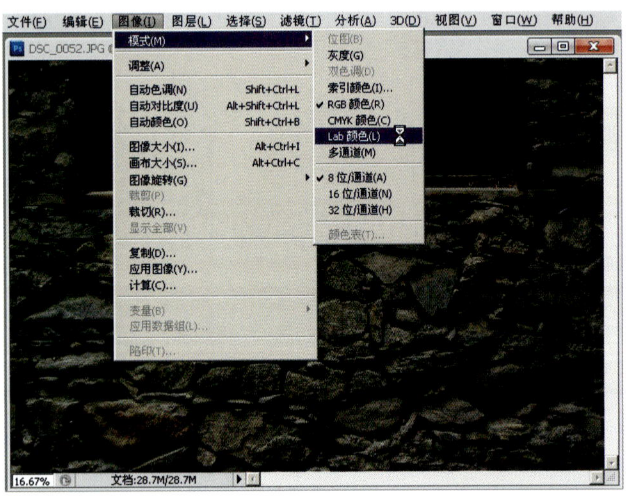

第2步

进入图像菜单，从模式子菜单中选择Lab颜色选项。在前面的小节里我们讲到，用Lab颜色锐化可以避免在锐化时所产生的斑点和杂色，从而提高数码图像的影像质量。

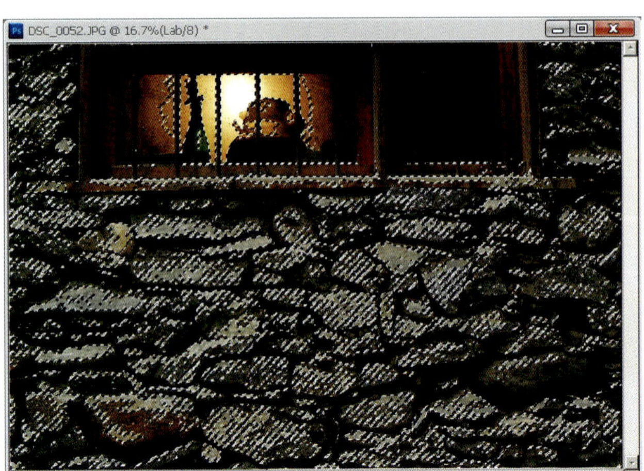

第3步

将图像转为Lab颜色模式后，通过快捷键【Ctrl+Alt+数字2~5】（不同的数字可以控制不同的选区）把明度通道载入为选区，这时可以看到，画面里面的部分区域被选中，以选区的形式出现。

第4步

建立选区后，进行反向选取。进入选择菜单，选择反向选项，也可以按快捷键【Ctrl+Shift+I】来实现。选区反向之后，为了更清楚地看到锐化效果，不被选区边框分散注意力，先将选区在视图中隐藏，使用快捷键【Ctrl+H】来隐藏选区。

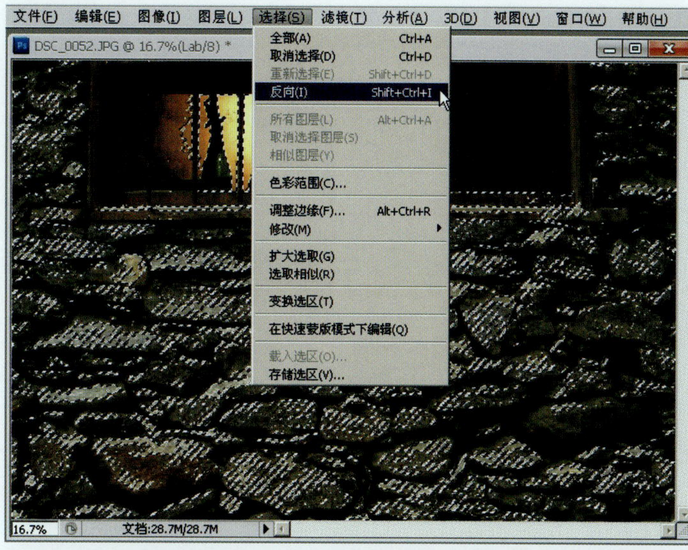

第5步

选区被隐藏起来后，进入通道面板，单击明度通道，图像变为较亮的黑白效果，与前面小节的方法一样，只将锐化应用在明度通道上，以避免出现降低图像质量的问题。

第6步

现在使用USM锐化滤镜进行第一遍锐化。进入滤镜菜单，在锐化子菜单中选择USM锐化，设置数量500%、半径1、阈值2，单击确定按钮，将锐化应用到明度通道内已隐藏的选区。

第7步

现在添加第二遍锐化，再次打开USM锐化滤镜，首先保持数量设置为500%，之后把半径滑块拖到最左端，再慢慢向右增加半径，直到合适为止。这种两遍锐化一般适合于分辨率为300dpi的高分辨率图像，半径数值设置为25～35像素。

第8步

调整半径设置后，把数量降低到50%～60%，单击确定按钮，应用第二遍锐化。之后进入图像菜单，从模式子菜单中选择RGB颜色，把图像转换回RGB颜色模式，这样，就用两遍不同的USM锐化滤镜调整出了清晰的图像。

▲ 处理前

▲ 使用两度锐化后的效果

12.7.4 局部锐化

使照片看起来更清晰的一种方法是应用一次锐化后，再对某些区域进行最大限度的锐化，这种方法可以使图像看起来锐度更高。

第1步

打开需要锐化的图像，右边这幅图像是用微距镜头拍摄的小昆虫，在这里我们想用锐化的方式让这只昆虫更加清晰。进入滤镜菜单，在锐化子菜单中选择USM锐化，数量120%、半径1、阈值3，然后单击确定按钮，让整幅照片先进行一次锐化。

第2步

进行完一次锐化后，按快捷键【Ctrl+J】创建背景图层副本。在这个副本图层上，按快捷键【Ctrl+F】再次应用USM锐化滤镜，采用完全相同的设置。其实在这里可以尝试用2～3次该滤镜，让画面产生最大的清晰度，但值得注意的是，除非高分辨率的图像可以应用3次，分辨率较低的图像使用3次会使图像过度锐化。在这个例子中应用了3次锐化。

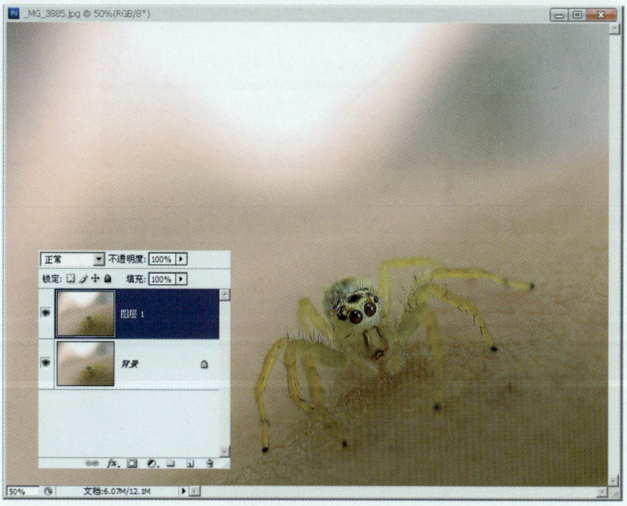

第3步

进入图层面板，按住【Alt】键的同时单击图层面板底部的添加图层蒙版图标，向锐化过的图层添加黑色蒙版，这时我们可以看到刚才锐化过的图像又恢复到了锐化前的状态。

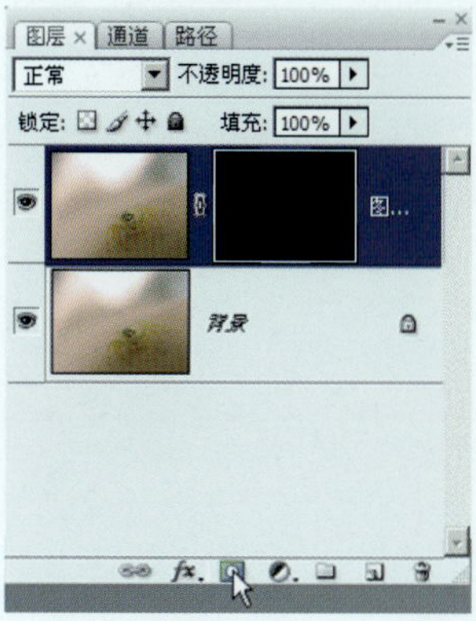

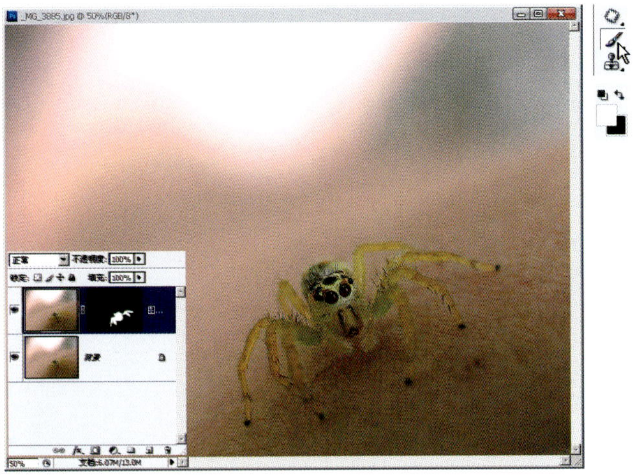

第4步

现在按【B】键或在工具箱选择画笔工具，选择一支中等尺寸的柔角画笔，把前景色设置为白色，在需要锐化的部分用画笔工具进行描绘。可以看到通过画笔描绘过的区域又恢复了锐化效果，在图层面板上可以看到在副本图层添加的黑色蒙版上用画笔描绘过的区域变成了透明的状态。

▲处理前

▲使用局部锐化效果

Chapter 13 实例分析

- 可口可乐广告（1）
- 可口可乐广告（2）
- 编织梦想——索尼α系列数码单反相机广告
- 花露吉祥
- 流动的花朵

在本章中，我们来介绍几个西安理工大学摄影专业学生在平时的课堂以及毕业创作阶段完成的作品实例。这些实例前期都是通过数码相机进行拍摄，后期使用图像处理软件Photoshop制作合成的。在制作前期，都经历了较为周详的计划，包括拍摄计划以及后期处理计划。

制作过程主要分为以下几个阶段：

1. **构思阶段**：对于作品表现形式、表现手法的制定阶段。

2. **拍摄阶段**：主要包括对制作过程中所需要素材的拍摄。在这个过程中必须保证数字图像的高品质控制，以保证数字图像在后期制作阶段有较高的图像素质。其中包括图像的高清晰度、色彩的准确还原、图像格式的正确运用等。

3. **后期制作阶段**：在这个阶段首先对所拍摄的图像素材在Photoshop中进行明暗、色调、锐化方面的处理，然后对各种素材进行整合，最终形成一幅完整的作品。

▲ 作者：程志敏 器材：尼康D2X、高明CT-10闪光灯 后期制作软件：Photoshop CS2

13.1 可口可乐广告（1）

13.1.1 创 意

这幅作品是在《广告摄影》课程内完成的课堂作业，作品以可口可乐饮料为表现对象，以一种幽默的方式来表现主题。作品用一群正在足球场上进行比赛的足球运动员，为了争抢一瓶可口可乐，而忘记了足球，忘记了规则，忘记了比赛。运动员相互之间激烈、焦灼的气氛与一个和比赛本身无关紧要的物品——可口可乐形成了强烈的反差，产生幽默的意味，从而突出了在画面里并不抢眼的可口可乐。

13.1.2 拍 摄

作品的拍摄经过了较长的过程，前后一共经过4次拍摄。前3次拍摄的图像在画面中都有不尽人意的地方，经过总结，在第4次拍摄中各种问题都得到了较好的解决。

第1次拍摄

▲ 在第1次拍摄中，作者使用的是一支功率较小的户外拍摄闪光灯，由于闪光范围有限，使画面中有些部分过暗，失去应有的细节。而且人物形象、服装道具的选择都过于草率

第2次拍摄

▲ 第2次拍摄人物的服装正规了许多，但是拍摄时间有些过晚，天空部分已经成为黑色，没有任何细节。另外人物的动势也过于平缓，运动中激烈争夺的气氛没有体现出来

第3次拍摄

▲ 第3次拍摄将照明换成了功率较大的闪光灯。在光线的运用、人物的服装等方面都有所改善，但是在人物的动态、表情方面仍然有所欠缺，个别人物表情不够严肃导致整个画面气氛减弱

第4次拍摄

第4次拍摄的时间、天气都较为合适。由于户外拍摄闪光灯功率不足，所以选择了一支1000W/s的大功率室内闪光灯，为此作者提前准备好了数十米电线解决了闪光灯的供电问题。为了使画面气氛更加突出，在人物角色方面也有所变化，服装道具与先前相比有了很大的改善。

◀ 这次拍摄的时间较早，在下午4～5点期间，现场光线较为充足。但是要表现自然光与人造光源相互结合的效果，必须进行细致的测光与定光，很好地控制光比，才能将光效表现出来

▲ 根据前几次拍摄所总结的经验，在拍摄过程中对人物整体以及个体的动势都进行了较详细的计划，并且进行了多次反复的拍摄，使每个人物都能捕捉到一张较好的动态，便于后期处理

▲ 在这次拍摄中，也着重对人物的面部表情进行了拍摄，并且在拍摄现场进行细致观察，以保证每个人物都有较好的面部表情，避免留下缺憾

13.1.3 经验总结

经过前后4次的拍摄，可以看到很多细节如果不经过仔细把握，都会产生对画面不利的因素。如果我们在前期计划中能够预见到这些因素，就可以免去很多繁重的工作，也许一次就能完成拍摄过程。下面我们来总结一下看看哪些方面需要在拍摄中注意。

1. 光效

▲ 因为作者要表现的是一种自然光与人造光相结合的光效，所以在光比方面较难控制。在前3次拍摄中，由于拍摄时间较晚，自然光过弱，导致天空部分过暗，给人产生在夜晚的感觉。通过第4次拍摄，将这种光效较好地表现了出来

2. 人物动态

▲ 在前3次的拍摄中，人物动态的表现不够理想。画面中出现的人物动态不够舒展，表演痕迹过重。在第4次拍摄中这些问题得到了较好的解决，表现出了运动场上的激烈气氛

3. 面部表情

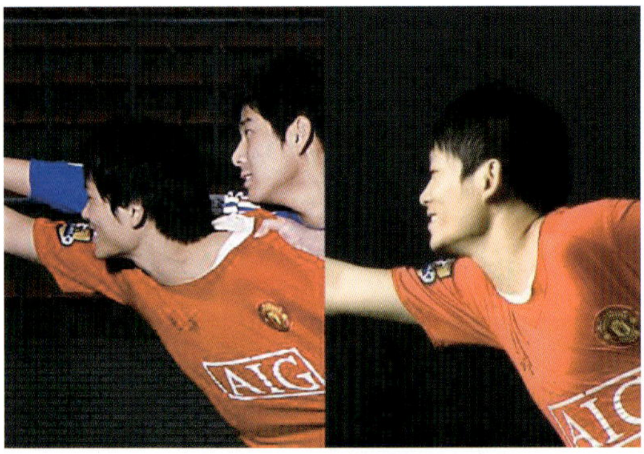

▲ 在画面中人物表情与作品传达的气氛会产生直接的联系，所以人物表情需要符合画面中的气氛。在前3次拍摄中，人物在表情方面有些不严肃，无法将作品的主题进行传达

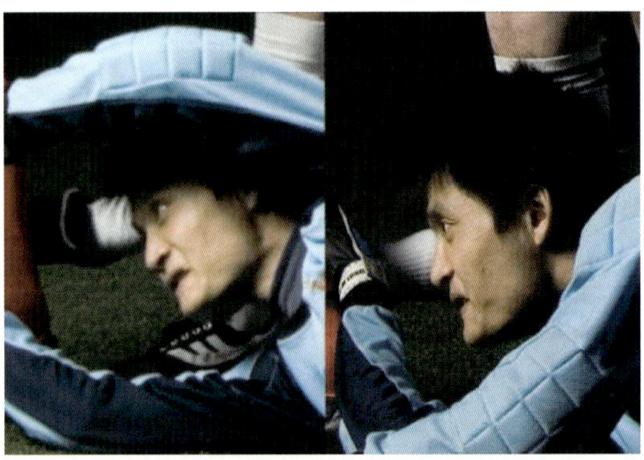

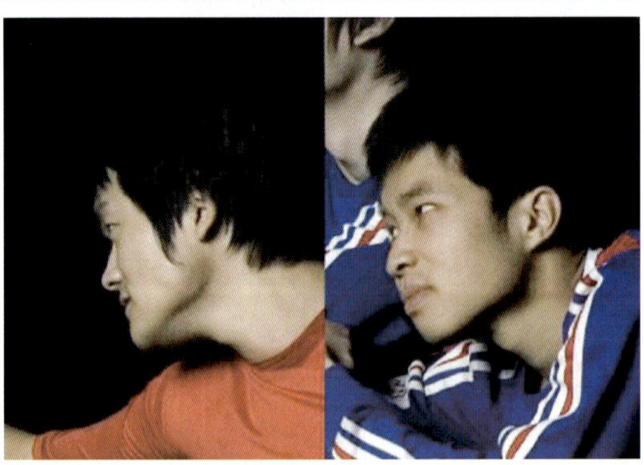

▲ 人物专注、投入的表情使作品的气氛得以更好的体现。所以，人物的状态是否投入直接关系到拍摄阶段的工作量。在这幅作品里出现的人物都是作者的同学，在真实的广告摄影中，应该选择专业模特

4. 服装道具

▲ 服装、道具的选择是经常使人忽视的问题，但是会直接影响到作品的成败。作品在前几次的拍摄中对于服装、道具的选择有些不够得体。人物的足球运动装不够统一，短裤、球袜都显得过于粗糙。足球和可乐瓶是两个在画面中起着重要作用的道具，通过前后对比，可以看出旧足球与崭新的足球相比，会直接影响画面效果。一次拍摄的可乐和在室内拍摄后通过后期合成的效果也有本质的区别

13.1.4 后期处理

拍摄工作结束后，接下来的工作是图像处理、合成阶段。现代广告摄影中，后期处理阶段已成为至关重要的环节。主要工作是将拍摄的素材处理、并整合在一起。

1. 调整天空部分

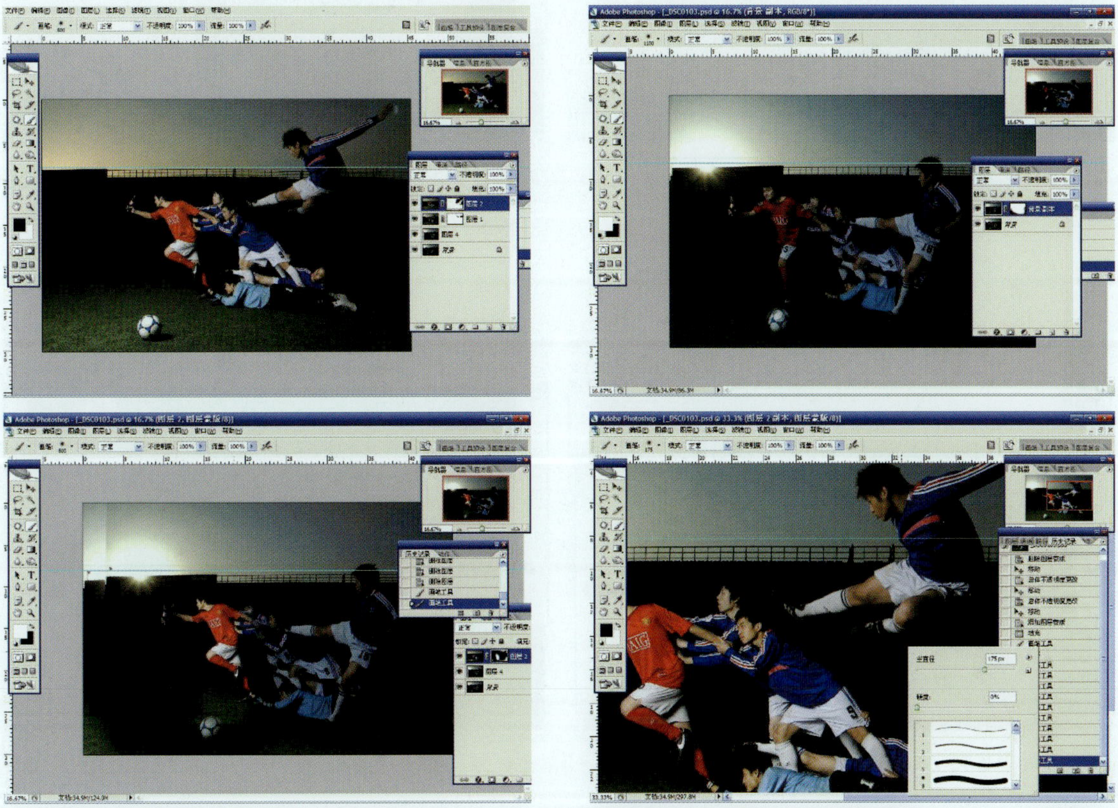

▲ 在拍摄时由于光线的变化很快，有些图像的天空部分不符合我们的要求，但是画面中的人物动态却很生动，所以可以对天空部分进行调整。我们可以将人物动态表现较好的图像拖入天空表现较好的图像中，成为两个图层，添加蒙版。然后用画笔工具对上面一个图层的天空部分进行擦除，这样下面图层表现较好的天空部分就逐渐显现出来。注意：擦除的过程要细致控制，使天空看起来更自然

2. 调整人物面部

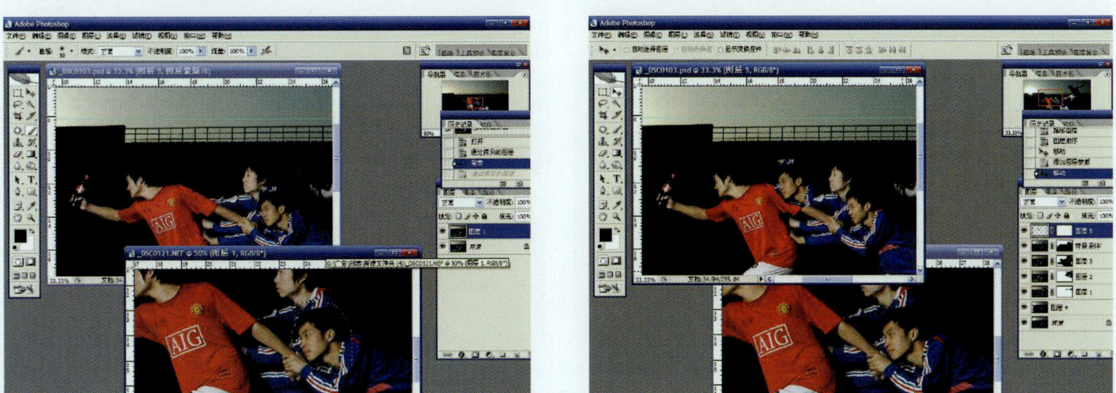

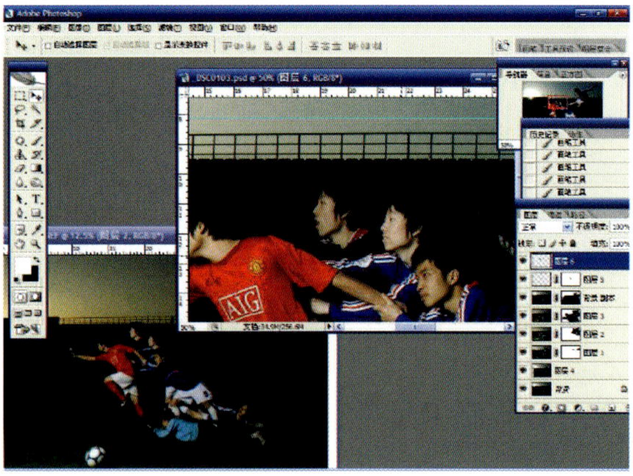

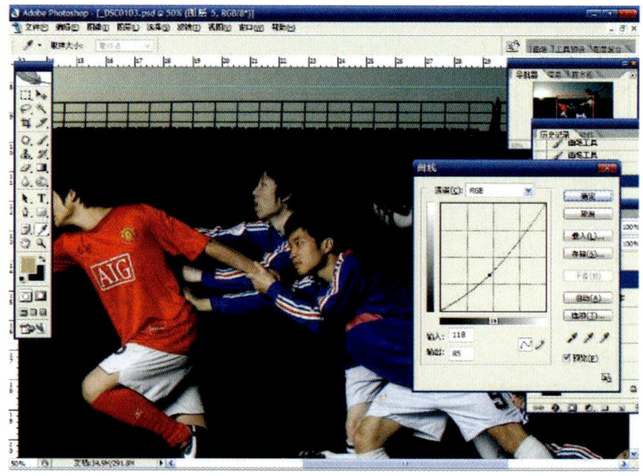

▲ 我们在13.1.1节中讲到，此作品的第4次拍摄比较细致，专门针对人物的面部表情进行了拍摄，所以在后期处理阶段可以对于表情不到位的人物面部进行置换。由于是在同一亮度下拍摄的，所以置换部分的亮度与原图基本一致，进行亮度方面的微调即可

3. 更换可乐瓶

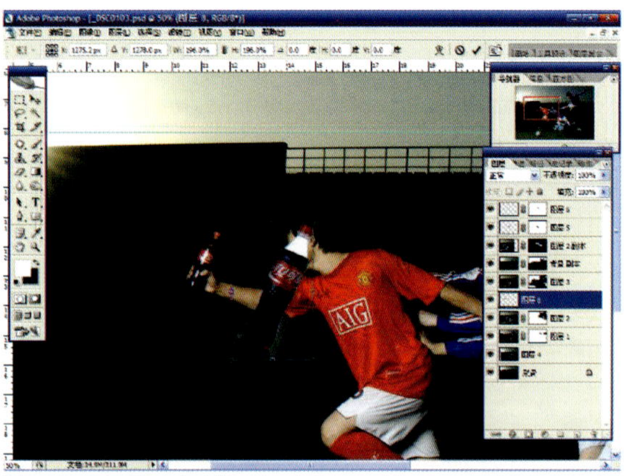

▲ 在前3次的拍摄中，可以看到利用现场光线对于可口可乐瓶的塑造并不理想，所以在第4次拍摄中，将可口可乐瓶在室内进行了拍摄，然后通过后期将可乐瓶置换，但同样要注意光线的统一性

4. 调整足球位置

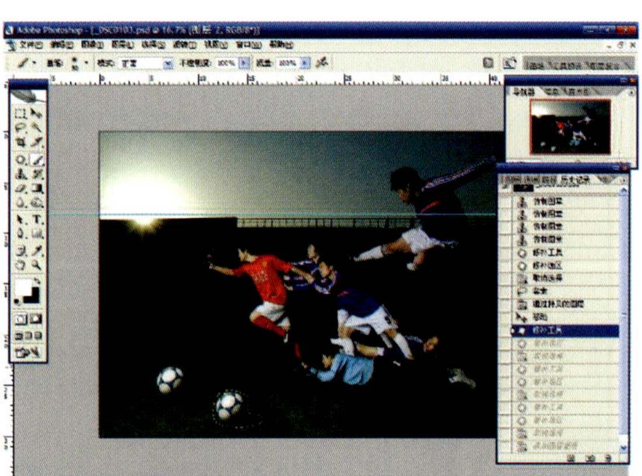

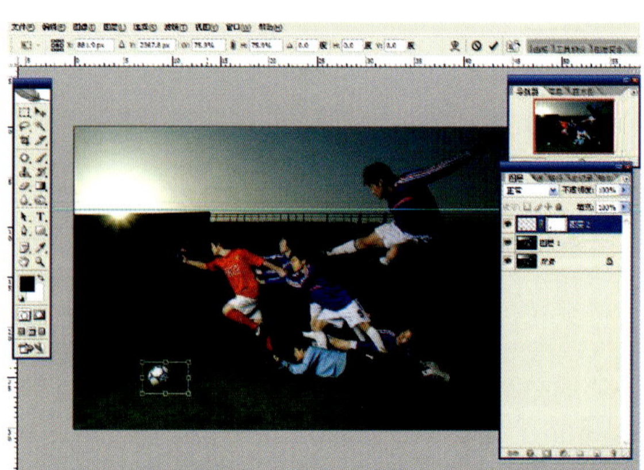

▲ 在画面中足球是一个很重要的道具，它是突出画面气氛的重要因素。所以它在画面中的位置、大小也很关键。在拍摄的素材图像中，足球的位置可能并不理想，所以通过后期来对足球的位置、大小进行调整，使它起到点缀和平衡画面的作用，帮助构图

5. 细节修饰

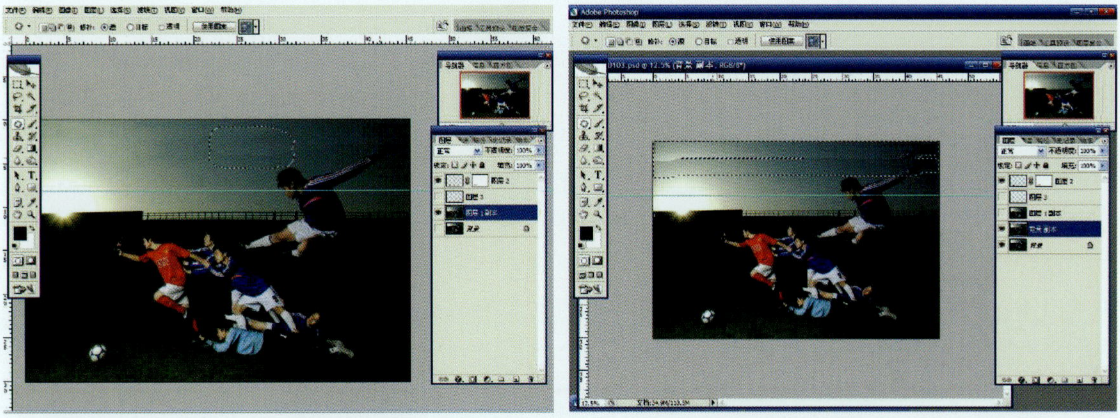

▲ 由于天空部分是几个图层叠加起来通过添加蒙版以及画笔工具制作出来的，所以在某些细节部分可能需要修饰，在这个步骤中我们使用修补工具对天空中看起来不均匀的部分进行调整

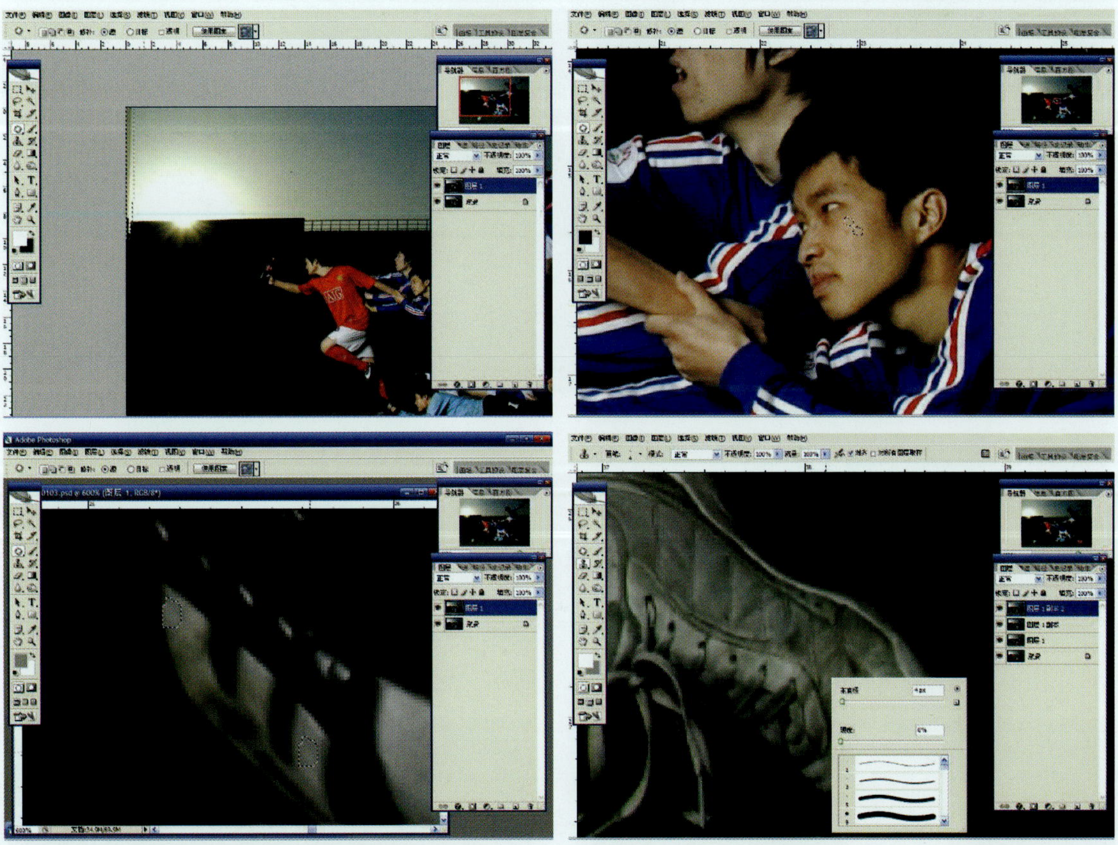

▲ 对于画面中的多余部分，如画面左侧多余的建筑物需要进行修饰。另外使用修补工具对人物的面部、服装、球鞋上的瑕疵进行修饰，使画面更加整洁。经过细致的图像处理后，制作过程基本完成

13.2 可口可乐广告（2）

13.2.1 创　意

这幅作品与本章13.1节介绍的作品属于一个系列，由同一作者制作。创意思路同样是发生在足球场上的故事。主要表现在足球赛中由红队队员发任意球的一瞬间，在蓝队队员组成的人墙中，一位手拿可口可乐的队员正悠闲地准备拧开可乐的瓶盖，而忘记了比赛正在激烈地进行着。作品以幽默的方式，用紧张的比赛瞬间与手拿可乐的队员的轻松神状态形成了强烈反差，从而突出了可口可乐的魅力。

◀作者：程志敏　器材：尼康D2X、高明CT-10闪光灯　后期制作软件：Photoshop CS2

13.2.2 拍　摄

这幅作品同样经过较长的拍摄过程，共经过3次拍摄。在前2次拍摄过程中，同样遇到了与前一幅作品同样的问题，如创意的合理性、光效的控制、人物的动态表情、道具的选择等问题。

第1次拍摄

第2次拍摄

第3次拍摄

这幅作品在拍摄方面与13.1节的那幅作品相比要简单一些，因为人物在画面中所处的位置较为松散，前后距离较远，所以可以分开进行拍摄，然后在后期处理过程中进行合成。

▲ 将相机固定在三脚架上，首先对场景进行拍摄。为了使天空部分得到较好层次，先对天空进行测光。拍摄后，通过图像可以看到地面部分有些过暗，没有关系，因为我们只需要用到天空的部分

▲ 在不移动相机的情况下分别拍摄守门员和蓝队人墙部分，根据人物的位置移动闪光灯。注意：在移动闪光灯的过程中要保持光线方向的一致性，这样在后期合成时才会产生统一的光线

▲ 下一步拍摄离相机较近的红队发任意球的人物。值得注意的是，这个人物的动态是整个画面的关键，所以在拍摄时应该尽可能多拍，直到出现满意的动态为止。仍然要考虑光线方向的统一性。然后对足球进行单独拍摄，以保证有足够的细节层次

13.2.3 后期处理

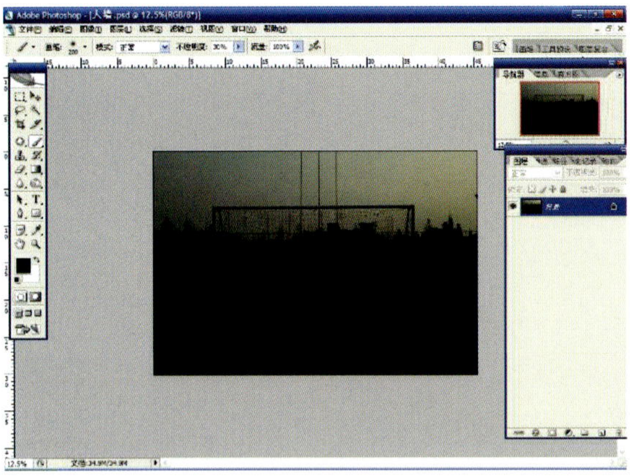

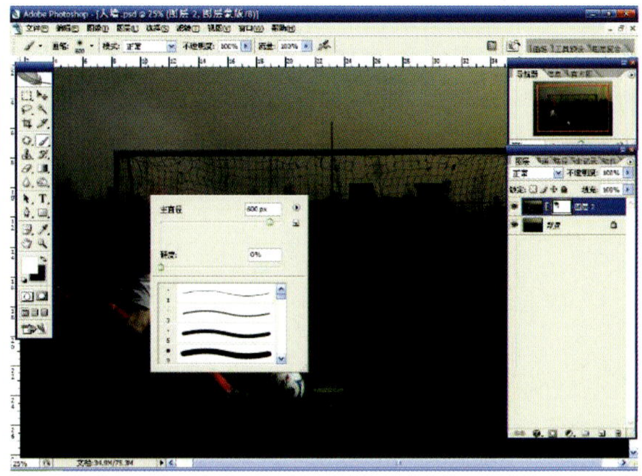

▲ 在拍摄的图像素材中将天空层次表现较好的图像作为背景图层，然后将发任意球的人物素材拖入到背景图层上，添加蒙版后，选择画笔工具对天空部分进行擦除，天空便逐渐显现出来，画笔工具的直径和硬度要适中

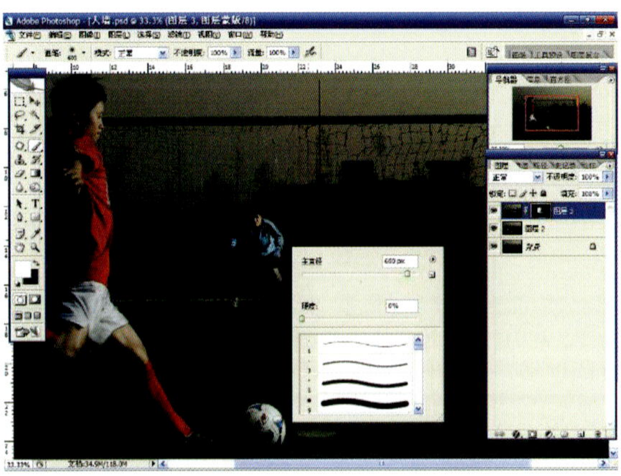

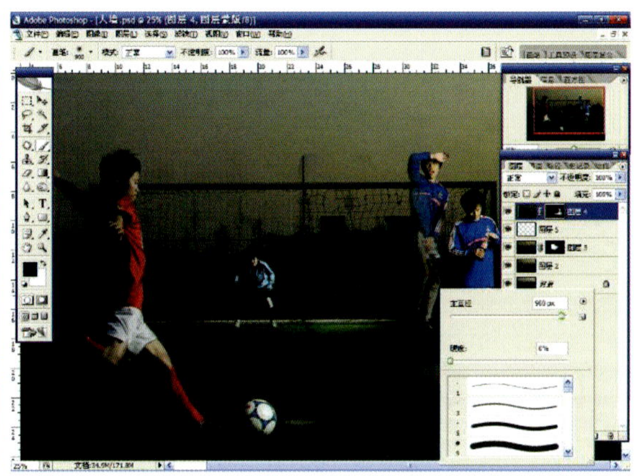

▲ 将守门员的图像与人墙部分的图像拖入到背景图层，按照同样的方法添加蒙版后，利用画笔工具选择合适的画笔大小，将不需要的部分进行擦除，使人物逐渐显现出来

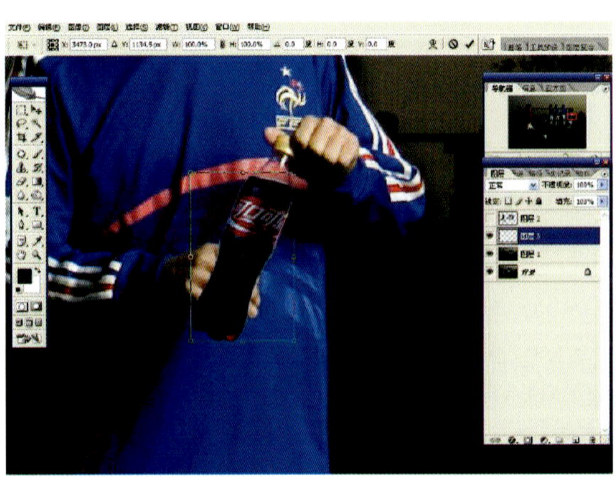

▲ 下一步将提前在室内拍摄好的可乐瓶进行替换。与刚才的方法一致，拖入图层后添加蒙版，使用画笔工具将手握住的可乐瓶部分进行擦除，使可乐瓶与手很好地结合

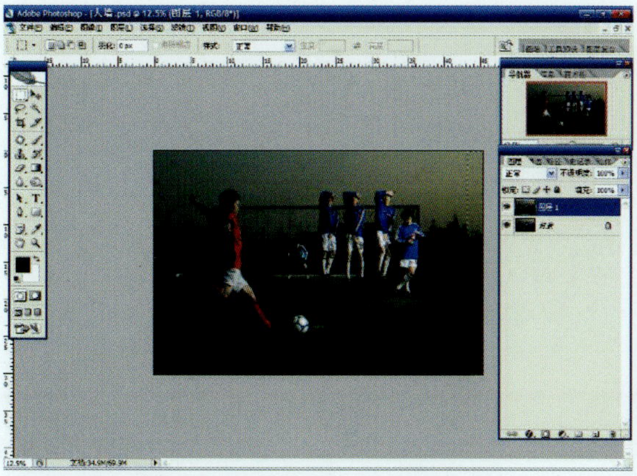
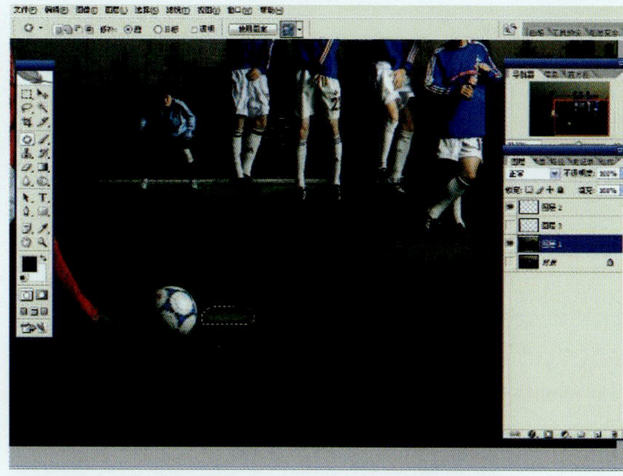

▲修饰画面中的多余部分，使用修补工具对画面的远景、草坪、人物的面部、服装、球鞋上的瑕疵进行修饰，使画面更加干净整洁，需要将图像放大来逐一修饰

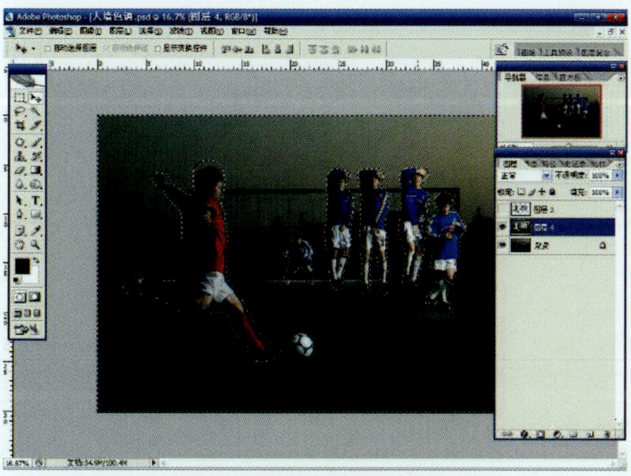
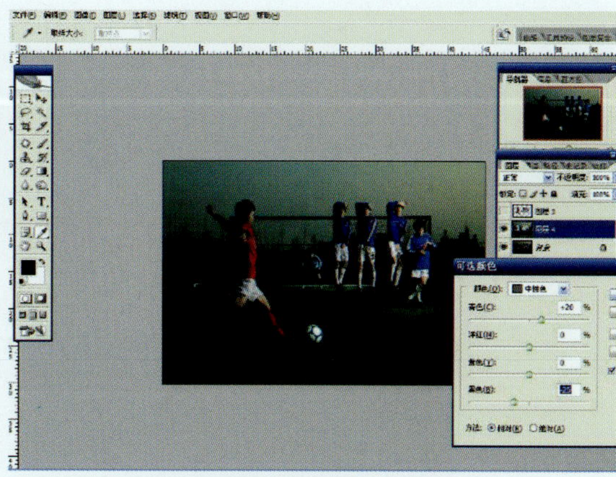

▲在这个步骤中来调整图像色调。先将画面中的人物使用选取工具全部选中，进行羽化后选择反选，然后进入图像菜单的调整子菜单，选择可选颜色来进行调整，在这幅作品中我们需要的环境是一种冷色调，所以我们可以向蓝色和绿色拖动滑块，使画面产生我们需要的效果

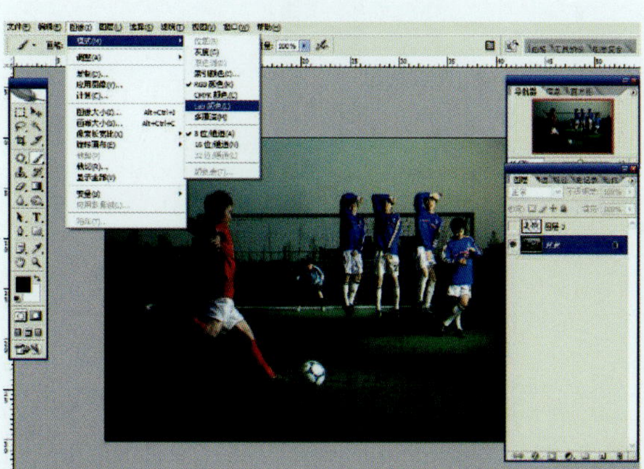
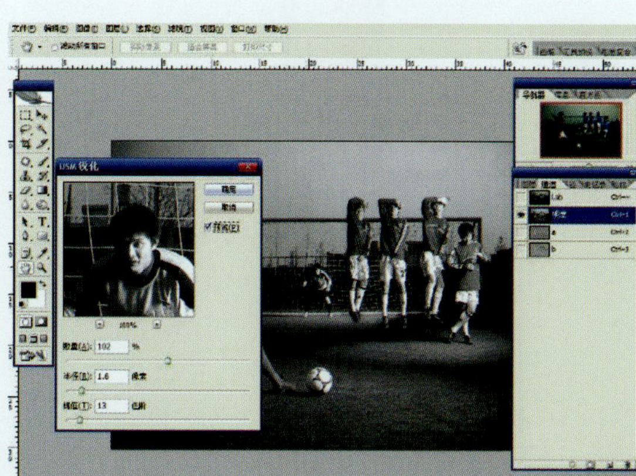

▲最后我们对画面进行锐化。使用的锐化方法是第12章中的12.7.2小节所使用的Lab明度通道锐化。首先将图像模式从RGB转换成Lab模式，选择明度通道，执行USM锐化。锐化完成后再将图像模式转换成RGB模式。这种锐化方式可以减少图像在锐化过程中产生的杂点。锐化完成后，制作过程基本结束

13.3 编织梦想——索尼α系列数码单反相机广告

▲ 作者：张延青 器材：索尼DSLR-A100、高明CT-10闪光灯 后期制作软件：Photoshop CS3

13.3.1 创　意

此作品是一组索尼α系列数码单反相机的广告摄影。主要体现该相机的色彩还原能力，并通过不同年龄段的人物将各自的梦想编织成色彩缤纷的围巾，用织出的围巾来比喻梦想成真。下面我们将对其中一张作品来进行具体分析。

13.3.2 拍　摄

这组作品是在室内拍摄完成的，与前面的两个实例相比在拍摄上就要从容许多。在光线的控制、人物的塑造方面可以细致地把握。为了便于后期处理阶段进行更好地调整，需要使用白色作为背景。首先拍摄人物的全身，白色毛线编织物可以通过后期处理成为彩色。然后对人物面部进行局部拍摄，这是为了保证人物面部有更多的细节与层次。为了得到人物最佳的表情，可以对面部进行多次拍摄。

13.3.3 后期处理

这组作品的后期处理阶段比较复杂，不但要对人物的肤色进行细致的调整，而且画面中围巾的颜色、彩色的线条、空中的气泡都要通过后期来完成。

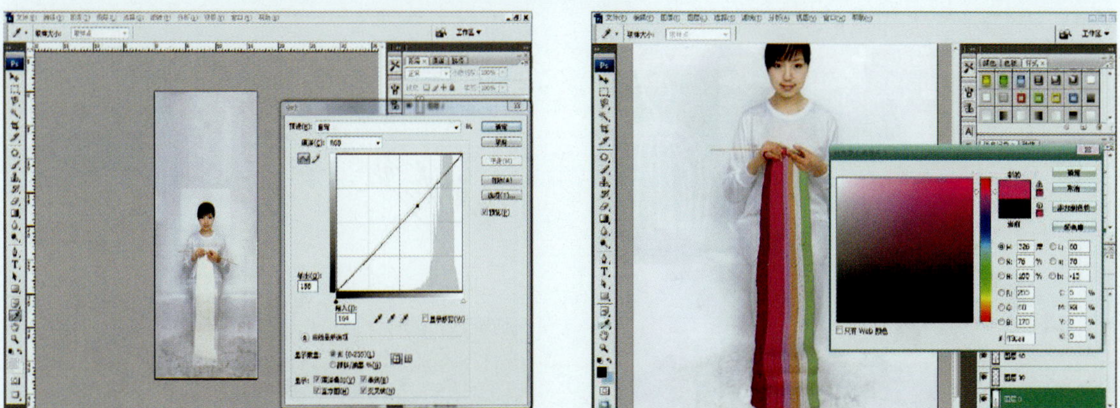

▲ 首先在Photoshop中将人物的全身和分开拍摄的人物面部进行结合，调整亮度时应注意保持人物的肤色。下一步给白色的围巾上色。选择画笔工具，设置大小为26px，硬度为100%。选择拾色器(前景色)给围巾上色，上色时注意围巾的纹理

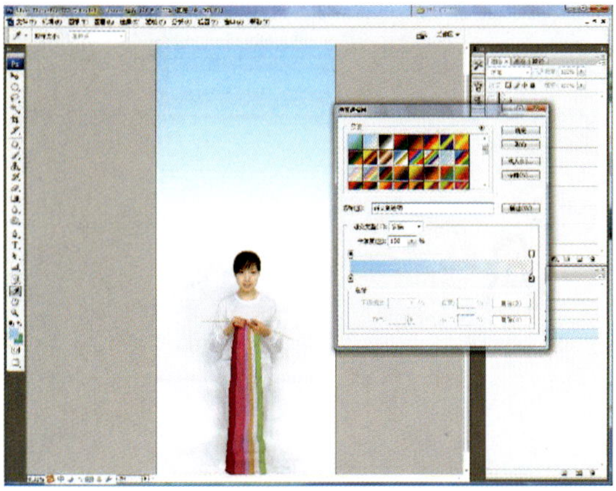

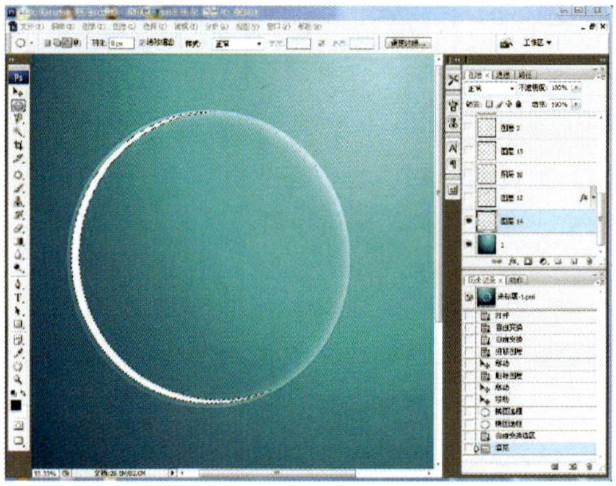

▲ 打开渐变工具的线性渐变编辑器,通过拾色器(前景色)制作出天空的感觉。下一步制作气泡，用椭圆选框工具，并选择从选区减去选项，进行羽化后，选择拾色器(背景色)填充为白色，将图层透明度降低并取消选择，然后在图层样式菜单中的外发光选项中调整明暗

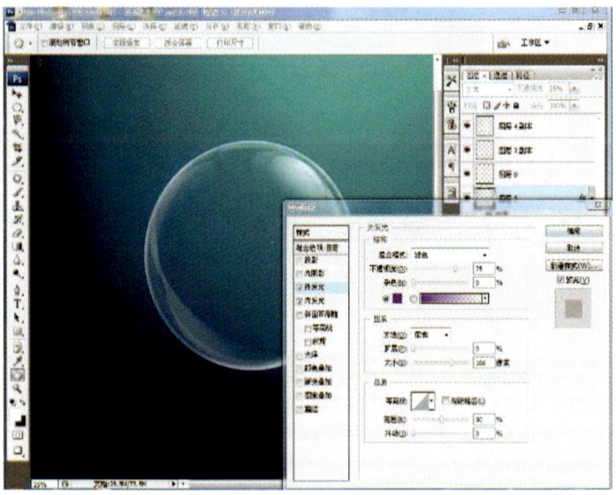

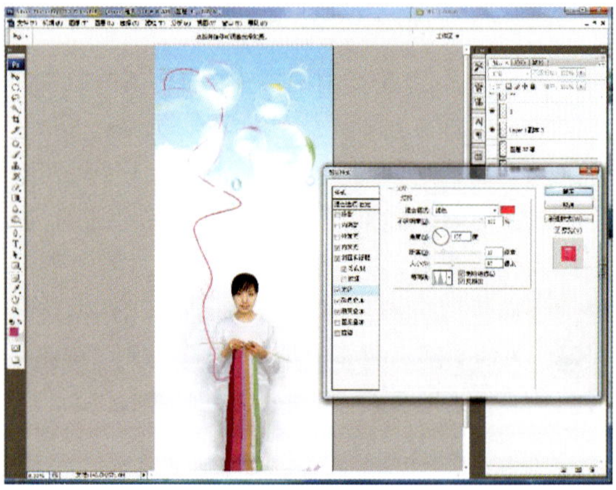

▲ 气泡的效果制作完成后，将提前拍摄好的云彩素材放置在气泡中。下面制作彩色曲线的效果。我们可以选择用钢笔工具来制作曲线路径，在制作时要注意线条的流畅感

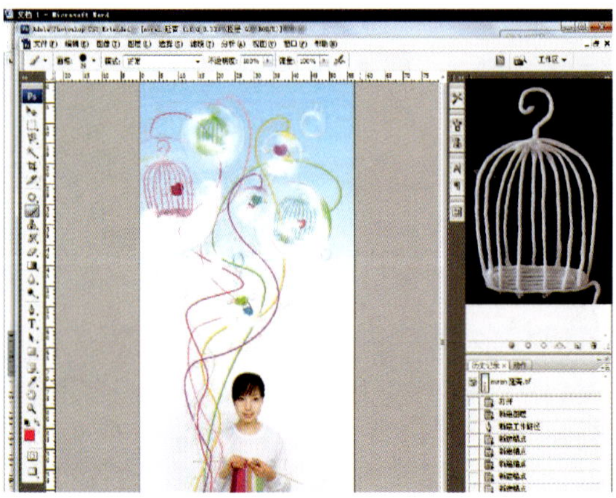

▲ 制作完彩色线条后，将提前拍摄好的用毛线制作的鸟笼进行填色后放入气泡中。下一步将广告语的图样打开，选中后对其填色，然后放入到画面合适的位置，作品制作基本完成

13.4 花露吉祥

13.4.1 创　意

此系列作品拍摄制作于2008年。2008年中国迎来了奥运，但于此同时，在奥运举行之前的中国也在经受着重重考验，因此作者借用自己的毕业创作，衷心地祈福祖国花露吉祥、安泰祥和。在创作中，运用了佛教文化中的典型代表——佛手印，以及莲花、祥云、龙等颇具中国古文化色彩的元素，结合象征和平的和平鸽、明月、花朵等来表现作品主题。

作者：寮娜　器材：尼康D70、高明CT-10闪光灯　后期制作软件：Photoshop CS3

13.4.2 拍　摄

通过拍摄计划以及前期绘制的草图，首先拍摄佛手印、龙、华表几种素材，这几种素材都是实景拍摄。素材拍摄完成后，在室内拍摄人物。在拍摄时要细致把握人物的造型、动态、光效，并且保证图像有较高的影像质量。

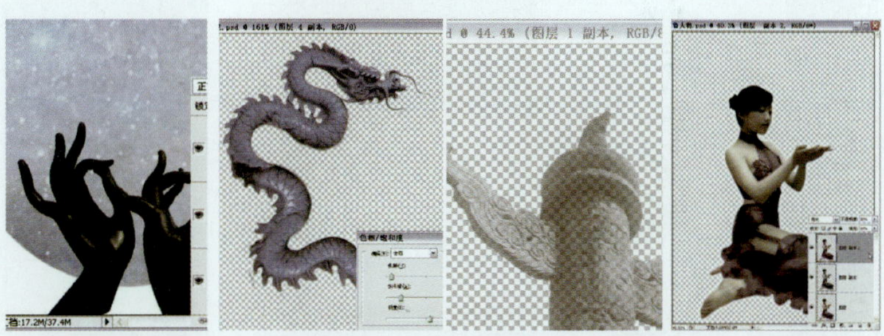

13.4.3 后期处理

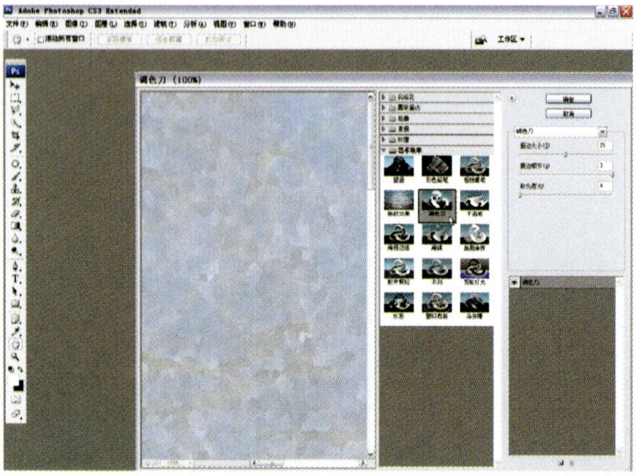

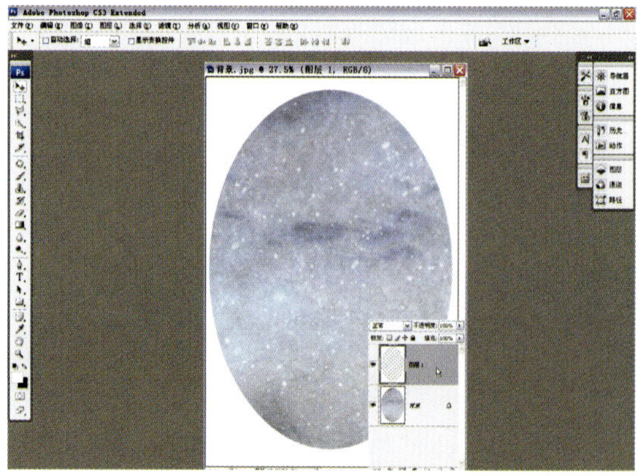

▲ 首先制作背景。打开背景素材，选择滤镜菜单中艺术效果中的调色刀工具。再次选择滤镜菜单中杂色子菜单里的中间值选项，然后按【Ctrl+J】键复制背景图层，按【Ctrl+Shift+U】键，将图层副本去色，并降低透明度，再将图层混和模式改为柔光。用椭圆选框工具在画面正中绘制一个合适的椭圆型，羽化后将四周填充为白色，背景基本制作完成

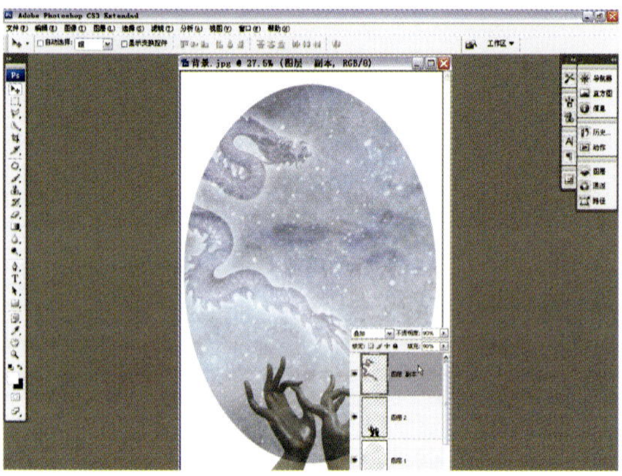

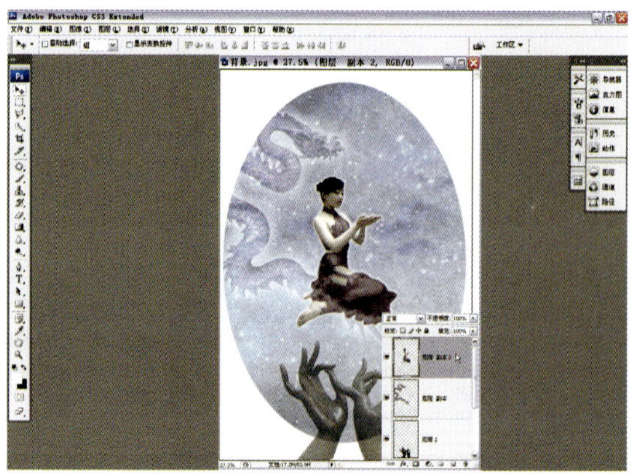

▲ 背景制作结束后，下面将前期拍摄好的佛手印素材拖入到背景内，将透明度降低。再将龙的素材拖入到背景图层上，降低透明度后，在图层面板的混合选项中制作出外发光的效果。下一步将人物素材拖入到背景图层上，并进行色调上的细微调整，让人物与背景更好地融合

▲ 将地球的素材拖入到背景图层上，在图层面板的混合选项中制作出外发光的效果。然后对整幅图像进行色调上的调整，使图像的饱和度降低，产生淡雅的色调后，整幅图像制作基本完成

13.5 流动的花朵

13.5.1 创　意

此作品是在《数字摄影》课程内完成的课堂作业。作品主要通过后期图像处理使前期拍摄的鲜花产生像液体一样流动的状态，使图像具备了新的表现形式。

▲ 作者：李宏昊　器材：尼康D300、高明CT-10闪光灯　后期制作软件：Photoshop CS3

13.5.2 拍　摄

这组作品的拍摄过程相对简单，拍摄全在室内完成。首先在室内拍摄各种颜色的鲜花，在光线控制方面要使鲜花受光均匀，在花瓣上不能产生浓重的阴影。为了在后期制作中方便去掉背景，选择在黑色背景前拍摄。然后拍摄液体流动的素材，在拍摄时作者使用的是油漆，但是油漆的味道很重，影响正常拍摄，建议使用其他液体代替。

13.5.3 后期处理

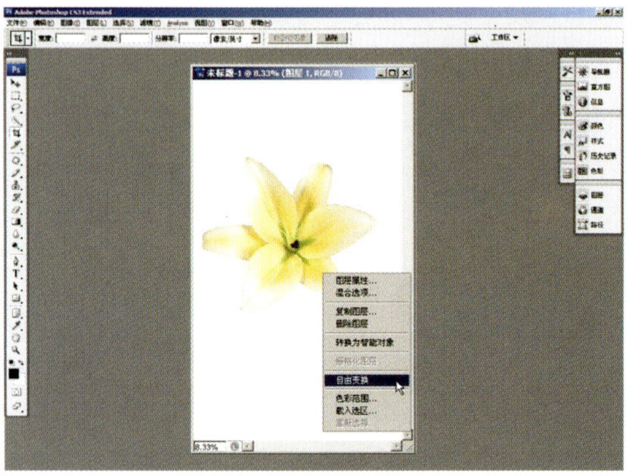

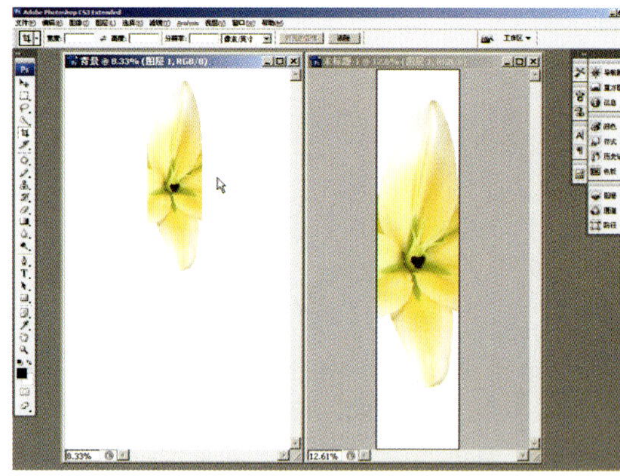

▲ 首先对三种颜色的鲜花进行亮度上的调整，使其亮度保持一致，再用图章工具修复花瓣上的瑕疵。然后将黄颜色的花拖入到新建的背景图层内，选取中间的一部分进行局部放大

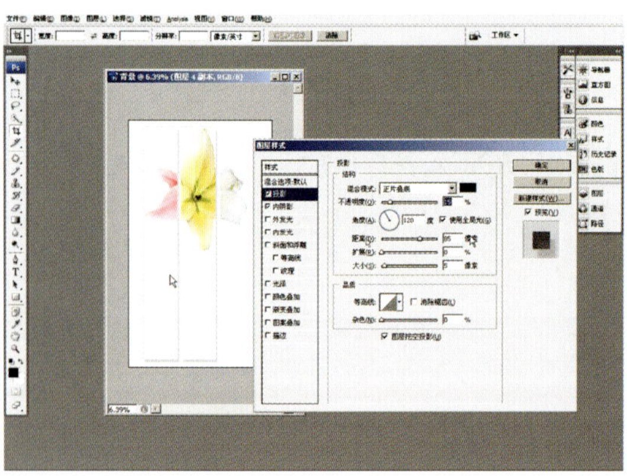

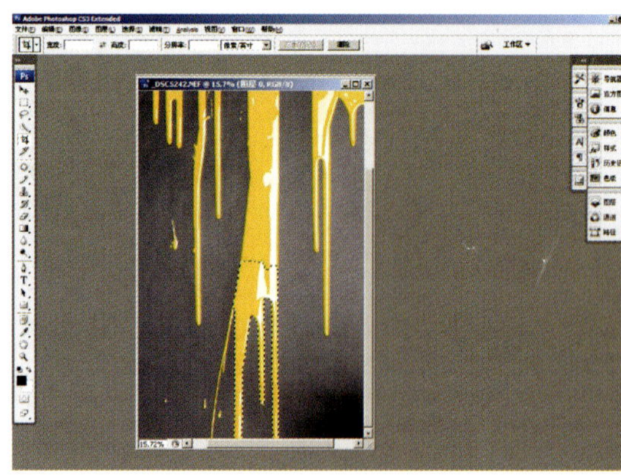

▲ 下一步将粉色的花和白色的花拖入到背景图层内，选取合适的部分使三种颜色的花看起来成为一个整体。在图层面板的混合选项内分别将三个图层制作出投影的效果。打开拍摄油漆的素材图像，在画面中选取流动感较好的部分，拖入到背景图层内

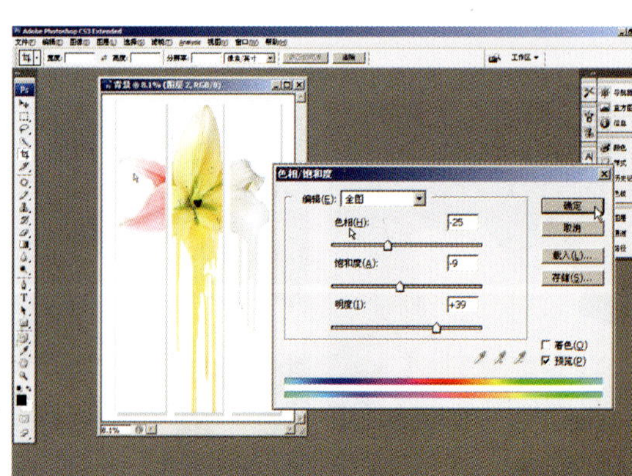

▲ 将流动的液体图层放置在花瓣的下方，在图像菜单的调整子菜单内通过色相/饱和度、曲线等工具使液体部分和花瓣完全融合。然后以同样的方法制作粉色花和白色花的液体流动感。值得注意的是，在制作白色时，要将液体部分进行去色后再进行调整。三种颜色分别调整后，制作基本完成

参考文献

[1] 阿恩海姆. 艺术与视知觉[M]. 滕守尧，朱疆源，译. 四川：四川人民出版社，2005.

[2] 凯普托. 人物摄影[M].赵永华 译. 辽宁：辽宁教育出版社，2003.

[3] 瓦尔坦诺夫. 摄影的特性与美学[M]. 罗晓风 译. 北京：中国摄影出版社，1999.

[4] 海巨格. 实用风景摄影：抓住大地的生动[M]. 黑龙江：黑龙江美术出版社，1999.

[5] 海巨格. 摄影指南全集：用心做个生活摄影家[M]. 黑龙江：黑龙江美术出版社，1999.

[6] 海巨格. 实用人物摄影：拍出生命的感动[M]. 黑龙江：黑龙江美术出版社，1999.

[7] 王滢. 畅销图片拍摄攻略[M]. 浙江：浙江摄影出版社，2005.

[8] 摄影速查手册编辑部，万夏，等. 摄影速查手册[M]. 海南：南海出版公司，2003.

[9] 雷依里. 数码单反摄影圣经[M]. 北京：中国青年出版社，2007.

[10] 美国纽约摄影学院. 美国纽约摄影学院摄影教材[M]. 中国摄影出版社 译. 北京：中国摄影出版社，2003.

[11] 谢家华. 现场光摄影[M]. 浙江：浙江摄影艺术出版社，1995.

[12] 曾璜. 报道摄影.修订版[M]. 浙江：浙江摄影出版社，1995.

[13] 曾璜，任悦. 图片编辑手册[M]. 北京：中国摄影出版社，1995.

[14] 李栓科，等. 中国国家地理摄影技巧[M]. 北京：中国林业出版社，2003.

[15] 蒋坚，等. 摄影之旅[M]. 北京：中国旅游出版社，2004.

[16] 刘灿国. 数字摄影[M]. 浙江：浙江摄影出版社，2006.

[17] 宿志刚，崔畅. 人像摄影[M]. 浙江：浙江摄影出版社，2006.

[18] 科尼什. 光线第一：风光摄影的黄金法则[M]. 洪钢，等译. 浙江：浙江摄影出版社，2009.

[19] 向玮. 数码单反闪光灯摄影实战手册：主流外闪推荐与使用手册[M]. 北京：电脑报电子音像出版社，2009.

[20] Cloments J. 细节之美[M]. 李静，等译. 北京：中国青年出版社，2009.

[21] 胡海容. DSLR数码摄影学习手册[M]. 北京：人民邮电出版社，2009.

[22] 布什. 数码单反摄影手册[M]. 刘凌霞，等译. 北京：清华大学出版社，2009.

[23] 林路. 摄影艺术二十讲[M]. 上海：学林出版社，2005.

[24] Kelby S. Photoshop CS3数码照片专业处理技法[M]. 袁鹏飞，译. 北京：人民邮电出版社，2008.

[25] 赖吉钦. DSLR数码单反相机摄影圣经[M]. 北京：科学出版社，2009.

[26] 布里恩，凯普托. 实用摄影手册[M]. 黄中宪，译. 辽宁：辽宁教育出版社，2004.

[27] 李锐文. 摄影构成[M]. 广东：广东人民出版社，2003.

[28] 肖. 自然风景摄影指南：专业摄影师野外拍摄技术[M]. 王才美，译. 湖南：湖南美术出版社，2006.

[29] 彼得森. 学会创造性观察：摄影中的设计、色彩和构图[M]. 汤亚竹，译. 湖南：湖南美术出版社，2006.

[30] 兰福德. 高等摄影教程：英国皇家艺术学院[M]. 李之聪，等译. 北京：中国摄影出版社，1999.

[31] 张西蒙. 商业摄影基础教程：全国高职高专艺术设计专业教材[M]. 重庆：西南师范大学出版社，2006.

[32] 彼德纳. 数码摄影技术[M]. 司大宇，译. 浙江：浙江摄影出版社，2001.

[33] 希克斯，舍尔茨. 静物[M]. 黑龙江：黑龙江美术出版社，1998.

[34] 施特勒贝尔，等. 摄影师的视觉感受[M]. 陈建中，纪伟国，译. 北京：中国摄影出版社，2003.

[35] 林少忠. 吉尔伯特人像摄影[M]. 浙江：浙江摄影艺术出版社，2002.

[36] 郑壬杰. 通用摄影[M]. 北京：中国旅游出版社，2006.